"十三五"普通高等教育本科部委级规划教材

纺织品检验学

（第3版）

蒋耀兴　主　编

刘宇清　姚桂芬　副主编

中国纺织出版社

内 容 提 要

本书共分十三章,重点内容包括:纺织品检验基础知识,纺织品质量与质量管理方法,纺织标准与标准化,纺织原料、纱线、织物、服装及产业用纺织品的质量评定方法、原理,纺织产品基本安全技术规范,官能检验方法在纺织品检验中的应用,国家标准或行业标准所规定的关于纺织品理化检验、安全性检验和功能性检测的试验方法及原理,纺织品检验的抽样方法及原理等。

本书既可供纺织高等院校的纺织、轻化及服装相关专业本、专科学生用作教材,也可供纺织企业以及纺织产品质量技术监督部门、出入境检验检疫机构等专业人士参考。

图书在版编目(CIP)数据

纺织品检验学/蒋耀兴主编. —3 版. —北京:中国纺织出版社,2017. 10(2024.7重印)

"十三五"普通高等教育本科部委级规划教材

ISBN 978-7-5180-4149-7

Ⅰ.①纺… Ⅱ.①蒋… Ⅲ.①纺织品—检验—高等学校—教材 Ⅳ.①TS107

中国版本图书馆 CIP 数据核字(2017)第 243432 号

责任编辑:符 芬 责任校对:武凤余
责任设计:何 建 责任印制:何 建

中国纺织出版社出版发行
地址:北京市朝阳区百子湾东里 A407 号楼 邮政编码:100124
销售电话:010—67004422 传真:010—87155801
http://www.c-textilep.com
中国纺织出版社天猫旗舰店
官方微博 http://weibo.com/2119887771
三河市宏盛印务有限公司印刷 各地新华书店经销
2024 年 7 月第 19 次印刷
开本:787×1092 1/16 印张:18.75
字数:389 千字 定价:58.00 元

　　纺织品检验学(第2版)自2008年出版以来,深受读者欢迎,前后加印多次,被评为"十一五"部委级优秀教材。近年来,国内外纺织标准发展很快,技术水平不断提高,一大批新的纺织技术标准先后颁布实施,纺织品、服装质量检验的内容、技术要求不断更新,拓宽了检测领域,进一步加强安全性、功能性的检测,以适应现代纺织加工技术、贸易和消费的发展需要。

　　纺织品检验学(第3版)列入"十三五"普通高等教育本科部委级规划教材,按照纺织高等院校设置的"纺织品检验学"课程教学大纲的基本要求编写。第1版初稿形成于1990年12月,1991年由原苏州丝绸工学院编印,作为本、专科学生的内部教材使用。1995年6月,作者完成了第一次修订工作,对初稿的部分内容进行了必要的修正,强化了标准化质量管理的教学内容,修订后的教材重新编印,并作为内部教材继续使用。2001年11月,《纺织品检验学》正式出版,增加了纺织原料、纱线、织物和服装检验的产品标准,产业用纺织品质量检验,纺织品、纺织安全性检验的内容,国际标准单独列章介绍,增加了质量体系论证的内容,对有关的试验方法,尽可能按现行国际标准进行较为详细的解说,以适应纺织品检验学的学科纺织需要。2008年5月,纺织品检验学(第2版)正式出版,对照了国内外最新颁布实施的发展标准,更新了标准的技术内容,增加了纺织品功能性检验的内容,强化了生态纺织品检验方法及相关标准的内容。在纺织品检验学(第3版)编写过程中,更新内容包括:去除已作废纺织标准所涉及本书的相关内容,替换新标准所涉及的相关本书内容;拓展专业方向,根据专业发展需要,增加服装、轻化、非制造等大纺织范围内的测试内容;技术创新与发展,根据国内外纺织品检测与评价的技术发展动态,增加关于纺织品差别化、功能化和安全性方面的测试方法和技术内容。

　　本书第一章、第二章、第三章、第五章和第十三章由苏州大学蒋耀兴编写,第四章由苏州出入境检验检疫局李选刚编写,第六章、第八章、第九章、第十章和第十一章由苏州大学刘宇清编写,第七章、第十二章由河北科技大学姚桂芬编写,全书由蒋耀兴统稿。作者在长期的工作实践中,抱着良好的愿望投入了编写工作,但由于作者水平有限,书中难免有一些不足之处,恳请读者提出宝贵意见。在本书的编写工作中,作者得到了苏州大学李栋高教授、蒋惠钧副教授,苏州市出入境检验检疫局朱振华高级工程师,上海纺织产品质量监测中心陆肇基等同志的大力支持并参考了一些编著者的相关资料、标准,在此表示衷心感谢。

作者

2017年8月31日

第1版前言

　　《纺织品检验学》是按照纺织高等院校工业外贸、企业管理、纺织材料与纺织品设计教学大纲的基本要求编写的,纺织品检验学课程也是高等纺织院校本、专科学生的选修课程。本教材是在作者历年编写的《纺织品检验学》校编讲义基础上改编而成的,初稿形成于1990年12月,1991年由原苏州丝绸工学院编印,并作为本、专科学生的内部教材使用。1995年6月,作者完成了第一次修订工作,对初稿的部分内容做了必要的修正,强化了标准化质量管理的教学内容,修订后的教材重新编印,并作为内部教材继续使用。在本次改编过程中,增加了纺织原料、纱线、织物和服装检验的产品标准、产业用纺织品质量检验、纺织品安全性检验等内容,国际标准单独列章介绍,增加了质量体系认证的内容,对有关的试验方法,尽可能按现行国家标准进行较为详细的介绍,以适应纺织品检验学的学科发展需要。

　　本书第一章、第四章、第五章、第七章第二节及第三节、第八章第一节~第五节、第九章、第十一章和第十三章由苏州大学蒋耀兴编写,第二章、第三章和第六章由苏州新光丝织厂游琳编写,第七章第一节、第十章、第十二章由郭雅琳博士编写,第八章第六节由检测专家肖国兰编写,全书由蒋耀兴统稿。

　　作者在长期的工作实践中,抱着良好的愿望投入了编写工作,但由于作者水平有限,书中难免有一些不足之处,恳请读者提出宝贵意见。在本书的编写工作中,作者得到了苏州大学李栋高教授、蒋惠钧副教授,上海商检局赵新妹同志,上海纺织产品质量监测中心陆肇基等同志的大力支持,在此表示衷心感谢。

作者

2001年2月

《纺织品检验学》自 2001 年 11 月出版以来,深受读者欢迎,前后加印 5 次,被评为"十五"部委级优秀教材。近年来,国内外纺织标准发展很快,技术水平不断提高,一大批新的纺织标准先后颁布实施,纺织品服装质量检验的内容和技术要求不断更新,加强安全性、功能性检测指标和限量值,以适应现代纺织技术、贸易和消费发展的需要。

《纺织品检验学(第 2 版)》列入纺织高等教育"十一五"部委级规划教材,按照纺织高等院校设置的"纺织品检验学"课程教学大纲的基本要求编写。本教材是在作者历年编写的《纺织品检验学》校编讲义基础上改编而成的,初稿形成于 1990 年 12 月,1991 年由原苏州丝绸工学院编印,作为本、专科学生的内部教材使用。1995 年 6 月,作者完成了第一次修订工作,对初稿的部分内容做了必要的修正,强化了标准化质量管理的教学内容,修订后的教材重新编印,并作为内部教材继续使用。2001 年 11 月,《纺织品检验学》正式出版,增加了纺织原料、纱线、织物和服装检验的产品标准、产业用纺织品质量检验、纺织品安全性检验等内容,国际标准单独列章介绍,增加了质量体系认证的内容,对有关的试验方法,尽可能按现行国家标准进行较为详细的介绍,以适应纺织品检验学的学科发展需要。在《纺织品检验学(第 2 版)》编写过程中,对照了国内外最新颁布实施的纺织标准,更新了《纺织品检验学》中方法标准和产品标准的技术内容,增加了纺织品功能性检验内容,强化了生态纺织品检验方法与标准的内容。

本书第一章、第二章、第三章、第五章和第十三章由苏州大学蒋耀兴编写,第四章由苏州市出入境检验检疫局李选刚编写,第六章、第七章、第八章、第九章、第十章、第十一章和第十二章由河北科技大学姚桂芬编写,全书由蒋耀兴修改和统稿。作者在长期的工作实践中,抱着良好的愿望投入了编写工作,但由于作者水平有限,书中难免有一些不足之处,恳请读者提出宝贵意见。在本书的编写工作中,作者得到了苏州大学李栋高教授、蒋惠钧副教授,苏州市出入境检验检疫局朱振华高级工程师,上海纺织产品质量监测中心陆肇基等同志的大力支持,在此表示衷心感谢。

作者

2008 年 5 月

　　本课程设置意义　　无论是在纺织生产还是在纺织贸易活动中,产品质量始终是一个核心问题。"纺织品检验学"是关于确定或证明纺织品质量是否符合标准和交易条件的专门学科,它综合运用了纺织材料学、纺织工艺学、质量管理学、质量检验学、标准与标准化以及测量技术等知识。通过本课程学习,对于掌握纺织品质量检验理论、扩大知识面、提高专业技能等具有重要意义。

　　本课程教学建议　　"纺织品检验学"课程作为现代纺织技术专业"纺织品检测与经贸""纺织品检测/国际贸易实务"等方向的主干课程,建议 80 课时,每课时讲授字数建议控制在 4000 字以内,教学内容包括本书全部内容。

　　"纺织品检验学"课程作为现代纺织技术专业"纺织工艺""纺织品设计""家用纺织品设计与工艺"等方向,"染整技术/国际贸易实务"专业以及染整、服装类、装饰品类、纺织品贸易专业作为必修课,建议学时48 课时,每课时讲授字数建议控制在 4000 字以内,可以选择与专业有关内容教学。

　　本课程教学目的　　通过本课程的学习,学生应重点掌握:纺织品分类、检验方法以及试验用大气条件;纺织品质量与质量管理方法;纺织标准与标准化;纺织原料、纱线、织物、服装以及产业用纺织品的质量评定方法、原理;纺织产品基本安全技术规范;官能检验方法在纺织品检验中的应用;国家标准或行业标准所规定的关于纺织品理化检验、安全性检验和功能性检测的试验方法及原理;纺织品检验的抽样方法及原理等知识。

　　(说明:本范例仅供参考,各学校可根据实际教学情况进行适当的调整。)

Contents
目 录

绪　论

一、纺织品检验学研究的主要问题和内容

纺织品检验学是关于确定或证明纺织品质量是否符合标准和交易条件的专门学科。作为检验对象的纺织品(包括原料和半成品),其质量优劣与纺织生产的各个环节都有着十分密切的关系,纺织品的质量与纺织品的使用价值又是密切相关的。纺织品检验学作为研究纺织品质量的科学方法和检验技术的专业性学科,它所研究的内容可归纳为以下几个方面:

(1)以纺织品的最终用途和使用条件为基础,分析和研究纺织品的成分、结构、外形、化学性能、物理性质、机构性质等质量属性,以及这些性质对纺织品质量的影响,以拟定纺织品质量指标打下基础。

(2)确定纺织品质量指标和检验方法,科学地运用各种检测手段,确定纺织品质量是否符合规定标准或交易合同的要求,对纺织品质量作出全面、客观、公正和科学的评价。

(3)研究纺织品检验的科学方法和条件,不断采用新技术,努力提高纺织品检验的先进性、准确性、可靠性和科学性,并提高纺织品检验的工作效率。

(4)提供适宜的纺织品包装、保管、运输条件,减少意外损耗,增进效益,保护纺织品的使用价值。

(5)探讨提高纺织品质量的途径和方法,及时为纺织品生产部门提供关于纺织品质量的科研成果和市场信息,指导纺织品生产和贸易部门向质量效益型方向组织生产和经营,提高纺织品的国内、国际市场竞争能力,满足日益增长的消费需求。

二、纺织品检验在纺织生产和贸易中的重要作用

纺织品检验是纺织品质量管理的重要手段。纺织品的质量是在纺织品的生产全过程中形成的,而不是被检验出来的,各生产要素对于纺织品质量的影响是不可忽视的,纺织品质量是企业各项工作的综合反映。一段时期以来,"产品质量不是被检验出来的,而是设计、制造出来的"说法,使纺织品检验工作在质量管理中的重要作用被忽视了。事实上,根据美国质量管理专家 J. M. 朱兰(J. M. Juran)的质量环理论,检验作为产品质量形成的一个重要环节,肩负着把关、监控和报告等重要职责。ISO 9000 族标准的核心思想是:质量形成于生产全过程。生产全过程既包括研制开发、生产制造,又包括检验试验、流通使用,这就是质量管理标准中提出的 20 个要素。因此,我们对纺织品实施各种形式的质量检验,其目的不仅仅是为了质量把关,防止质量低劣的纺织品流入市场,而更重要的是要建立一个完善的质量保证体系,充分发挥纺织品质量检验作用。

纺织品检验是纺织品市场监管的重要手段。对于流通领域的纺织品,我国建立了专门的纺织品质量检验机构,对内贸、外贸纺织品实施质量监管,防止伪劣、残次产品流入市场,以维护纺织品生产部门、贸易部门及消费者的共同利益。纺织品检验的结果不仅能为纺织品生产企业和贸易企业提供可靠的质量信息,而且也是实行优质优价、按质论价的重要依据之一。

纺织品检验在质量公证中发挥着重要作用,质量公证是解决质量争议的有效方法。对于纺织品质量有争议的,可申请"质量公证",即站在第三方立场,公正处理质量争议中的问题,实施对质量不法行为的仲裁。

三、纺织品检验的基本要素

事实上,纺织品检验是依据有关法律、行政法规、标准或其他规定,对纺织品质量进行检验和鉴定的工作。纺织品质量检验机构的检测结果或所出具证书的科学性、准确性、公正性是质量检验机构工作的根本宗旨,对所有产品进行合格检验,是法律赋予检测机构的权力。质量检测机构具有监督职能、指导职能、仲裁职能和技术职能,为了实现这一工作目标,必须对检验工作的各个要素进行有效控制,其检验要素包括以下几项。

1. 定标 根据具体的纺织品检验对象,明确技术要求,执行质量标准,制定检验方法,在定标过程中不应出现模棱两可的情况。

2. 抽样 大多数纺织品质量检验属于抽样检验,即采用抽样检验的方式进行检验,因此,抽样必须按标准规定进行,使样组具有充分代表性。全数检验则不存在抽样问题。

3. 度量 根据纺织品的质量属性,采用试验、测量、测试、化验、分析和官能检验等检测方法,度量纺织品的质量特性。

4. 比较 将纺织品质量属性的测试结果与规定的要求(如质量标准)进行比较。

5. 判定 根据比较的结果,判定纺织品各检验项目是否符合规定的要求,即符合性判定。

6. 处理 对于不合格产品要作出明确的处理意见,其中包括适用性判定。适用性判定需要考虑的因素有:①纺织品的使用对象、使用目的和使用场合;②产品使用时是否会对人身健康安全造成不利影响;③对企业和整个社会经济的影响程度;④企业和商业的信誉;⑤产品的市场供需情况;⑥有无触犯有关产品责任方面的法律法规等。

对于合格的纺织品不必作适用性判定,因为在制定纺织标准时已经充分考虑到这些因素的影响力,但要考虑不同国家或地区对同类产品的质量标准的差别。

7. 记录 记录数据和检验结果,反馈质量信息,评价产品,改进工作。

第一章 纺织品检验基础知识

> **● 本章知识点 ●**
>
> 1. 纺织品概念及纺织品分类方法。
> 2. 纺织品检验的主要内容。
> 3. 大气条件对纺织品检验结果的影响。

第一节 纺织品及其分类

一、纺织品

纺织品泛指经过纺织、印染或复制等加工，可供直接使用，或需进一步加工的纺织工业产品的总称，如纱、线、绳、织物、毛巾、床单、毯、袜子、台布等。

纺织品根据其纤维原料品种，纱线和织物的结构、成形方法，印染或复制加工方法，最终产品的用途等不同，形成了多种纺织品分类体系，不同类型纺织品的质量考核项目和试验方法往往存在一定差异，因此，掌握纺织品分类方法对于准确掌握纺织标准，科学地对纺织品质量特性进行测试、分析、评定都具有十分重要的意义。

二、纺织品的分类

(一)按生产方式分类

纺织品按生产方式及特点可分为线类、带类、绳类、机织物、针织物、非织造布(无纺布)和编结物等门类。

1. 线类纺织品 纺织纤维经成纱工艺制成"纱"，两根或两根以上的纱经合并加捻制成"线"。线可以作为半成品供织造用，也可以作为成品直接进入市场，如缝纫线、绒线、绣花线、麻线等。

2. 绳类纺织品 绳类纺织品由多股纱线捻合而成，直径较粗；如果把两股以上的绳进一步复捻，则制成"索"，直径更粗的则称为"缆"。这类产品在日常生活、工业部门或其他行业有着十分广泛的用途，如拉灯绳、捆扎绳、降落伞绳、攀登绳、船舶缆绳、救生索等。

3. 带类纺织品 带类纺织品是指宽度为 0.3~30cm 的狭条状织物或管状织物。其产品有日常生活用的松紧带、罗纹带、花边、袜带、饰带、鞋带等，工业上用的商标带、色带、传送带、水龙带、安全带、背包带等，医学上用的人造韧带、血管、绷带等。

4. 机织物 它以纱线为原料，用织机将相互垂直排列的经纱和纬纱，按一定的组织规律交织而成。由织厂织制的机织物坯布通常要进一步作印染加工,制得漂白布、本白布、色布、印花布等不同类型的织物,根据产品最终使用要求,还可以进行轧花、涂层、防缩、防水、阻燃、防污、防油、防紫外、烂花、水洗、减量等加工,形成多种不同门类的纺织产品,供服装、装饰和其他工业部门使用。

5. 针织物　针织物的成形方法是用针织机将纱线弯曲成为线圈状,并纵串横联制成织物,针织物也包括直接成形的衣着用品。针织物根据其线圈的连接特征可分为纬编针织物和经编针织物两大门类,产品主要用于内衣、外衣、袜子、手套、帽子、床罩、窗帘、蚊帐、地毯、花边等服装和装饰领域,针织物在其他产业领域也有较为广泛的用途,如人造血管、人造心脏瓣膜、除尘滤布、输油高压管、渔网、复合材料基布或骨架等。

6. 非织造织物　非织造织物俗称无纺布、不织布等,它是用机械的、化学的、物理的方法或这些方法的联合方法,将定向排列或随机排列的纤维网加固制成的纤维片、絮状或片状结构物。非织造织物作为一种新型的片状材料,它已部分替代了传统的机织和针织产品,形成了相对独立的市场。根据使用时间长短和耐用性的不同,非织造织物分为两大类型:一类是用即弃产品,即产品只使用一次或几次就不再继续使用的非织造物,如擦布、卫生和医学用布、过滤布等;另一类是耐久型产品,这类产品要求维持一段较长的重复使用时间,如土工布、抛光布、服装衬里、地毯等。

7. 编结物　编结物是由纱线(短纤维纱线或长丝纱)编结而成的制品,编结物中的纱线相互交叉成"人"字形或"心"形,这类产品既可以手工编织,也可以用机器编织,常见的产品有网罟(gǔ)、花边、手提包、渔网等。

(二)按纺织品的最终用途分类

纺织品按其最终用途不同可分为衣着用纺织品、装饰用纺织品和产业用纺织品三大门类。

1. 衣着用纺织品　衣着用纺织品包括制作服装的各种纺织面料,如外衣料(西服、大衣、运动衫、毛衫;裙类、坎肩等用料)和内衣料(衬衫、汗衫、紧身衣等用料),以及衬料、里料、垫料、填充料、花边、缝纫线、松紧带等纺织辅料,也包括针织成衣、手套、帽子、袜子等产品。衣着用纺织品必须具备实用、经济、美观、舒适、卫生、安全、装饰等基本功能,以满足人们工作、休息、运动等多方面的需要,并能适应环境、气候条件的变化。

2. 装饰用纺织品

(1)室内用纺织品包括家具用布和餐厅、盥洗室用品,如窗帘、门帘、贴墙布、地毯、像景、绣品、台布、餐巾、茶巾、毛巾、浴巾、地毯、沙发套、椅套等。

(2)床上用纺织品包括床罩、被面、床单、被套、枕套、枕巾、毛毯、线毯、蚊帐等。

(3)户外用纺织品包括人造草坪、帐篷、太阳伞、太阳椅等。

装饰用纺织品在强调装饰性的同时,对功能性、安全性、经济性也有着不同程度的要求,如阻燃隔热、耐光、遮光等性能。随着人们生活水平的不断提高,对装饰用纺织品的性能要求越来越高,装饰用纺织品的应用领域也越来越广,旅馆、疗养院、影剧院、宾馆、歌厅、饭店、汽车、轮船、飞机等场合均要求配置美观、实用、经济、安全的纺织装饰用品。

3. 产业用纺织品　各式各样的产业用纺织品所涉及的应用领域十分广泛,产业用纺织品以功能性为主,产品供其他工业部门专用(包括医用、军用),如保险带、枪炮衣、篷盖布、帐篷、土工布、复合材料基布、船帆、滤布、筛网、渔网、轮胎帘子布、水龙带、麻袋、造纸毛毯、打字色带、商标、路标、人造器官等。

(三)按织物的纤维原料组成分类

机织物根据其纤维原料组成情况的不同而分为纯纺织物、混纺织物和交织织物。纯纺织物由同一种纯纺纱线交织而成(用同一种纤维制成的纱线称为纯纺纱线),如纯棉织物、全毛织物、纯涤纶织物等;混纺织物由同种混纺纱线交织而成(用两种或两种以上不同纤维制成的纱线称混纺纱线),如涤/棉混纺织物、毛/涤混纺织物、棉/麻混纺织物等。交织织物是由不同的经纱和纬纱交织而成,如棉线与人造丝交织而成的线绨被面。

针织物根据其纱线原料的使用特点,也可分为纯纺针织物、混纺针织物和交织针织物三个门类。纯纺针织物有纯棉针织物、纯毛针织物、纯麻针织物、纯涤纶针织物等;混纺针织物有涤/棉混纺针织物、毛腈混纺针织物;腈/棉混纺针织物等;交织针织物有棉纱与涤纶低弹丝交织物、丙纶丝与棉纱交织物等。

(四)根据纱线的成纱工艺特点分类

纯纺或混纺棉型纱线有精梳和普梳之分,以精梳棉型纱线织制的织物称精梳棉型织物,以普梳棉型纱线织制的织物称普梳棉型织物,这两种织物的品质差异十分明显,精梳棉织物的品质明显优于普梳棉织物。

纯纺或混纺毛型纱线有精纺和粗纺之分,这两种纱线的用途是不同的,精纺毛型纱线用以织制精纺毛织物,粗纺毛型纱线用以织制粗纺毛织物,这两种织物的风格、用途和品质差异也十分明显。

第二节　纺织品检验方法的分类

纺织品质量亦称品质,它是用来评价纺织品优劣程度的多种有用属性的综合,是衡量纺织品使用价值的尺度。纺织品检验主要是运用各种检验手段如感官检验、化学检验、仪器分析、物理测试、微生物学检验等,对纺织品的品质、规格、等级等检验内容进行检验,确定其是否符合标准或贸易合同的规定。纺织品检验所涉及的范围很广,其检验方法的分类情况归纳如下。

一、按纺织品检验内容分类

纺织品检验按检验内容可分为品质检验、规格检验、数量检验、重量检验和包装检验等。

(一)品质检验

1. 外观质量检验　纺织品外观质量优劣程度不仅影响产品的外观美学特性,而且对纺织品内在质量也有一定程度的影响。纺织品外观质量特性主要通过各种形式的外观质量检验进行检验分析,如纱线的匀度、杂质、疵点、光泽、毛羽、手感、成形等检验,织物的经向疵点、纬向疵点、纬档;纬斜、厚薄段、破洞、裂伤、色泽等检验。纺织品外观质量检验大多采用官能检验法,评定时,首先对试样作必要的预处理,如调温、调湿、制样等,然后在规定的观察条件下(包括灯光、观察位置等),对试样作官能评价,这一类官能检验往往是在对照标样情形下进行的。目前有一些外观质量检验项目已经用仪器检验替代了人的官能检验,如纱线匀度检验、纱疵分级、光泽检验、颜色测量、毛羽检验、白度检验等。

2. 内在质量检验 纺织品内在质量优劣程度是决定其使用价值的一个重要因素,纺织品内在质量检验俗称理化检验,它是指借助仪器对物理量的测定和化学性质的分析。纺织品理化检验方法和手段很多,其详细分类见下图。随着科学技术的迅猛发展,用户对纺织品质量要求越来越高,纺织品检验的方法和手段不断增多,涉及的范围也更加广泛,尤其是在织物的色牢度、舒适性、卫生性、安全性方面的检验方法和标准问题日益受到人们的普遍重视。

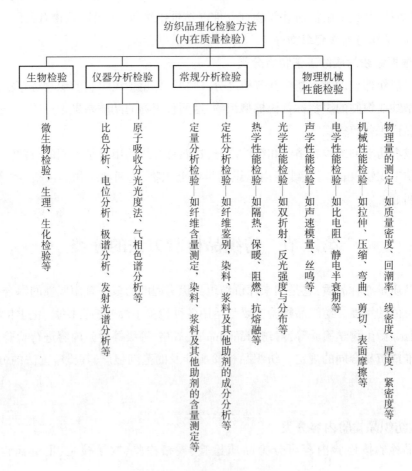

纺织品理化检验方法分类图

(二)规格检验

纺织品的规格一般是指按各类纺织品的外形、尺寸(如织物的匹长、幅宽)、花色(如织物的组织、图案、配色)、式样(如服装造型、形态)和标准量(如织物单位面积质量)等属性划分的类别。纺织品的规格及其检验方法在有关的纺织产品标准或贸易合同中都有明确的规定,生产企业应当按照规定的规格要求组织生产,检验部门则根据规定的检验方法和要求对纺织品规格作全面检查,以确定纺织品的规格是否符合相关标准或贸易合同的规定,以此对纺织品质量进行考核。

(三)包装检验

纺织品包装检验是根据贸易合同、标准或其他有关规定,对纺织品的外包装、内包装以及包装标志进行检验。纺织品包装不仅是保证纺织品质量、数量完好无损的必要条件,而且也应便于用户和消费者识别,以提高生产企业及其产品的市场竞争能力,促进销售。鉴于包装的重要性,它已被看作是商品的一个组成部分,有些商品如服装,其商品包装不仅起到保护作用,而且具有美化、宣传作用。良好的包装可以吸引消费、促进销售,并在一定程度上可增加出口创汇。不良的包装,则会影响运输中产品的安全,造成浪费,引起索赔等恶果。纺织品包装检验的主要内容是:核对纺织品的商品标志、运输包装(俗称大包装或外包装)和销售包装(俗称小包装或内包装)是否符合贸易合同、标准以及其他有关规定。正确的包装还应具有防伪、识别功能。有些国家对服装包装有特殊要求,如日本不允许衬衫包装中使用钢针。

(四)数量及重量检验

各种不同类型纺织品的计量方法和计量单位是不同的,机织物通常按长度计量,纺织纤维原料、纱线、针织坯布按重量计量,服装按数量(件数)计量。由于各国采用的度量衡制度上有差异,从而导致同一计量单位所表示的数量有差异,这在具体的检验工作中应注意区别。例如,棉花国际上习惯用"包"作为计量单位,但每包的含量各国解释不一,美国棉花规定每包净重为 480 磅❶,巴西棉花每包净重为 396.8 磅,埃及棉花每包净重 730 磅。

如果按长度计量,必须考虑到大气温湿度对纺织品长度的影响,检验时应加以修正。如果按重量计量,则必须要考虑到包装材料重量和水分等其他非纤维物质对重量的影响,常用的计算重量方法有以下几种情况。

(1)毛重,指纺织品本身重量加上包装重量。

(2)净重,指纺织品本身重量,即除去包装物重量后的纺织品实际重量。

(3)公量,由于纺织品具有一定吸湿能力,其所含水分重量又受到环境条件的影响,其重量很不稳定。为了准确计算重量,国际上采用"按公量计算"的方法,即用科学的方法除去纺织品所含的水分,再加上贸易合同或标准规定的水分所求得的重量,计算公式为:

$$公量=净重\times\frac{1+公定回潮率}{1+实际回潮率}$$

主要纺织材料的公定回潮率见表 1-1,实际回潮率按有关试验方法标准的规定进行测试。

---

❶ 1 磅(1b)≈0.4536 千克(kg)。

表 1-1　主要纺织品的公定回潮率(根据 GB9994—2008)

纤维种类	纺织材料		公定回潮率(%)	纤维种类	纺织材料		公定回潮率(%)
棉	棉纤维		8.5	(蚕)丝	桑蚕丝		11.0
	棉纱线		8.5		柞蚕丝		11.0
	棉缝纫线		8.5	其他天然纤维	木棉		10.9
	棉织物		8.0		椰壳纤维		13.0
毛	羊毛	洗净毛(异质毛)	15.0	化学纤维	黏胶纤维		13.0
		洗净毛(同质毛)	16.0		富强纤维		13.0
		精梳落毛	16.0		莫代尔纤维		11.0
		再生毛	17.0		莱赛尔纤维		10.0
		干毛条	18.25		醋酯纤维		7.0
		油毛条	19.0		三醋酯纤维		3.5
		精纺毛纱	16.0		铜氨纤维		13.0
		粗纺毛纱	15.0		聚酰胺纤维(锦纶)		4.5
		毛织物	14.0		聚酯纤维(涤纶)		0.4
		绒线、针织绒线	15.0		聚丙烯腈纤维(腈纶)		2.0
		毛针织物	15.0		聚乙烯醇纤维(维纶)		5.0
		长毛绒织物	16.0		聚丙烯纤维(丙纶)		0.0
	山羊绒	分梳山羊绒	17.0		聚乙烯纤维(乙纶)		0.0
		山羊绒条	15.0	含氯纤维	聚氯乙烯(氯纶)		0.0
		山羊绒纱	15.0		聚偏氯乙烯(偏氯纶)		0.0
		山羊绒织物	15.0	氨纶			1.3
	兔毛		15.0	含氟纤维			0.0
	骆驼绒/毛		15.0	芳香族聚酰胺纤维(芳纶)	普通		7.0
	牦牛绒/毛		15.0		高模量		3.5
	羊驼绒/毛		15.0	聚乳酸纤维(PLA)			0.5
	马海毛		14.0	二烯类弹性纤维(橡胶)			0.0
麻	苎麻		12.0	碳氟纤维			0.0
	亚麻		12.0	其他纤维	玻璃纤维		0.0
	黄麻		14.0		金属纤维		0.0
	大麻(汉麻)		12.0				
	罗布麻		12.0				
	剑麻		12.0				

二、按纺织品的生产工艺流程分类

1. 预先检验　指加工投产前对投入原料、坯料、半成品等进行的检验。例如,棉纺厂的原棉检验、单唛试纺,丝织厂的试化验和三级试样等。

2. 工序检验　又称中间检验,指在一道工序加工完毕,并准备做制品交接时进行的检验。例如,棉纺织厂纺部实验室对条子、粗纱等制品进行的质量检验属于工序检验。

3. 最后检验　又称成品检验,指对完工后的产品质量进行全面检查,以判定其合格与否或质量等级。成品检验是质量信息反馈的一个重要来源,检验时要对成品质量缺陷作全面记录,并加以分类整理,及时向有关部门汇报,对可以修复但又不影响使用价值的不合格产品,应及时交有关部门修复,同时也要防止具有严重缺陷的产品流入市场,做好产品质量把关工作。

4. 出厂检验　成品检验后立即出厂的产品检验,即出厂检验。对于经成品检验后尚需入库储存较长时间的产品,出厂前应对产品质量再进行一次全面检查,尤其要加强对纺织品色泽变化、虫蛀、霉变、强力方面的质量检验。

5. 库存检验　纺织品储存期间,由于热、湿、光照、鼠咬等外界因素的作用会使纺织品的质量发生变化,因此,对库存纺织品进行定期或不定期的检验,可以防止质量变异情况出现。

6. 监督检验　又称质量审查,一般由诊断人员负责诊断企业的产品质量、质量检验职能和质量保证体系的效能,或者由法定的质量检验机构对生产企业、流通领域的商品以及产品质量保证体系进行监督检验。

7. 第三方检验　由可以充分信任的第三方对产品质量进行检验,以证实产品质量是否符合标准或贸易合同的规定。纺织品生产企业为表明其产品质量符合规定的要求,可以申请第三方检验,以示公正。我国出入境检验检疫机构、纺织产品质量技术监督检验机构为第三方检验机构。近年来,提供测试、检验、认证服务的第三方检验机构在不断增多。

三、按纺织品检验的数量分类

从被检验产品的数量来看,纺织品检验又分为全数检验和抽样检验两种:全数检验是对批中的所有个体或材料进行全部检验;抽样检验则是按照规定的抽样方案,随机地从一批或一个过程中抽取少量的个体或材料进行检验,并以抽样检验的结果来推断总体的质量。在纺织品检验中,织物外观疵点一般采用全数检验方式,而纺织品内在质量检验大多采用抽样检验方式。

第三节　纺织品检验的大气条件

一、大气条件对纺织品检验结果的影响

纺织品检验用大气条件主要考虑温度、相对湿度和大气压力这三个参数。大气温度、相对湿度对纺织品的物理性质和机械性质有着十分显著的影响。例如,试验环境的相对湿度增高使纤维重量增大,纤维和纱线直径增粗,织物尺寸变小、厚度增大,纤维和纱线强力下降(少数纤维如麻纤维的强力有所增大)、伸长率增大,纺织品静电现象减弱等。因此,大气条件的变化将对纺织品检验结果的准确性、重现性、可比性造成不利影响。

纺织品存在吸湿滞后现象,即使将试样置于同一大气条件下,也会因吸湿或放湿途径不同而造成平衡回潮率的差异,为此,纺织品的调湿平衡通常规定为"吸湿平衡"。为了避免吸

湿滞后现象对检验结果的影响,试样大多要作"预调湿"处理,即把试样置于相对湿度为10%~25%、温度不超过50℃的大气(如烘箱或调温调湿箱)中,经过一定时间,使试样含湿降至公定回潮率以下的处理过程。正式实验前,还必须将试样再置于标准大气中平衡一定时间(通常为8~24h),直至纺织品重量递变量不超过0.25%的平衡状态。

二、纺织品检验用标准大气条件

为了克服大气条件变化对纺织品检验结果的不利影响,使得在不同时间、不同地点的检验结果具有可比性和统一性,就必须对纺织品检验用的大气条件作出统一规定。我国国家标准 GB 6529(参照采用国际标准 ISO 139)对纺织品检验用的标准大气状态作出明确规定,见表1-2。我国规定的大气压力为1标准大气压,即101.3kPa(760mmHg柱),国际标准规定为86~106kPa。

纺织品检验一般采用标准大气条件,可选标准大气(含特定标准大气与热带标准大气)仅在各方同意的情况下使用。

表1-2　纺织品检验用标准大气状态

	标准温度(℃)	允差(℃)	标准相对湿度(%)	允差(%)
标准大气	20.0	±2.0	65.0	±4.0
特定标准大气	23.0	±2.0	50.0	±4.0
热带标准大气	27.0	±2.0	65.0	±4.0

思 考 题

1. 名词解释:标准大气条件,预调湿,调温调湿,公量。
2. 简述纺织品的定义及其分类方法。
3. 说明纺织品检验的主要内容。
4. 举例说明大气条件对纺织品检验结果准确性的影响。

第二章 纺织品质量

●━ 本章知识点 ━●

1. 产品质量的概念,真正质量特性与代用质量特性关系。
2. 质量检验、质量控制、质量管理、全面质量管理、质量管理体系的概念以及质量控制要素。
3. 纺织品服装的质量检验形式和依据。

第一节 纺织品质量的基本概念

一、产品质量的含义

狭义的产品质量亦称品质(Quality),它是指产品本身所具有的特性,通常表现为产品的美观性、适用性、可靠性、安全性、环境和使用寿命等。广义的产品质量则是指产品能够完成其使用价值的性能,即产品能够满足用户和社会的要求。由此可见,广义的产品质量不仅仅是指产品本身的质量特性,而且还包括产品设计的质量、原材料的质量、计量仪器的质量、对用户服务的质量等质量要求,这些质量统称为"综合的质量",由此构成了全面质量管理的基础。

《质量管理和质量保证术语》给出的质量定义是:质量,指反映实体满足明确和隐含需要的能力的特性总和。实体可以是活动或过程、产品、组织、体系或人,或是上述各项的任何组合。对于硬件和流程性材料类别的产品,实体所特有的性质反映了实体满足需要的能力,应把"需要"转化为特性,它可归结为以下六个方面的特性。

1. 性能 反映综合顾客和社会的需要及对产品所规定的功能,可分为使用性能和外观性能两个方面。

2. 可信性 反映产品的可用程度及其影响因素,即可靠性(产品在规定条件和规定时间内,完成规定功能的程度和能力)、维修性(产品在发生故障以后,能迅速维修恢复其功能的能力)、维修保障性。

3. 安全性 指产品在使用、储运、销售等过程中,保障人体健康和人身、财产安全的能力。

4. 适应性 反映产品适应外界环境变化的能力。

5. 经济性 反映产品合理的寿命周期费用,是产品设计、制造、使用等各方面所付出或所消耗成本的程度,同时亦包含其可获得经济利益的程度,即投入与产出的效益能力。

6. 时间性 一方面,它反映了在规定时间内满足顾客对产品交货期和数量要求的总和;另一方面,产品应满足随时间变化而顾客需要变化的能力。

二、纺织品的质量特性分析

(一)纺织品真正的质量特性

纺织品的真正质量特性是针对纺织品在使用时最重要的性能和功能而言的,它应当以充分满足用户和消费者的使用要求为最终目标。由于纺织品的用途和使用条件不同,人们对纺织品的质量要求存在较大差异。纺织品消费者的个性差异,对纺织品的质量要求也不完全一样,有的要求美观,有的要求舒适,有的要求使用寿命长,有的则要求安全、卫生、可靠。由此可见,虽然人们对纺织品的性能和功能是有所侧重的,但这些具体的质量要求却是消费者所要求的产品的真正质量特性。事实上,由于产品的真正质量特性一般难以定量和检验,所以在实际工作中,通常用一些能够反映产品真正质量特性的代用质量特性间接地"表达"产品的真正质量特性。

(二)纺织品代用的质量特性

要生产品质优良的纺织品,首先必须知道产品的真正质量特性是什么——用户和消费者用它做什么、有什么要求,这就要求我们对纺织品的真正质量特性进行剖析,从中找出一些与产品真正质量特性有着密切关系的代用质量特性,间接地表达出产品的真正质量特性,即纺织品的规格和技术条件。纺织品的规格和技术条件是可以量化、检测和标准化的,容易被纺织品生产企业、贸易企业和消费者接受。

(三)纺织品真正质量特性与代用质量特性的关系

首先,纺织品的真正质量特性是其代用质量特性的综合体现,而代用质量特性则是产品能够实现其真正质量特性的充分保证,两者并不矛盾,而是辩证的统一。例如,织物的耐用性是消费者十分关心的问题,而织物的成形方法、织物的结构、纱线的结构和性能、印染加工等因素,均会对织物的耐用性产生影响,两者之间关系如图 2-1 所示。

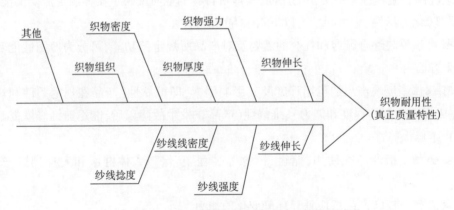

图 2-1 纺织品真正质量特性与代用质量特性的关系

其次,为了满足纺织品的真正质量特性要求,在确定设计质量目标时,既不能将代用质量特性定得太低,因为这将给用户和消费者带来一定的困难和危险,也不能将代用质量特性定得太高,因为这会加大生产难度,增加生产成本,过高的产品价格也会令消费者不满意,使产品的使用价值难以实现。

最后,不宜将代用质量特性定得过于复杂或有重复,因为这会给纺织品检验增加难度,不必要的重复检验是毫无意义的。

综上所述,我们必须综合考虑用户和消费者的使用要求、消费水平、产品成本、生产难易程度等因素,合理制订切合实际的产品规格和技术要求。

三、纺织品的规格和技术条件

纺织品的规格和技术条件是由纺织标准或贸易合同中品质条款所规定的,带有一定的强制性,是可以检测和鉴定的。纺织品的规格和技术条件所包括的内容很多,有些检验项目是通过人的感官(如视觉、触觉等)进行检验,如纺织品外观疵点、表面光洁度、毛型感、丝型感等检验,这些都属于纺织品的外观质量特性。纺织品内在质量特性必须通过仪器或器具检测才能得到检验结果,如纱线的原料组成、线密度及条干不匀、捻度及捻度不匀、强力及强力不匀、伸长率及伸长率不匀、回潮率等;织物的组织、幅宽、匹长、厚度、经纬纱线密度、经纬向强力、单位面积质量等;对于特殊用途的纺织品,其阻燃、防水、抗静电等质量特性还必须规定具体的检测项目和指标要求。

虽然不同类型纺织品的规格和技术条件不尽相同,但通过对某一产品的检验,凡是符合规定的规格和技术条件的产品称为合格品,否则为不合格品。合格品通常被分为一等品、二等品、三等品等不同的等级;不合格品被分为等外品、可以加工修正的返修品和不能修复的废品。

四、影响纺织品质量特性的因素

影响纺织品质量的因素是多方面的,其生产过程或过程中的各项活动的质量就决定了产品的质量。产品的质量特性是在设计、研制、生产制造、销售服务的全过程中实现并得到保证的。就纺织品的制造加工过程来看,影响纺织品质量的因素有以下方面。

1. 纺织原料　如纤维的长度、线密度、色泽、回潮率、强度、断裂伸长率、含油含杂率等,对某些特定的纤维原料还有棉纤维的成熟度、毛纤维的卷曲、合成纤维的热收缩等性能要求。

2. 半成品　如条子、粗纱的条干均匀性、纤维平行排列的有序程度、杂质疵点等。

3. 纱线　包括纱线的线密度、捻度、捻向、强度、断裂伸长率、毛羽、抱合、热收缩率等。

4. 设备　包括设备的型号、加工精度和效率、品种适应性、设备的维修和保养、设备的性能与价格比等。

5. 工艺　包括工艺流程、工艺参数、工艺试验、工艺制度等。

6. 操 作 包括操作的水平和熟练程度、操作人员的工作态度等。

7. 生产环境 包括车间布置、车间温湿度及控制、清洁工作、颜色、光线、噪声等。

第二节 纺织品质量管理

一、质量管理的概念

质量管理(Quality Management)指确定质量方针、目标和职责,并在质量体系中通过诸如质量策划、质量控制、质量保证和质量改进使其实施的全部管理职能的所有活动。

质量管理主要体现在建设一个有效运作的质量体系上,它并不等同于全面质量管理(Total Quality Management),也不同于质量控制(Quality Control)。全面质量管理是指一个组织以质量为中心,以全员参与为基础,目的在于通过让顾客满意和本组织所有成员及社会受益而达到长期成功的管理途径。人们常常将质量控制看作是质量管理,这是不确切的,质量控制主要是控制产品的各项特定性质,以求其符合设定的规格和技术条件。

二、质量管理的重要性

在日趋激烈的市场竞争中,贸易保护主义和经济区域化倾向十分明显,给我国纺织品出口造成诸多不利影响。我国是纺织品出口大国,纺织品生产和出口贸易是我国国民经济的一个重要组成部分,纺织品生产企业要在激烈的市场竞争中取得优势地位,除了价格因素之外,更重要的是产品质量,因为市场竞争的核心是质量,质量是第一位的。因此,纺织品生产企业必须用科学的方法、经济的途径和有效的技术来制造符合特定规格和技术条件的产品,以满足消费需要。为了实现这个目的,在生产过程中必须加强产品质量控制,防止产品质量变异情况发生,维持设定的质量标准,同时要做好质量管理工作,使生产资源发挥最大功效,控制物料和设备的品质,经济地开展检验工作,减少不合格产品,建立产品的市场信誉,以一个完善的质量体系来保证产品的质量。

三、质量管理方法

从质量检验到质量体系的形成经历了很长的一段时间。在不同的历史阶段,人们对质量管理的认识及采取的管理方法是不同的,其工作重点和工作目的也不完全相同。

(一)质量检验阶段

质量检验是质量管理的初级形式,它主要是依靠质量检验人员对全部产品进行检验,确定其是否符合规定的质量标准,从中剔除疵品,以保证出厂产品的质量。这种质量管理方法是一种消极、被动的事后检查,不具有事先预防性质。为使最终产品尽可能少出现疵品,有人曾提出在产品的制造加工过程中增加对半成品质量检验,如棉纺厂的纺部实验室曾主要承担对条子、粗纱等半成品的质量检验和质量分析任务,织部实验室的基本任务之一是根据规定的周期对准备工序的半成品进行质量检验和生产情况的测试,及时掌握半成品的质量动态,为改进工艺、提高半成品质量提供依据,以保证最终产品的质量。

(二)统计质量控制阶段

产品质量能否达到设定的质量目标要求,在很大程度上取决于制造工程的质量管理,因为产品的质量不是被检验出来的,而是在生产过程中形成的。统计质量控制是在质量管理中运用数理统计方法研究产品制造过程中控制产品质量的各种问题。这种质量管理方法用积极的事先预防替代消极的事后检验,这是一大进步,但是,统计质量控制方法过分强调了数理统计学的作用,忽视了生产者的主观能动性和组织管理的作用。统计质量控制的工作重点在于产品制造工程的质量管理,即对产品形成次品的原因进行管理。

统计质量控制主要用统计控制图,对生产过程中的产品质量加以控制。如图2-2所示,在产品制造过程中,有输入和输出部分,中间是加工过程,质量控制点可设在加工过程和输出之间,应用统计的方法进行检查和控制,检查中需要进行测

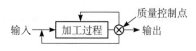

图2-2　统计质量控制示意图

量、比较,若产品质量符合标准,即为合格品,若产品质量不符合标准,则可以从两个方面寻找原因。

(1)从加工过程中找原因。

(2)从输入部分找原因。通过各种分析,采取适宜的控制措施,以保证产品质量。

(三)全面质量管理阶段

根据质量体系的原理和原则:"质量体系贯穿于产品质量形成的全部过程,包括市场调查、设计、采购、工艺准备、生产制造、检验和试验、包装和储存、销售和发运、安装和运输、技术服务和维护、用后处理"。在现代化企业中实施全面质量管理,它主要是企业依靠全体职工和有关部门的同心协力,综合运用管理技术、专业技术和科学方法,经济地开发、研制、生产和销售用户满意的产品的管理活动,全面质量管理包含着三层含义。

(1)质量管理的动力,即依靠企业全体职工和有关部门的同心协力。

(2)质量管理的手段,即综合运用管理技术、专业技术和科学方法。

(3)质量管理的目的,即经济地开发、研制、生产和销售用户满意的产品。

全面质量管理是一种现代管理的理论和方法,是一种科学的管理途径,其管理范围并不局限于产品本身而且涉及产品质量形成的各方面因素,对产品的设计、研制、生产准备、原料采购、生产制造、销售、使用服务等各种影响产品质量的因素加以控制。全面质量管理的特点突出表现为一个"全"字,即参加人员全,管理手段全,管理对象全,管理范围全。全面质量管理的基本观点就是:一切为用户,一切以预防为主,一切用数据说话,一切按PDCA循环(PDCA是英语Plan、Do、Check和Action的开头字母缩写,即计划、实施、检查和处理)。全面质量管理与统计质量管理、质量检验的对比见下页表。

全面质量管理、统计质量管理和质量检验的对比

内　容	全面质量管理	统计质量控制	质量检验
管理对象	既管产品质量又管工作质量	扩展到工序质量	产品质量
管理重点	以用户需要为方向,重点在产品适应性	按规定标准控制质量	规格符合性检查
工作范围	从市场—现场—市场的观点出发, 生产经营性管理	加工现场与设计过程	加工现场
管理特点	防检结合,以防为主,全面预防	把关与部分预防相结合	事后把关
参加人员	全员性管理	技术与管理部门	检验人员
管理方法	运用多种多样的管理方法、手段, 全面控制质量因素	统计方法	技术检验法
标准化程度	严格标准化	限于控制部分	差
质量的经济性	讲究	较满意	忽视

四、质量管理标准化

当今世界,产品的国际竞争日益激烈,许多国家或地区都将质量作为立国之本,相应提出了各自的质量战略,质量管理工作已经步入了标准化阶段,并在实践中不断完善和提高,其主流就是应用 ISO 9000 系列及其补充性和支持性的国际标准,开展质量管理和质量保证工作。

(一)标准化是进行质量管理的依据和基础

质量管理的基本内容就是在生产企业中用一系列标准来控制和指导产品的设计、生产和使用全过程,这与全面质量管理是一致的。首先,产品标准中关于产品质量方面的各项指标是质量管理目标的具体化和定量化;其次,企业的管理标准、工作准则是实现质量管理目标的必要保证;再则,企业的质量检验和检测方面的各项方法标准是评价产品质量的准则和依据。质量管理与标准化在工业企业中形成了一个完整的体系,如图 2-3 所示。

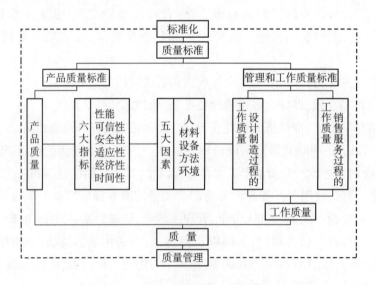

图 2-3　工业企业标准化与质量管理

（二）标准化活动贯穿于质量管理的始终

生产的全过程应当包括设计试制、生产和使用三个阶段，质量管理也是全过程的管理，产品质量的形成过程也就是标准的制定、实施、验证和修订的过程，标准化活动贯穿于质量管理的始终。在产品的设计试制阶段，既要完成标准的起草准备工作，又要做好标准的审查工作，并制定出各项标准，它是质量管理的起点（起草和完成标准制定的过程）。在产品的生产阶段，质量管理也就是实施标准和验证标准的过程，生产中必须保证按标准采购原料、提供设备和工具、加工和装配、包装、储运，建立一个能够保证产品质量的生产系统，对影响产品质量的各项因素按标准要求加以控制。在产品的使用阶段，质量管理也就是销售服务质量保证阶段，它主要通过企业出厂产品的使用效果和市场要求的调查，与国内外同类产品进行比较，及时反馈质量信息，为修订、完善标准及改进设计、提高产品质量提供依据。

（三）标准与质量在循环中互相推动，共同提高

按照全面质量管理的工作方式，标准贯穿于全面质量管理的全过程，标准在循环中不断得到改善（图 2-4）。全面质量管理按计划、实施、检查和处理四个阶段循环进行，其每一个阶段都离不开标准，在 PACD 循环的不断转动过程中，产品质量和工作质量的不断提高都与标准的不断完善有关，标准的完善也就使得产品质量能够随时间推移而更加符合用户要求，工作质量更加适应客观需要。由此可见：标准处于动态变化是绝对的，它只能在一定时间内保持其相对稳定性。在标准循环的每个阶段，又有小的标准循环，即有"大圈套小圈"的特点。为了保证循环的转动，还必须制定相应的标准，并加以实施、检查和修订，小的标准循环是大的标准循环得以正常进行的推动力。全面质量管理的实质就是通过标准的不断完善来达到提高质量的目的。

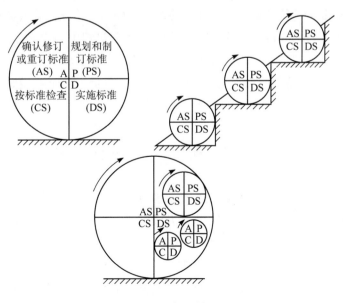

图 2-4 标准循环

第三节　贸易部门对纺织品质量的管理

　　贸易部门是从事商品流通的国民经济部门,我国贸易分为对外贸易(外贸)和国内贸易(内贸),国内贸易又分为批发贸易和零售贸易。贸易部门是产品的生产和分配与消费之间必要的中间环节,其主要作用是进行商品的收购、销售、调运和储存,根本任务是为生产和消费服务。在纺织品购销业务活动中,为了充分保护消费者的权益,必须加强对产品的质量管理工作。

　　贸易部门的质量管理主要有两个方面的作用:首先是按照纺织品质量标准,实施质量检验制度,把好产品质量关,阻止不合格产品流入市场,保证为消费者提供质量符合规定的纺织产品;其次是在纺织品贸易过程中,广泛征集消费者对产品质量的意见和要求,及时为纺织品生产企业提供关于纺织品质量的信息,促进生产企业提高纺织品质量。

一、我国内贸纺织品的质量管理方式

　　我国内贸纺织品质量检验工作以成品检验为主,其质量检验的形式有两种:一种是由工厂直接购进纺织品的检验;另一种是对商品流通领域中的纺织品进行检验。

(一)由工厂直接购进纺织品的质量检验方式

　　1. 工厂签证,商业免检　纺织工业部门生产的纺织品,经工厂质量检验部门检验、签证之后,纺织品贸易部门可以凭工厂签证直接进货,免去检验程序。由于贸易部门采用这种质量检验方式所承担的质量风险最大,因此要求纺织品生产企业的产品质量长期保持稳定,生产技术条件先进,工厂的检验仪器、设备齐全,质量管理制度健全,商业信誉良好,在此情况下贸易部门可以免去纺织品检验程序而直接进货。

　　2. 商业监检,凭工厂签证收货　商业监检由贸易部门的质量检验人员对纺织品生产的半成品、成品,甚至是纺织原料,在纺织品生产的整个工艺过程中实施质量监督和检验,直至成品包装、装箱之后完成监检任务,贸易部门凭工厂的检验签证验收。采用这种质量检验方式,目的是为了加强纺织品制造加工过程中的质量管理,督促生产企业做好质量检验与管理工作,保证用户对产品质量的要求得以满足,这种质量检验方式适用于高档纺织品的商业贸易,特别是出口纺织品贸易。

　　3. 工厂签证交货,贸易部门抽验　对于纺织品质量稳定的优质产品或质量信得过产品,贸易部门可以根据工厂签证,按贸易合同的规定如数收货。但为了确保生产企业所交付的纺织品质量不发生意外变异,贸易部门可根据实际情况进行定期或不定期的质量检验。

　　4. 贸易部门批检　批检是贸易部门对工厂交付的每批产品都进行质量检验,并根据检验结果作出是否收货的决定。经贸易部门检验合格的,可以收货,否则不予收货,这种质量检验方式容易被供需双方接受,使用较为普遍。

　　5. 行业会检　行业会检又称联检。对于多家企业生产的同一类产品,为了提高产品质量或保证产品质量的稳定性,可以由工贸在同行业中联合举办行业会检。行业会检既有工业生产管理部门参加,又有行业生产部门参加,同时也有贸易收购部门参加,联合组成质量检查评比小组,定期或不定期地对同行业生产的产品,按质量标准要求进行全面检查、评定。行业会检不仅仅对产品质量进行评定,而更重要的是根据检验结果,找出质量差距,提出质量改进的建议和提高产品质量的措施,这是提高纺织品质量的重要途径之一。

6. 报验 报验是纺织品生产企业完成产品生产之后,为了保证产品的质量信誉、确保产品质量满足用户需求,生产企业主动向贸易部门提出检验申请,贸易部门及时进行检验,并根据检验结果决定是否收货。

(二)纺织品在流通领域中的质量检验方式

1. 调拨纺织品的质量检验 进入到流通领域的纺织品因各种外界因素作用会引起产品质量的变异。在纺织品的调拨过程中,由于湿、热、光照、挤压等原因,纺织品可能发生霉变、虫蛀、色泽变异、折皱等质量变异情况。因此,经营批发业务单位必须以对消费者利益负责的态度,认真做好调拨纺织品的质量检验工作,切实做好质量把关工作,防止劣质、变质的纺织品流入市场。如果发现不符合产品质量标准的产品,应视具体情况采取合理降价措施减价处理,对于质量已经严重恶化的纺织产品,由于其使用价值已不能适应消费的要求,这类产品不能再流入市场。

2. 库存纺织品的质量检验 纺织品是季节性很强的商品。纺织品在储存保管过程中,受到自然条件和外界因素的作用,很容易被沾污或产生变色、脆损、虫蛀、霉变、鼠咬等现象,质量变异严重的会失去其使用价值。为了防止纺织品在储存保管期间发生过于严重的质量变化,并及时掌握库存纺织品质量变化情况,必须加强对库存纺织品的质量管理,定期对库存纺织品进行检验,同时还要做好纺织品的储存保管工作。

二、我国外贸纺织品的质量检验

(一)我国进出口纺织品质量检验机构的任务

《中华人民共和国进出口商品检验法》(简称《商检法》)规定:"国务院设立进出口商品检验部门,主管全国进出口商品检验工作。国家商检部门设在各地的进出口商品检验机构管理所辖地区的进出口商品检验工作"。商检机构和经国家商检部门许可的检验机构依法对进出口商品实施检验,对列入《必须实施检验的进出口商品目录》的进出口商品的品质、规格、数量、重量、包装以及安全性、卫生性等开展检验、鉴定等业务。

进出口纺织品检验必须按照相应的法律、行政法规规定的检验标准和程序进行,对法律和行政法规尚未规定有强制性标准或其他必须执行的检验标准的情况,则要依照对外贸易合同所约定的检验标准实施检验。我国商检机构的基本任务有三项:一是对重要的进出口商品的检验项目实施强制性的法定检验;二是对法定检验商品和法定检验范围以外的进出口商品实施监督管理;三是凭对外贸易关系人的申请办理各项进出口鉴定业务。

1. 法定检验 法定检验是商检机构和其他检验机构根据国家的法律和行政法规的规定,对规定的进出口商品或有关的检验事项执行强制性的检验或检疫,签发检验或检疫证书,作为海关放行的凭证。凡未经检验或检疫的不准输入或输出。法定检验是必须实施的进出口商品检验,是确定列入目录的进出口商品是否符合国家技术规范的强制性要求的合格评定活动,其合格评定程序包括抽样、检验和检查;评估、验证和合格保证;注册、认可和批准以及以上各项的组合。

2. 监督管理　监督管理是国家商检部门、商检机构对进出口商品执行检验把关的重要方式之一,其主要工作范围包括商检机构对《商检法》规定必须经商检机构检验的进出口商品以外的进出口商品,根据国家规定实施抽查检验;商检机构根据便利对外贸易的需要,可以按照国家规定对列入目录的出口商品进行出厂前的质量监督管理和检验;为进出口货物的收发货人办理报检手续的代理人应当在商检机构进行注册登记,办理报检手续时应当向商检机构提交授权委托书;国家商检部门可以按照国家有关规定,通过考核,许可符合条件的国内外检验机构承担委托的进出口商品检验鉴定业务;国家商检部门和商检机构依法对经国家商检部门许可的检验机构的进出口商品检验鉴定业务活动进行鉴定,可以对其检验的商品进行抽查检验;国家商检部门根据国家统一的认证制度,对有关的进出口商品实施认证管理;商检机构依照《商检法》对实施许可制度的进出口商品实行验证管理,查验单证,核对证货是否相符;商检机构根据需要,对检验合格的进出口商品,可以加施商检标志或者封识。

3. 鉴定业务　进出口商品鉴定业务原称对外贸易公证鉴定业务。凡是以第三者地位,持公正科学态度,运用各种技术手段和工作经验,检验、鉴定和分析判断,作出正确的、公正的检验、鉴定结果和结论,或提供有关的数据,签发检验、鉴定证书或其他有关证明,这些都属于进出口商品的鉴定业务范围。鉴定业务的范围十分广泛,商检机构签发的各类证明材料,是对外贸易关系人进行索赔、理赔的重要依据。

(二)我国外贸纺织品质量检验的工作程序

1. 接受报验　报验是申请人向商检机构报请检验。凡是国际贸易中的买方、卖方、承运人、保险等对外贸易关系人或经营单位都可以要求商检机构在预定时间内,对其进出口商品的品质、数量、重量、包装等质量属性进行检验、鉴定工作,商检机构应按有关规定接受报验。接受报验是检验工作的起始,所有的报验均应填写"检验申请单",检验申请单是商检机构抽样、检验、签证等工作环节的原始凭证,需立卷妥善保管。

2. 抽样　抽样并不等同于简单的取样。抽样必须是由具有一定抽样、检验技术水平和业务知识的人员,从一批已接受报验的外贸纺织品中,根据合同、信用证或有关标准所规定的要求,按一定比例从不同部位随机抽取一定数量的能够代表全批纺织品质量的样品,然后按照合同、信用证或有关标准的规定进行检验,以评价全批纺织品的质量。

3. 检验　检验人员接到"检验申请单"以后,首先要认真研究申请检验事项,仔细审核贸易合同、信用证或有关标准对报验纺织品的品质、规格、数量和包装等质量属性的规定,确定检验内容和检验依据,然后进行检验。检验工作不受外界因素的影响,应根据事实状态、契约、法律和其他有关规定,独立地作出公正的评定结论。检验工作必须具有科学性,采用的抽样、检验方法和仪器设备、工具、试剂都必须是科学、正确的,应符合有关标准的规定,操作上必须按照检验标准或合同和技术规程的规定,结果数据的取舍修正和运算核对应符合有关规则,以保证、检验结果的准确性。检验的依据应按照进出口的法律、法令的要求,根据契约的规定,按照公认的国际公约、规则和惯例的一般原则办理,以保证检验结果和评定证明结论具有合法的依据。全部检验评定工作和对有关问题的处理意见,应坚持公正、实事求是的原则,科学地作出切合实际的评定结论。

4. 签发证书　签证和放行是商检机构对进出口纺织品实施检验、鉴定工作的最后一个工作环节。商检机构在执行法定检验和其他鉴定后,根据检验、鉴定结果,对外或对内签发各种商检证书。商检证书是具有法律效力的证明凭证,它在国际贸易活动中关系到对外贸易有关各方的责任和经济利益,是各方都极为关注的重要证件之一。商检局签发的商检证书要求做到"三证相符",其具体含义如下。

(1)货证相符,即实际货物情况应与证书所列内容相符。就买卖双方交接货物而言,商检机构签发的品质、重量和数量证书所证明的内容,应与货物的实际品质、重量和数量相符。

(2)事证相符,即实际的事实与商检证书所列的内容相符。就对外贸易关系人各有关方所明确的责任等方面来说,商检机构签发的残损鉴定、包装鉴定、集装箱鉴定等鉴定证书所证明的内容应与实际的事实状态相符。

(3)证证相符,即商检证书所证明的内容应与信用证的有关内容相符,其另一层含义是指商检机构签发的各种证书(如品质证书、重量证书、产地证等)之间的有关内容必须相符,不能有异。值得一提的是:如果信用证要求的内容在政治上对我方歧视,或有其他我方不能接受的条文,或我方不能证明的内容,或涉及品质、规格、重量和数量等实质性内容有误,即信用证要求证明的内容有原则性错误的,应建议外贸公司通知对方修改,而不能简单地迁就"证证相符","将错就错"地按信用证要求的错误内容进行签证。

(三)我国出口纺织品服装质量检验的程序

为了加强出口纺织品质量管理,树立良好的国际商业信誉,提高我国出口纺织品的市场竞争力,减少外贸索赔,我国对出口纺织品服装实施质量许可证制度,并规定了相应的监督管理办法。对生产出口纺织品服装的企业(包括加工点),都要经过商检、工业主管部门和外贸经营部门的严格审查,经联合审定合格者颁发"出口纺织品生产许可证"和"出口纺织品质量许可证",或"出口服装生产许可证"和"出口服装质量许可证",获得两证的生产企业才可以组织生产和出口。我国出口纺织品服装从生产到出口一般要经过三道检验关口,即出厂检验、外贸公司验收和出口前检验。

1. 出厂检验　出口纺织品服装生产企业对其生产的产品要有严格的质量检验和技术监督制度,从纺织原料到最终产品的各个生产环节都必须严格按照贸易合同和有关标准的规定进行生产和质量管理,做到不合格产品不流入到下一道工序,对最终产品要作全面的质量检查,做到不合格产品不签发出厂证、不提供出口。对检验合格的产品,要按规定要求进行包装,数量或重量核计准确,标明生产日期或批号,做好储运工作。

2. 公司验收　纺织品服装外贸公司从生产企业收购产品时,对其所交付的产品品质、数量、重量和包装等都要进行验收。必要时,外贸公司派专人驻生产企业监督生产,进行验收,确保出口纺织品的质量能够符合外贸出口要求。

3. 出口前检验 设在各地的商检机构对必须实施检验的出口纺织品服装,在出口装运前都要按照贸易合同要求和有关标准规定进行质量检验。商检机构通过法定检验和出口纺织品服装鉴定工作,对出口纺织品服装执行检验把关,严格按照检验标准、贸易合同和信用证等规定实施检验,做到检验结果准确,并及时签证放行,积极配合外贸公司按质、按量、按时完成外贸出口任务。为了促进纺织品服装生产企业改进和提高产品质量,商检机构可派专人驻厂或经常下厂,在加强检验把关的同时,督促生产企业和经营部门加强检验和验收工作,健全检验制度,协助培训有关技术人员。同时,商检机构应充分发挥其技术优势,加强信息交流,协助和推动纺织品服装生产企业优化产品结构,提高产品质量,开发新品种,改进产品款式,改善包装,争创优质名牌产品,不断提高我国出口纺织品服装的国际市场竞争力。

(四)进口纺织品服装质量检验

我国进口纺织品服装由商检机构实施法定检验和监督管理。商检机构按照有关质量检验依据,对列入目录内的纺织品服装以及其他法律、行政法规规定须经商检机构检验的产品,由商检机构或经国家商检部门许可的检验机构执行强制性检验。

实施强制性检验的进口纺织品服装到货后,收货、用货部门或代理接运部门应及时向商检机构办理进口商品登记。对列入目录的进口纺织品服装,海关凭商检机构在报关单上加盖印章验放。收货、用货部门应当在对外贸易合同约定的索赔期限内向商检机构报验,商检机构应当在对外贸易合同约定的索赔期限内检验完毕,并出具各类证书。

对于实施强制性检验以外的商品,由收货、用货单位对到货的商品品质、数量、重量和包装等进行全面验收,验收有困难的,由主管部门组织验收,或委托有关专业机构检验,或申请商检机构检验。对于由收货、用货单位自行验收的进口商品,经检验发现品质、数量、重量和包装等不符合外贸合同规定的,则应及时向商检机构办理报验,申请复验出证。

经商检机构检验合格的进口纺织品服装,对内发给情况通知单,凡检验不合格或残损商品,对外签发商检证书,外贸经营单位或外贸运输公司、外贸代理公司凭商检证书,在规定期限内向有关责任方办理对外索赔、理赔。

(五)外贸纺织品服装的检验依据

根据《商检法》规定:列入目录的进出口商品,按照国家技术规范的强制性要求进行检验;尚未制定国家技术规范强制性要求的,应当依法及时制定,未制定前,可以参照国家商检部门指定的国外有关标准进行检验。此外,进出口商品的检验依据还包括以下两项。

(1)出口商品的检验依据,如对外贸易合同等,包括成交样品、信用证、标准、标样等。

(2)进口商品的检验依据,如对外贸易合同,包括成交样品、标准、标样等。此外,卖方提供的品质证书、使用说明书、图纸等技术资料也是品质检验的依据;提单(运单)、卖方的发票、装货清单,重量明细单(磅码单)是检验数量、重量的依据;理货清单、残损单、商务记录是进口商品验残出证的依据。

思 考 题

1. 名称解释:质量,性能,狭义产品质量,广义产品质量,真正质量特性,代用质量特性,质量控制。
2. 分析纺织品真正质量特性与代用质量特性的关系。
3. 简述我国内贸纺织质量管理方法。
4. 简述我国外贸纺织质量管理方法。
5. 分析生产加工过程中影响纺织产品质量的主要因素。

第三章　纺织标准

> ●━━ **本章知识点** ━━●
>
> 1. 标准与标准化的概念,标准的执行方式,标准的类型,制定或修订标准的程序。
> 2. 国际标准、区域标准、国家标准、地方标准、行业标准、企业标准的概念及适用范围。
> 3. 质量监督检验和质量认证的概念,纯羊毛标志产品的技术要求。

第一节　纺织标准在纺织品检验中的作用

一、标准与标准化的概念

标准是对重复性事物和概念所做的统一规定,它以科学技术、实践经验的综合成果为基础,经有关方面协商一致,由主管机构批准,以特定形式发布,作为共同遵守的准则和依据。

标准化是指在经济、技术、科学及管理等社会实践中,对重复性事物和概念,通过制定、发布和实施标准,达到统一,以获得最佳秩序和社会效益。标准化是一个活动过程,是制定标准、发布标准、实施标准,进而修订标准的过程。标准是标准化活动的产物,标准化的效果是在标准的运用、贯彻执行等社会实践中表现出来的,标准在实践中要不断修改、不断完善。

标准针对某一专业的特定主题,它具有确定的标准化内容,并存在一定的级别,专业、内容和级别构成了标准化的三维空间,见图3-1。

从专业角度看,纺织标准是以纺织科学技术和纺织生产实践为基础制定的,由公认机构发布的关于纺织生产技术的各项统一规定。然而,各种专业之间又存在着诸多方面的联系,它们也不是截然分开的,在专业化的基础上,又必须解决标准的配合与接口问题。

二、纺织标准的执行方式

标准的实施就是要将标准所规定的各项要求,通过一系列措施,贯彻到生产实践中去,这也是标准化活动的一项中心任务。《标准化法》规定:国家标准、行业标准分为强制性标准和推荐性标准。由于标准的对象和内容不同,标准的实施对于生产、管理、贸易等产生的影响和作用会造成较大差别。

强制性标准是国家在限于保障人体健康、人身财产安全、环境保护等方面对全国或一定

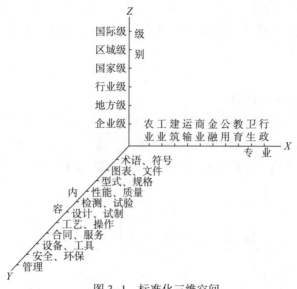

图 3-1　标准化三维空间

区域内统一技术要求而制定的标准。国家制定强制性标准的目的是为了起到控制和保障的作用,强制性标准必须执行,不允许擅自更改或降低强制性标准所规定的各项要求。对于违反强制性标准规定的,有关部门将依法予以处理。

除强制性标准之外,其他标准属于"推荐性标准"。计划体制下单一的强制性标准体系并不能适应目前市场机制形成和发展的需要,因为市场的需求是广大消费者需求的综合,这种需求是多样化、多层次的,并在不断发展和变化之中。过于单一的强制性标准不能适应市场变化的多样性,不利于企业开发新产品。设立推荐性标准可使生产企业在标准的选择、采用上拥有较大的自主权,为企业适应市场需求、开发产品拓展了广阔的空间。

推荐性标准的实施,从形式上看是由有关各方自愿采用的标准,国家一般也不作强制执行要求,但作为全国和全行业范围内共同遵守的准则,国家标准和行业标准一般都等同或等效采用了国际标准,从标准的先进性、科学性看,它们都吸收了国际上标准化研究的最新成果。因此,积极采用推荐性标准,有利于提高产品质量,有利于提高产品的国内外市场竞争能力。我国主要采用以下几种方式鼓励有关方面执行推荐性标准。

(1)制定行政法规,将推荐性标准纳入指令性文件中。推荐性标准一旦被纳入指令性文件中,推荐性标准就成为必须要执行的标准。例如,当某一时期、某一产品的市场比较混乱时,政府有关部门就可以采取行政干预措施,由主管部门制定指令性文件,在其管辖范围内贯彻执行。

(2)国家制定相关政策,鼓励采用推荐性国家标准或行业标准。如产品质量认证、新产品认定、质量体系认证等,都必须采用推荐性国家标准或行业标准。我国规定:凡是贯彻执行国家标准、行业标准的产品,均可以申请产品质量认证,合格者发给产品质量认证证书,并允许产品使用合格标志。因此,企业通过执行标准,提高了产品质量,获得了较高的商业信誉和社会知名度。

(3)通过合同贯彻执行推荐性标准。买卖双方可以在合同中引入推荐性标准,由于合同受法律约束,推荐性标准的执行是买卖双方事先约定并在合同中明确作出规定的,它具有法律约束力。

三、纺织标准的制定或修订

就标准的内容来看,纺织标准大多属于技术标准,制定或修订技术标准的一般程序为:标准化计划项目下达→组织起草工作组→调查研究→起草征求意见稿→征求意见→提出送审稿→审查→提出报批稿→审批发布→形成(正式)标准,见图3-2。

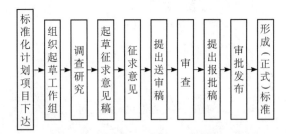

图3-2　制定或修订技术标准的一般程序

我国制定技术标准的组织形式包括全国专业标准化技术委员会和全国专业标准化技术归口单位(包括归口组织)。全国专业标准化技术委员会是在一定专业领域内,从事全国性标准化工作的技术工作组织,负责本专业技术领域的标准化技术归口工作,其主要任务是组织本专业国家标准、行业标准的起草,技术审查,宣讲,咨询等技术服务工作。全国专业标准化技术归口单位是按照全面规划、分工负责的原则,由国务院标准化行政主管部门,会同有关部门按专业在有关的科研、设计、生产等单位指定的负责本专业全国性标准化技术归口工作的组织。我国制定技术标准的原则如下。

(1)认真贯彻国家有关政策和法令法规,标准的有关规定不得与国家有关政策和法令法规相悖。

(2)积极采用国际标准和国外先进标准,这是促进对外开放、实现与国际接轨的一项重大技术措施。

(3)必须充分考虑我国的资源状况,合理利用国家资源。

(4)充分考虑用户的使用要求,包括技术事项适用的环境条件和有利于保障安全、保障身体健康、保护消费者利益、保护环境等方面的内容。

(5)正确实行产品的简化、优选和通用互换,其技术应保持先进性、经济合理性,并注意与有关标准的协调配套,内容编排合理。

(6)充分调动各方面的积极性,广泛听取生产、使用、质量监督、科研设计、高等院校等方面专家的意见,发扬技术民主。

(7)必须适时,过早或过迟制定技术标准都不利于标准的贯彻执行。

(8)根据科学技术发展和经济建设的需要,适时进行复审,以确定现行技术标准继续有效或予以修订、废止,技术标准复审时间为 3~5 年。

四、纺织标准在纺织品检验中的重要作用

纺织标准是企业组织生产、质量管理、贸易(交货)和技术交流的重要依据,同时也是实施产品质量仲裁、质量监督检查的依据。对于纺织品技术规格、性能要求的具体内容和达到的质量水平,以及这些技术规格和性能的检验、测试方法都是根据有关标准确定的,或是由贸易双方按协议规定的。纺织标准作为纺织品检验的依据,应具有合理性和科学性,是工贸双方都可以接受的。首先,纺织产品标准是对纺织品的品种、规格、品质、等级、运输和包装以及安全性、卫生性等技术要求的统一规定。其次,纺织方法标准是对各项技术要求的检验方法、验收规则的统一规定。准确运用纺织标准可以对纺织品的质量属性作出全面、客观、公正、科学的判定。

第二节 纺织标准的表现形式和种类

一、纺织标准的表现形式

纺织标准的表现形式有两种:一种是仅以文字形式表达的标准,即标准文件;另一种是以实物标准为主,并附有文字说明的标准,即标准样品(标样)。标准样品是由指定机构,按一定技术要求制作的实物样品或样照,它同样是重要的纺织品质量检验依据,可供检验外观、规格等对照、判别之用。例如,生丝均匀、清洁和洁净样照,棉花分级标样,羊毛标样,蓝色羊毛标准,起毛起球评级样照,色牢度评定用变色和沾色分级卡等都是评定纺织品质量的客观标准,是重要的检验依据。

二、纺织标准的种类

(一)基础性技术标准

基础性技术标准是对一定范围内的标准化对象的共性因素,如概念、数系、通则所做的统一规定。基础性技术标准在一定范围内作为制定其他技术标准的依据和基础,具有普遍的指导意义。纺织基础标准的范围包括各类纺织品及纺织制品的有关名词术语、图形、符号、代号及通用性法则等内容。例如 GB/T 3291—1997《纺织材料性能和试验术语》,GB/T 8685—2008《纺织品 维护标签规范 符号法》,GB 9994—2008《纺织材料公定回潮率》等。目前在我国纺织标准中,基础性技术标准的数量还比较少,多数为产品标准和检测、试验方法标准。

(二)产品标准

产品标准是对产品的结构、规格、性能、质量和检验方所做的技术规定。产品标准是产品生产、检验、验收、使用、维修和洽谈贸易的技术依据,为了保证产品的适用性,必须对产品要达到的某些或全部要求作出技术性的规定。我国纺织产品标准主要涉及纺织产品的品种、规格、技术性能、试验方法、检验规则、包装、储藏、运输等各项技术规定。例如最新颁布实施 GB/T 15551—2015《桑蚕丝织物》国家标准规定了桑蚕丝织物的技术要求、产品包装和

标志,适用于评定各类服用的练白、染色(色织)、印花纯桑蚕丝织物、桑蚕丝与其他长丝、纱线交织丝织物的品质。

(三) 检测和试验方法标准

检测和试验方法标准是对产品性能、质量的检测和试验方法所做的规定。其内容包括检测和试验的类别、原理、抽样、取样、操作、精度要求等方面的规定,以及对使用的仪器、设备、条件、方法、步骤、数据分析、结果计算、评定、合格标准、复验规则等的规定。例如GB/T 4666—2009《纺织品　织物长度和幅宽的测定》、GB/T 4802.2—2008《纺织品　织物起毛起球性能的测定　第 2 部分:改型马丁代尔(Martindale)法》等。检测和试验方法标准也可以专门单列为一项标准,也可以包含在产品标准中,作为技术内容的一部分。

第三节　纺织标准的级别

按照标准制定、发布机构的级别以及标准适用的范围,纺织标准可分为国际标准、区域标准、国家标准、行业标准、地方标准和企业标准等不同级别。同时,我国《标准化法》规定:我国标准分为国家标准、行业标准、地方标准和企业标准四级。

一、国际标准

国际标准是由众多具有共同利益的独立主权国参加组成的世界性标准化组织,通过有组织的合作和协商而制定、发布的标准。国际标准包括:国际标准化组织(ISO)和国际电工委员会(IEC)制定发布的标准,以及国际标准化组织为促进关税及贸易总协定(GATT)《关于贸易中技术壁垒的协定草案》,即标准守则的贯彻实施所出版的国际标准题内关键词索引(KWIC Index)中收录的 27 个国际组织制定、发布的标准。

二、区域标准

区域标准泛指世界某一区域标准化团体所通过的标准。历史上,一些国家由于其独特的地理位置,或是民族、政治、经济等因素而联系在一起,形成国家集团,组成了区域性标准化组织,以协调国家集团内的标准化工作。如欧洲标准化委员会(CEN)、欧洲电工标准化委员会(CENEL)、太平洋区域标准大会(PASC)、泛美标准化委员会(COPANT)、经互会标准化常设委员会(CMEA)、亚洲标准化咨询委员会(ASAC)、非洲标准化组织(ARSO)等,区域标准的一部分也被收录为国际标准。

三、国家标准

国家标准是由合法的国家标准化组织,经过法定程序制定、发布的标准,在该国范围内适用。就世界范围来看,英国、法国、德国、日本、苏联、美国等国家的工业化发展较早,标准化历史较长,这些国家的标准化组织,如英国 BS、法国 NF、德国 DIN、日本 JIS、苏联 TOCI、美国 ANSI 等制定发布的标准比较先进。我国的标准化活动历史较短,但中华人民共和国成立五十多年来,尤其是改革开放以来,我国的标准化工作取得了巨大成就,建立了一个较为完善的标准化组织系统。我国《标准化法》规定:"对需要在全国范围内统一的技术要求,应当制定国家标准"。关于纺织工业技术的国家标准主要包括以下内容。

(1)在国民经济中有重大技术经济意义的纺织原料、纺织品标准。

(2)有关纺织品及纺织制品的综合性、通用性基础标准和检测、试验方法标准。

(3)涉及人民生活的、面广量大的纺织工业产品标准,特别是一些必要的出口产品标准。

(4)有关安全性、卫生性、劳动保护和环境等方面的标准。

(5)被我国等效采用的国际标准等。

四、行业标准

行业标准是指全国性的各行业范围内统一的标准,它由行业标准化组织制定、发布。全国纺织品标准化技术委员会技术归口单位是纺织工业标准化研究所,设立基础、丝绸、毛纺、针织、家用纺织品、纺织机械与附件、服装、纤维制品、染料等分技术委员会或专业技术委员会,负责制定或修订全国纺织工业各专业范围内统一执行的标准。

纺织行业标准是必须在全国纺织行业内统一执行的标准,对那些需要制定国家标准,但条件尚不具备的,可以先制定行业标准进行过渡,条件成熟之后再升格为国家标准。

五、地方标准

地方标准是由地方标准化组织制定、发布的标准,它在该地方范围内适用。我国地方标准是指在某个省、自治区、直辖市范围内需要统一的标准,制定地方标准的对象应具备三个条件。

(1)没有相应的国家或行业标准。

(2)需要在省、自治区、直辖市范围内统一的事或物。

(3)工业产品的安全卫生要求。

六、企业标准

企业标准是指企业制定的产品标准和为企业内需要协调统一的技术要求和管理、工作要求所制定的标准。由企业自行制定、审批和发布的标准在企业内部适用,它是企业组织生产经营活动的依据。企业标准的主要特点如下。

(1)企业标准由企业自行制定、审批和发布,产品标准必须报当地政府标准化主管部门和有关行政主管部门备案。

(2)对于已有国家标准或行业标准的产品,企业制定的标准要严于有关的国家标准或行业标准。

(3)对于没有国家标准或行业标准的产品,企业应当制定标准,作为组织生产的依据。

(4)企业标准在本企业内部适用,由于企业标准具有一定的专有性和保密性,故不宜公开。企业标准不能直接作为合法的交货依据,只有在供需双方经过磋商并订入买卖合同时,企业标准才可以作为交货依据。

第四节　纺织标准的内容

一、纺织标准的组成及编制顺序

纺织标准的主要组成及编制顺序如下表所示。

纺织标准的组成

组　成　部　分		要　　　素
概述部分		封面和首页
		目次
		前言
		引言
主体部分	一般部分	技术标准的名称
		技术标准的范围
		引用标准
	技术部分	定义
		符号和缩略语
		要求
		抽样
		试验方法
		分类与命名
		标志、包装、运输、储存
		标准的附录
补充部分		提示的附录
		脚注
		正文中的注释表注和图注

二、纺织标准的概述部分

国家标准和行业标准的封面和首页应包括:编号、名称、批准和发布部门、批准和发布及实施日期等内容,其编写格式应符合 GB/T 1.2 的具体规定,其余标准参照执行。

当标准的内容较长、结构较复杂、条文较多时,应编写目次,写出条文主要划分单元和附录的编号、标题和所在页码。

前言是每项技术标准都应编写的内容,包括:基本部分——主要提供有关该项技术标准的一般信息;专用部分——说明采用国际标准的程度,废除和代替的其他文件,重要技术内容的有关情况,与其他文件的关系,实施过渡期的要求以及附录的性质等。

引言主要用于提供有关技术标准内容和制定原因的特殊信息或说明,它不包括任何具体要求。

三、纺织标准的一般部分

这一部分主要对技术标准的内容作一般性介绍,它包括:标准的名称、范围、引用标准等内容。

技术标准的名称应简短而明确地反映出标准化对象的主题,但又能与其他标准相区别。因此,技术标准的名称一般由标准化对象的名称和所规定的技术特征两部分组成,如果这两部分比较简短,连起来也通顺时,可以写成一行,如"纺织品白度的仪器评定方法",如果连起来写不通顺时,可在两者之间空一个字,如"纺织品耐光色牢度试验方法　日光",在封面和首页可将它们写成两行。

技术标准的范围用于说明一项技术标准的对象与主题、内容范围和适用的领域,其中不包括任何要求,也不要与名称重复,但它与名称和技术标准的内容是一致的。

引用标准则主要列出一项技术标准正文中所引用的其他标准文件的编号和名称。凡列入这一部分的文件,其中被引用的章条,由于引用而构成了该项技术标准的一个组成部分,在实施中具有同等约束力,必须同时执行,并且要以注明年号的版本为准。

四、纺织标准的技术部分

这一部分内容是技术标准的重要组成,它是技术标准所要规定的实质性内容。

1. 定义　技术标准中采用的名词、术语尚无统一规定时,应在该标准中作出定义和说明。名词、术语也可以单独制定标准,如 FZ/T 01018《纺织品　机织物疵点术语》。

2. 符号和缩略语　列出技术标准中使用的某些符号和缩略语的一览表,并对所列符号和缩略语的功能、意义、具体使用场合给出必要的说明,便于读者理解。

3. 要求　产品的技术要求主要是为了满足使用要求而必须具备的技术性能、指标、表面处理等质量要求。纺织标准所规定的技术要求必须是可以测定和鉴定的,其主要内容包括:质量等级、物理性能、机械性能、化学性能、使用特性、稳定性,表面质量和内在质量,关于防护、卫生和安全的要求,工艺要求,质量保证以及其他必须规定的要求(如对某些化学物质含量的规定)。

4. 抽样　抽样内容可以放在试验方法部分的开头,不单列。抽样这部分用于规定进行抽样的条件、抽样的方法、样品的保存方法等必须列示的内容。

5. 试验方法　试验方法主要给出测定特性值或检查是否符合规定要求以及保证所测定结果再现性的各种程序细则。必要时,还应明确所做试验是型式(定型或鉴定)试验、常规试验,还是抽样检验(可根据产品要求规定来确定)。试验方法的内容主要包括:试验原理,试样的采取或制备,试剂或试样,试验用仪器和设备,试验条件,试验步骤,试验结果的计算,分析和评定,试验记录和试验报告的内容等。试验方法也可以单独立为一项标准,即方法标准。

6. 分类与命名　分类与命名这部分可以与要求部分合在一起。分类与命名部分是为符合所规定特性要求的产品、加工或服务而制定一个分类、命名或编号的规则。对产品而言,就是要对有关产品总体安排的种类、型式、尺寸或参数系列等作出统一规定,并给出产品分类后具体产品的表示方法。

7. 标志、包装、运输、储存　在纺织产品标准中,可以对产品的标志、包装、运输和储存作出统一规定,以使产品从出厂到交付使用过程中产品质量能得到充分保证,符合规定的贸易条件,这部分内容可以单独制定标准。

(1)标志。包括在产品及其包装上标志的位置、制作标志的方法、标志的内容等。标志又分产品标志和产品外包装标志两种:产品标志包括产品名称、制造厂名称、产品的型式和代号、产品等级、产品标准号、出厂日期、批号、检验员印章等内容以及标志的位置及制作方法(如挂金属、塑料或纸牌、打钢印、铸型;侵蚀和盖章铅封、烫匹头印等);产品外包装标志包括制造厂商、产品名称、型号、数量、净重、等级、毛重以及储运指示标志(如"轻放""不许倒置""勿受潮湿"和"危险品"标志等)。

(2)包装。它是对纺织品包装方面提出的要求和规定,最大限度地保证纺织品质量在储运过程中不受损失,主要内容包括包装材料、包装方式和包装的技术要求(如纺织品的防霉、防蛀、防潮、防水、防晒等方面的要求)以及包装的检验方法、随同产品供应的技术文件(如装箱清单、产品质量合格证和产品使用说明书等)。

(3)运输。纺织产品标准对运输方面的技术规定包括运输工具、运输条件以及其他运输过程中应注意的事项(如运输工具的清洁状况,温度、湿度方面的要求,不得随意抛弃,小心轻放、不得倒置等)。

(4)储存。这部分内容主要对产品储存地点、储存条件和储存期限以及长期储存中应检验的项目等技术要求作出规定。

8. 标准的附录　标准中的附录包括标准的附录和提示的附录两种不同性质的附录。标准的附录是标准不可分割的一部分,它与标准正文一样,具有同等效力,为使用方便而放在技术部分的最后。采用这一形式的目的是为了保证正文主题突出,避免个别条文的臃肿,但尽可能少用,而是将有关内容编入正文之中。

五、纺织标准的补充部分

1. 提示的附录　提示的附录是标准中附录的另一种形式,它不是标准正文的组成部分,不包含任何要求,也不具有标准正文的效力。提示的附录只提供理解标准内容的信息,帮助读者正确掌握和使用标准。

2. 脚注　脚注的使用应控制在最低限度,它用于提供使用技术标准时参考的附加信息,而不是正式规定。

3. 正文中的注释　正文中的注释是用来提供理解条文所必要的附加信息和资料的,它不包含任何要求。

4. 表注和图注　表注和图注是属于标准正文的内容,它与脚注和正文中的注释不同,是可以包含要求的。

第五节　纺织品质量监督与质量认证制度

产品质量监督和质量认证是标准化活动的一个重要组成部分,它是国际上普遍实行的一种科学的质量管理制度。

一、纺织品质量监督的基本概念

产品质量监督是指根据政府法令或规定,对产品、服务质量和企业保证质量所具备的条件进行监督的活动。作为宏观经济管理范畴内的质量监督不同于企业内部的质量管理,它是国民经济监督的一个重要组成部分,是国家政府机构管理经济的职能之一。质量监督的主要依据是国家的法律、法令、指示、计划以及政府机构发布的技术标准和技术条件。质量监督由代表国家的权威检验机构,用科学的方法实施产品检验和企业检查,从而获得明确、科学的监督检验结论,并根据质量监督检验和检查的结论,采取法律的、经济的和行政的处理措施,奖优罚劣,保证国民经济计划中质量目标的实现。

二、纺织品质量监督机构及其主要任务

我国纺织产品质量监督机构的主要任务如下。

(1)根据国家对纺织品质量工作的要求,以技术标准和用户、消费者意见为依据,通过各种形式的监督检验,考核有关部门质量计划的完成情况,并进行监督。

(2)帮助和督促纺织品生产企业建立、健全技术检验机构和制度,统一检验方法、协助培训检验力量,对企业中的质量检验部门进行业务指导。

(3)当有关部门对纺织品质量发生争议时,进行公证和仲裁。

(4)对纺织产品的商标注册、优质产品和名牌产品的评选、部分新产品(包括更新换代产品)进行质量鉴定。

(5)承担部分进出口纺织品的质量检验与验收工作。

(6)接受委托检验。

三、质量监督的基本形式

(一)抽查型产品质量监督

抽查型产品质量监督是指:国家(政府)质量监督机构通过对市场或企业抽取的样品,按照技术标准进行监督检验,判定其质量是否合格,从而采取强制措施,责成企业改进不合格产品,直至达到技术标准要求,并将这种形式的检验结果和分析报告通过电台、电视、报纸和杂志等媒介公布于众。其主要特征为:一是监督抽查的目的是为弄清一个时期产品质量的状况,为政府加强对产品质量的宏观控制提供依据;二是监督抽查一般采用突然性的随机抽样方法,事先不通知受验企业,这样可以保证抽取的样品具有代表性,防止弄虚作假情况发生;三是监督抽查讲究实效,抓好质量监督的事后处理工作,对于抽查不合格产品,责令商业部门停止销售,生产企业进行质量改进,限期达到标准要求,并对有关企业和责任人作出必要的处罚。

(二)评价型产品质量监督

评价型产品质量监督是指:国家(政府)质量监督机构通过对企业生产条件、产品质量考

核,颁发某种产品质量证书,确认和证明该产品已达到的质量水平。对于考核合格、获得证书的产品要加强事后监督,考查其质量是否保持应有的水平,评选优质产品、发放生产许可证、新产品鉴定等均属于这种形式的质量监督,其主要特征表现为:一是按照国家规定的条例、细则和标准对产品进行检验,同时对企业质量保证条件进行审查、评定;二是直接由政府主管部门颁发相应内容的证书;三是允许在产品及合格证上使用相应的标志;四是实行有一定内容的事后监督和处理,稳定提高产品质量。

(三)仲裁型产品质量监督

仲裁型产品质量监督是指:国家质量监督管理部门站在第三方立场,公正处理质量争议中的问题、实施对质量不法行为的监督、促进产品质量的提高。其主要特征为:一是监督的对象仅限于有质量争议的产品范围内;二是只对有质量争议的一批或一个产品进行监督检验,并按照标准或有关规定作出科学判定;三是由受理仲裁的质量监督管理部门进行调解和裁决;四是具有较强的法制性,由败诉方承担质量责任。

四、产品质量认证制度

产品质量认证的初期形式是制造者关于产品的特性能够符合消费者和用户要求的简要保证或声明,世界上实行质量认证的第一个国家是英国。国际标准化组织在1970年成立了认证委员会(CERTICO),以此来指导国家、地区和国际认证制的建立和发展。

国际标准化组织曾对产品质量认证作过如下定义:"由可以充分信任的第三方证实某一经鉴定的产品或服务符合特定标准或其他技术规范的活动"。事实上,产品质量认证就是依据产品标准和相应的技术要求,经认证机构确认,并通过颁发认证证书和认证标志,以证明某一产品符合相应标准和技术要求的活动。建立第三方质量认证制度可以让消费者放心地购买符合要求的产品,同时,获得认证许可的产品也具有很强的市场竞争力,这对于生产企业是有利的。目前,产品质量认证已经成为国际通行的、保证产品质量符合标准、维护消费者和用户利益的一种有效办法,ISO成员国中的绝大多数国家都采用了质量认证制度。产品质量认证的主要作用归纳如下。

(1)实行产品质量认证制能够更加有效地维护消费者的利益,是保护消费者人身安全和健康的有效手段。依照质量认证标志,消费者可放心购置满意的商品,一旦发现质量问题,也可以依法保护自己的权益。对于与人身安全和健康有关的产品则更显重要。

(2)实行产品质量认证制是促进和发展国际贸易、消除技术壁垒、扩大出口、提高产品国际市场竞争力的重要措施和途径。实行国际认证的产品可以得到有关条约国的认可,获得国际认证的产品也就是获得了国际市场的质量通行证,与国际市场接轨。

(3)实行产品质量认证制可以促进生产企业提高产品质量,建立健全有效的质量保证体系,是贯彻标准、监督产品质量的有力措施。

(4)质量认证是经过了第三方认证机构的认证,其认证过程是严格、公正和科学的,用户不必再进行不必要的重复性检验,这不仅可以节约人力、物力和财力,也大大加快了商品流通,产品认证可以给生产企业带来质量信誉和更多的经济利益。

五、产品质量认证的形式

我国现阶段主要采用三种认证形式,即安全认证、合格认证和质量保证能力认证,这是按照认证的性质来划分的。

(一)安全认证

安全认证依据安全标准和产品标准中的安全性能项目进行认证,经批准认证的产品方可使用"安全认证标志"。实行安全认证的产品,必须符合《标准化法》中有关强制性标准的要求,对于关系国计民生的重大产品和有关人身安全健康的产品,必须实行安全认证。

(二)合格认证

合格认证是以产品标准为依据,当要求认证的产品质量符合产品标准的全部要求时,方可批准认证的产品使用"合格认证标志"。实行合格认证的产品,必须符合《标准化法》规定的国家标准或行业标准的要求。

(三)质量保证能力认证

对于不适合采用安全认证或合格认证的企业,如装卸运输企业、建筑施工企业等,可对其规定的具体条件和要求进行认证。

六、质量认证标志

产品质量认证标志(即认证标志)是作为说明产品全部或部分项目符合规定标准的一种记号,它是对经过认证产品的一种表示方法。认证标志往往是注册的商标,其使用必须获得特别许可,凡是使用认证标志的产品必须经过有关机构的认证。实行产品质量标志制度,既维护了消费者的利益,又便于消费者选购商品。对生产企业来说,获得产品质量标志,既是一种荣誉和信任,又可获得经济上的利益,世界上很多国家都实行了产品质量标志制度,下面就一些著名的认证标志及相关认证机构的认证情况作简要介绍。

(一)纯羊毛标志

1.纯羊毛标志　纯羊毛标志(图3-3)是国际羊毛局拥有的认证标志,到目前为止,已经在130多个国家和地区注册。

国际羊毛局为保持天然优质纤维的身价,以利于同化纤织物竞争,于1964年国际羊毛局设计了由三个毛线团组成的"纯羊毛标志"(PURE NEW WOOL)。它可用于以纯新羊毛制成的产品,如服装、毛衣、毛线、地毯、家庭用品以及其他工业和消费产品。除了装饰纤维或精细动物纤维如马海毛、羊绒、兔毛、驼毛、羊驼毛、美洲驼毛等之外,纯新羊毛的含量必须是100%。按照国际羊毛局规定:纯新羊毛通常是指从羊体上剪下的羊毛,但是,梳理加工过程的落毛、未经加捻的断毛条、皮辊回丝、粗纱回丝也可以视为"未经纺纱"的新羊毛。经国际羊毛局获准许可使用"纯羊毛标志"的工厂,由国际羊毛局颁发特许的编号执照,如果工厂新投产羊毛新品种时,必须由国际羊毛局另行审定。

图3-3　国际羊毛局
认证标志

1980年3月,我国同国际羊毛局达成协议,获准采用"纯羊毛标志",国际羊毛局设立了中国办事处。凡符合使用"纯羊毛标志"规定的产品,即发给批准使用"纯羊毛标志"产品的通知和"纯羊毛标志"产品质量试验报告。由国际羊毛局中国办事处指定的国内试验机构有上海毛麻纺织科学研究所、北京毛纺织科学研究所和北京毛针织工业公司中心试验站等。

2. 申请使用纯羊毛标志的规定

(1)在商务洽谈和合同签署前,必须事先向外贸单位说明纯羊毛标志的使用,以便生产能够被安排在"执照工厂"进行,而执照工厂是经国际羊毛局获准许可使用"纯羊毛标志"的工厂,由国际羊毛局颁发特许的编号执照。

(2)生产前,对毛衫用的毛线、服装用的面料,必须从我国或其他国家的纯羊毛标志执照工厂采购,并提供品质保证证书。

(3)商标可以通过外贸单位或国际羊毛局中国分局订购纯羊毛标志,缝入商标和纸吊牌。

(4)样品测试。执照工厂必须把样品送交指定的测试中心,进行品质检验,纯羊毛标志只能用于测试合格的产品上。

(5)外观和做工检验。在交货前,纯羊毛标志毛衫、服装、毛毯和地毯等产品由指定的检验机构进行外观和做工检验,只有符合国际羊毛局标准规定的产品,才可以使用纯羊毛标志,否则,拆除标志或修复后申请重新检验。

(二)生态(环保)标志产品——信心纺织品标志

最早在20世纪80年代,奥地利纺织研究中心推出了一套用于检测纺织品、服装以及地毯中有害物质的标准,与此同时,国际环保纺织协会在分享其研究成果的基础上,推出了一套专门检测有害物质的化学方法和标准,即Oeko-Tex Standard 100标准。

Oeko-Tex Standard 100标准规定了纺织、服装制品上可能存在的已知有害物质的种类以及其测试方法,同时对其分类产品中的有害物质的限量值做出明确规定。如果纺织品经协会成员测试,产品符合Oeko-Tex Standard 100标准所规定的条件,申请者可以获得授权,在产品上悬挂"信心纺织品,通过有害物质检验"的Oeko-Tex Standard 100标签。

(三)我国产品质量认证标志

我国产品质量认证标志的图样如图3-4所示。1991年5月7日,国务院颁发了《中华人民共和国产品质量认证管理条例》,规定由国务院标准化行政主管部门统一管理全国的认证工作,产品质量认证委员会负责认证工作的具体实施。

产品认证(方圆标志)　　安全认证(方圆标志)　　电子元器件质量　　　电工产品专用认
　　　　　　　　　　　　　　　　　　　　认证标志(PRC)　　　证标志(长城标志)

图3-4　我国产品质量认证标志

　　产品质量认证委员会由国务院标准化行政主管部门直接设立,或者授权国务院其他行政主管部门设立,由产品的生产、销售、使用、科研、质量监督等有关部门的专家组成。

　　我国产品质量认证主要对有国家标准或行业标准的产品进行认证,认证分为安全认证和合格认证两种形式,对于获得认证的产品和企业还必须实行法定的监督检验。我国产品质量认证程序包括:提出书面申请、产品检验、审查企业的质量体系、审批,以及对获得认证的产品和企业实施监督管理。

　　(四)世界部分国家质量认证标志(图 3-5)

图 3-5　世界主要国家的认证标志图案

　　1.“风筝”标志　“风筝”标志英国标准化学会(BSI)直接负责产品质量检定和管理标志。BSI 是一个非官方的学术团体,成立于 1901 年,由于 BSI 工作成绩突出,英国政府决定由 BSI 代表英国参加国际标准化组织,并授权由 BSI 制定统一的国家标准、负责质量认证。1984 年,英国成立了国家认证机构认可委员会,英国政府决定 BSI 为该委员会的秘书处。BSI 设有汉海尔·汉普斯德产品质量检验试验中心,它负责对各种产品的性能和质量进行审查和检定。BSI 的认证形式分为合格认证、安全认证和企业质量保证能力认证三种,其中合格认证是一种全性能的认证制度,认证标志是"风筝"标志,或称"BS"标志。

2. "NF"标志　法国从 1938 年开始实行"NF"认证标志,它是由法国标准化协会(AFNOR)管理的产品质量标志。法国标准化协会的批准认证条件比较严格、规范,实施质量认证标志的产品范围主要局限于家用电器、家具和建筑材料三大类产品。

3. "JIS"标志　日本从 1949 年起实行"JIS"认证标志,"JIS"是日本通产省工业技术院标准部用于指定的工业产品的质量标志。日本质量认证的管理体制特点是:政府部门管理质量认证工作,各部门分别对其管理的某些产品实行质量认证制度,并使用各自设计并发布的认证标志。从认证产品的数量上看,有 70%左右的产品认证是由通产省来实行的,即主要由通产省负责质量认证。通产省实行的产品质量认证制度分强制性认证和自愿认证两种:一是实行强制性认证的主要有消费品安全认证,电工产品安全认证,液化石油器具安全认证,煤气用具安全认证;二是实行自愿认证的产品,使用日本工业标准 JIS 标志,JIS 标志又分为用于产品的 JIS 标志和用于加工技术的 JIS 标志两种。凡是达到"JIS"标准的工矿产品和加工技术,授予"JIS"标志的称号,被批准为"JIS"的产品,在商品包装上印有"JIS"标志符号,获得"JIS"标志产品的生产厂,称"JIS"工厂。纺织品中的缝纫线、坐垫、女式罩衣、衬衣、睡衣、学生服装和运动衫、运动裤经认证符合"JIS"标准,可获准使用"JIS"标志。

4. DIN 标志和 VDE 标志　德国标准化委员会(DIN)于 1971 年 12 月成立了德国标志协会,授权该协会专门负责产品质量检定和标志管理工作,其标志统一采用"DIN"标志。"VDE"是德国电气工程师协会(VDE)的认证标志,VDE 成立于 1893 年,当时主要对会员提供职业教育和制定电气设备和附件的安全标准。目前,DIN 和 VDE 关系密切,它们联合组成德国电工委员会(DKE)。DIN 主要负责 DIN 标准的认证工作,并代表德国参加国际标准化组织,VDE 则主要从事电工和电子产品的认证,并代表德国参加国际电工委员会。

5. UL 标志　美国的质量认证是典型的自由分散体制,政府部门、民间组织、地方政府都可以从事质量认证工作。"UL"标志是美国保险商实验室(UL)的认证标志,美国保险商实验室建于 1984 年,是私营检验机构,在美国有 29 个州的政府认可"UL"标志,并规定有关安全的产品必须获得"UL"标志方可在这些州进行销售。

思 考 题

1. 名词解释:国际标准,区域标准,国家标准,地方标准,企业标准,行业标准,质量认证,质量公证,质量监督。
2. 简述纺织标准与标准化的意义。
3. 说明纺织品质量监督检验的目的、意义。
4. 简述纯羊毛标志产品的技术要求和认证方法。
5. 说明纺织产品质量认证的目的、意义。
6. 简述纺织标准制定与修订工作程序。

第四章 国际标准

> ● **本章知识点**
>
> 1. 国际标准的定义、范围、组织机构、采用程度。
> 2. ISO 标准、IEC 标准的特点,ISO 9000 族标准主要内容。
> 3. 技术性贸易壁垒的形式、特点以及对我国纺织品服装出口的影响。
> 4. 欧盟化学品 REACH 法规的目标、内容、实施计划。

第一节 国际标准的定义、范围、组织机构

一、国际标准的定义、范围及作用

国际标准化组织(ISO)/国际电工委员会(IEC)公布的国际标准定义是:国际标准是由国际标准化机构所制定的标准,国际标准化机构是由 ISO、IEC 以及由 ISO 公布的其他国际标准化组织构成。目前,国际电信联盟(ITU)制定的标准,以及国际标准化组织确认并公布的其他国际组织制定的标准也属于国际标准范畴。

国际标准的作用主要体现在三个方面:一是有利于消除国际贸易中的技术壁垒,促进贸易自由化;二是有利于促进科学技术进步,提高产品质量和效益;三是有利于促进国际技术交流与合作。国际标准在世界范围内统一使用,被国际标准化组织确认并公布的其他国际组织名称和代号列于表 4-1 中。这些国际组织制定的标准化文献主要包括国际标准、国际建议、国际公约、国际公约的技术附录和国际代码,以及经各国政府认可的强制性要求。国际标准对国际贸易和信息交流具有重要影响。

国际标准化组织(ISO)和国际电工委员会(IEC)是两个最大的国际标准化机构,国际标准化组织(ISO)发布的主要是除了电工、电子以外的其他专业如机械、冶金、化工、石油、土木、农业、轻工、食品、纺织、交通运输、卫生、环保、科学管理等领域的国际标准,国际电工委员会(IEC)发布的主要是电工、电子领域的国际标准。

二、国际标准化组织(ISO)

国际标准化组织(ISO)正式成立于 1947 年 2 月,我国是创始成员国之一,由于历史原因,我国于 1978 年成为正式成员。ISO 是世界上最大的和最具权威的标准化机构,它是一个非政府性的国际组织,总部设在日内瓦。国际标准化组织的主要任务是:制定国际标准,协调世界范围内的标准化工作,组织各成员国和技术委员会进行信息交流。ISO 的工作领域

很广泛,除电工、电子以外涉及其他所有学科,ISO 的技术工作由各技术组织承担,按专业性质设立技术委员会(TC),各技术委员会又可以根据需要设立若干分技术委员会(SC),TC 和SC 的成员分参加成员(P 成员)和观察成员(O 成员)两种。在 ISO 下设的 167 个技术委员会中,明确活动范围属于纺织服装行业的有 3 个。

表 4-1 被国际标准化组织确认并公布的其他国际组织(部分)名称和代号

国际组织名称	国际组织代号	国际组织名称	国际组织代号
国际计量局	BIPM	国际图书馆协会与学会联合会	IFLA
国际人造纤维标准化局	BISFA	国际有机农业运动联合会	IFOAM
食品法典委员会	CAC	国际煤气工业联合会	IGU
关税合作理事会	CCC	国际制冷学会	IIR
国际无线电咨询委员会	CCIR	国际劳工组织	ILO
国际电报电话咨询委员会	CCITT	国际海事组织	IMO
时空系统咨询委员会	CCSDS	国际种子检验协会	ISTA
国际电气设备合格认证委员会	CEE	国际电信联盟	ITU
国际照明委员会	CIE	国际理论与应用化学联合会	IUPAC
国际建筑研究实验与文献委员会	CIB	国际羊毛局	IWS
国际内燃机委员会	CIMAC	国际动物流行病学局	OIE
国际无线电干扰特别委员会	CISRP	国际法定计量组织	OIML
国际牙科联盟会	FDI	国际葡萄与葡萄酒局	OIV
国际信息与文献联合会	FID	材料与结构研究实验所国际联合会	RILEM
国际原子能机构	IAEA	贸易信息交流促进委员会	TarFIX
国际航空运输协会	IATA	国际铁路联盟	UIC
国际谷类加工食品科学技术协会	ICC	经营交易和运输程序和实施促进中心	UN/CEFACT
国际排灌研究委员会	ICID	联合国教科文组织	UNESCO
国际民航组织	ICAO	国际海关组织	WCO
国际辐射防护委员会	ICRP	国际卫生组织	WHO
国际辐射单位与测量委员会	ICRU	世界知识产权组织	WIPO
国际制酪业联合会	IDF	世界气象组织	WMO
万围网工程特别工作组	IETF	国际无线电咨询委员会	WIRO

(一) 第 38 技术委员会

第 38 技术委员会即纺织品技术委员会,简称 ISO/TC 38。长期以来,ISO/TC 38 的秘书处工作一直由英国标准协会(BSI)负责,2007 年 9 月,经国际标准化组织批准,由阳光集团代表中国承担 ISO/TC 38 国际秘书处工作,中国纺织科学研究院标准化研究所为 ISO/TC 38

国际秘书处的技术支撑单位。纺织品技术委员会的工作范围包括：制定纤维、纱线、绳索、织物及其他纺织材料、纺织产品的试验方法标准及有关术语和定义；不包括现有的或即将成立的 ISO 其他技术委员会工作范围，以及纺织加工及测试所使用的原料、辅助材料、化学药品的标准化；制定纺织品产品标准。ISO/TC 38 创建于 1947 年，现有 10 个分技术委员会，下属52 个工作组（WG），这些分技术委员会和直属工作组的名称分别是：SC 1 染色纺织品和染料的试验；SC 2 洗涤、整理和抗水试验；SC 5 纱线试验；SC 6 纤维试验；SC 11 纺织品和服装的保管标记；SC 12 纺织地板覆盖物；SC 19 纺织品和纺织制品的燃烧性能；SC 20 织物描述；SC 21 土工布；SC 22 产品规格；WG 9 非织造布；WG 12 帐篷用织物；WG 13 试验用标准大气和调湿；WG 14 化学纤维的一般术语；WG 15 起毛起球；WG 16 耐磨性和接缝滑移；WG 17 纺织品的生理性能；WG 18 服装用机织物的低应力、机械和物理性能。

（二）第 72 技术委员会

第 72 技术委员会即纺织机械及附件技术委员会，简称 ISO/TC 72，秘书国是瑞士，其工作范围主要是：制定纺织机械及有关设备器材配件等纺织附件的有关标准。我国是 ISO/TC 72 及七个分技术委员会的积极成员（P 成员），有权力和义务对它管理的所有国际标准阶段文件进行投票表决，并由中国纺织机械（集团）有限公司负责 ISO/TC 72 的技术归口工作。ISO/TC 72 技术委员会下设四个分委员会：SC 1 前纺、精纺及并捻线机械，SC 2 卷绕及织造准备机械，SC 3 织造机械，SC 4 染整机械及有关机械和附件。目前，ISO/TC 72 国际标准主要由发达国家提出并负责起草制定，没有整机标准，以器材、零部件标准为主，包括是术语、定义标准，为提高零部件互换性的产品尺寸标准（器材占多数）；为方便不同机器间物料传送的产品结构标准（如条筒、筒管、经轴等）；保护人与机器之间交流和安全的安全要求、图形符号；统一鉴别产品优劣的方法标准（如噪声测试规范、经轴盘片分等、加工油剂对机器零部件的防腐性能测定）等。

（三）第 133 技术委员会

第 133 技术委员会即服装的尺寸系列和代号技术委员会，简称 ISO/TC 133，其工作范围是：在人体测量的基础上，通过规定一种或多种服装尺寸系列实现服装尺寸的标准化。该技术委员会的秘书国是"南非"，我国服装标准化技术委员会秘书处设在上海市服装研究所，承担 ISO/TC 133 技术委员会的国内技术归口工作。服装号型系列是按人体体型规律设置分档号型系列的标准，为服装设计提供了科学依据，有利于成衣的生产和销售，依据这一标准设计、生产的服装称"号型服装"。标志方法是"号/型"，号表示人体总高度，型表示净体胸围或腰围，均以厘米数表示，我国现行服装号型标准与国际标准基本接近。

三、国际电工委员会（IEC）

1904 年，在美国圣路易召开的国际电气会议上就电工领域的标准化问题进行讨论，决定建立国际电工委员会负责电工领域的国际标准化问题，1906 年 6 月在英国伦敦正式成立了国际电工委员会（IEC）。1908 年在伦敦召开了 IEC 首届理事会议，通过了 IEC 的第一个章程。

IEC 是世界上成立最早的国际标准化组织,我国于 1957 年 8 月正式加入 IEC,ISO 和 IEC 共同担负着推进国际标准化活动、制定国际标准的任务。IEC 的宗旨是:促进电气、电子工程领域中标准化及有关方面问题的国际合作,增进国际了解。目前,IEC 已成立了 83 个技术委员会、1 个无线电干扰特别委员会(CISPR)、1 个 IEC/ISO 联合技术委员会(JTCI)、118 个分技术委员会和 700 个工作组。

IEC 的工作领域主要包括电力、电子、电信和原子能方面电工技术等,其主要成果是制定 IEC 国际标准和出版多种出版物。1947 年 ISO 成立以后,IEC 曾作为一个电工部门并入 ISO,但其组织机构、经济和技术均保持了相对独立性,IEC 的总部设在日内瓦。至 20 世纪 80 年代,ISO 和 IEC 共同成立了联合技术计划委员会(JTPC)和协调工作小组(HWG),在信息技术领域成立了第一个联合技术委员会(JTCI),在两大国际组织合作史上迈出了具有历史意义的第一步,而其他方面的合作也正在进行之中。从 1990 年 1 月 31 日起,ISO 和 IEC 按统一的技术工作程序开展工作。目前,在纺织领域的国际标准化活动中,ISO/TC 38 和 ISO/TC 72 与 IEC 有着比较密切的工作联系。

第二节　国际标准的采用

一、采用国际标准的意义

(一)发展国际贸易和技术交往的需要

进入 21 世纪后,国际贸易发展迅猛,市场竞争十分激烈,阻碍国际贸易发展的因素不单纯是关税壁垒和贸易管制措施,而转为规格标准、安全标准、环境标准、质量认证等技术"壁垒"。积极采用国际标准,有利于消除国际贸易中的技术壁垒,扩大出口,促进国际贸易的发展。

1979 年 GATT 通过的《标准守则》规定:参加国应保证技术规程和标准的拟定、采用和应用,不是为了在国际贸易中制造障碍。采用国际标准可以减少乃至消除因各国标准上的差异而形成技术性的贸易壁垒。另一方面,国际科技交流与合作也日益频繁,标准作为技术的桥梁和合作手段,也日益受到人们高度重视。积极采用国际标准已成为世界各国标准化发展的总趋势。

(二)有利于促进技术进步,提高产品质量

标准往往是各种复杂技术的综合,包含着大量的科技成果和先进经验,是国际先进技术的缩影。国际标准能够反映出某一时期世界范围内某一领域的科技先进水平,代表了世界工业发达国家的一般水平。积极采用国际标准,可以引进先进的技术和科研成果,这对于我国纺织工业的技术创新、技术升级和新产品开发都具有积极意义,同时也有利于提高我国产品质量档次,争创国际品牌,与国际市场接轨,促进我国纺织工业技术的全面进步。

(三)有利于提高我国标准的技术水平

国际标准的科学性、先进性和权威性是被公认的,国际标准具有普遍的推广应用价值。

我们对于国际标准必须要"认真研究、积极采用、区别对待",从国内实际情况出发,根据实际需要和实施的可能性,积极采用国际标准,在弥补我国标准某些不足的同时,进一步提高我国标准的技术水平,健全我国的标准体系。

二、采用国际标准和国外先进标准的程度及表示方法

根据我国《采用国际标准和国外先进标准管理办法》第三章第十一条规定:我国标准采用国际标准或国外先进标准的程度,分为等同采用、等效采用和非等效采用。

等同采用,指技术内容相同,没有或仅有编辑性修改,编写方法完全相对应;等效采用,指主要技术内容相同,技术上只有很小差异,编写方法不完全相对应;非等效采用,指技术内容有重大差异。我国采用国际标准或国外先进标准程度的表示方法如表4-2所示。

表4-2　我国采用国际标准和国外先进标准的程度和表示方法

采用程度	等　同	等　效	非　等　效
符　号	≡	=	≠
缩写字母	idt 或 IDT	eqv 或 EQV	neq 或 NEQ

三、我国实施采用国际标准标志产品

为了加快我国的产品标准化步伐,与国际标准化发展趋势相适应,提高我国产品在国际市场上的竞争能力,国家技术监督局分三批公布了《实施采用国际标准标志产品及相应标准目录》,纺织部分已有棉、毛、丝、麻、针织、化纤、巾被、线带、服装9大类72项被列入其中。

第三节　ISO、IEC 标准特点和制定程序

一、ISO 与 IEC 标准特点

(一)重视基础标准的制定

ISO 和 IEC 十分重视基础标准的制定。因为基础标准是制定其他标准的前提和依据,是实现国际协调统一的重要条件,对整个标准化工作具有十分普遍的指导意义。ISO 和 IEC 制定的术语标准、符号标记标准、互换性和兼容性标准等,均为世界各国普遍接受和采用。

(二)测试方法标准的数量最多

ISO 和 IEC 标准中,有近50%左右的标准为测试方法标准。测试方法是检验产品性能或特征是否符合标准规定的重要手段,若是没有测试方法标准,则对产品技术要求的评定也就失去了客观依据,而以不统一的方法来检验产品的性能或特征,就无法对同类产品的质量进行比较,也无法对质量争议作出客观、科学、公正的裁决。

(三)突出安全标准和卫生标准

ISO 和 IEC 对安全标准和卫生标准给予足够的重视,在 ISO 和 IEC 发布的标准中,有相

当数量的标准是关于电气安全、锅炉及压力容器、劳动安全、玩具安全以及食品卫生、医药卫生和环境质量等内容的标准。

安全标准和卫生标准的制定,对保证安全、健康,保护消费者和社会共同利益有着十分重要的作用。世界上很多国家都通过法令、法规的形式限制在某些场合使用非阻燃的纺织品,但是,对于阻燃纺织品的评价方法也存在一些争议。为此,ISO 根据阻燃纺织品的最终用途,制定了一系列关于阻燃纺织品的阻燃特性的试验与评价方法标准。

(四)适当增加产品标准的数量

产品的质量及其合格评定问题,是国际贸易中经常出现的质量争议问题,这就要求 ISO 和 IEC 加快增定产品标准。自 GATT《标准守则》实施以来,对产品标准的需求更加强烈。但是,要在国际一级制定产品标准是很困难的,而且会引起争议,这是因为:不同地区、不同领域对同一产品的要求存在很大差异,其技术要求范围过大,难以在世界范围内协调统一,而且产品更新换代的速度越来越快,产品标准制定的速度难以与之相适应。在 ISO 和 IEC 标准中,关于产品质量指标和性能的标准并不多,根据 ISO 和 IEC 关于产品国际标准的政策中已经明确规定:在制定产品标准时,主要考虑术语、衔接部位要求(包括尺寸及有关特性)、可更换的零部件的互换性要求,必要时包括安全与卫生要求。至于产品性能,则只能包括那些世界上通用的要求。对于复杂产品来说,只规定检测方法,而把性能数据留给生产者提供,要比在国际标准中规定更为可取。若必须在国际标准中规定技术要求时,则必须根据 ISO 技术工作守则所规定的目的性原则、最大自由度原则和可证实性原则选定。只有作为国际认证用的产品标准,技术要求才应该比较具体。

(五)反映发达国家的一般水平

ISO 和 IEC 标准是由世界各国专家共同协商制定的,其制定时间周期较长,又需经过层层讨论、全体成员国投票表决和理事会批准等复杂的工作程序,当标准发布时,在一定程度上已失去了在国际范围内的先进性,只能反映当代发达国家较为成熟的水平。ISO 和 IEC 标准是经过绝大多数成员国家赞成才通过的,得到各成员国的广泛认可,这样的标准具有较强的适应性,容易被接受。对于发达国家来说,其产品容易满足国际标准规定的技术要求,又能以优于国际标准的技术水准占领市场,因此,发达国家容易接受国际标准。对于发展中国家来说,只要重视国际标准化工作,紧跟国际标准发展的步伐,经过努力也是可以接受国际标准的。

二、ISO 和 IEC 标准的制定程序

ISO 和 IEC 标准的制定程序十分严格和复杂,从 1990 年起,根据 ISO 和 IEC 统一的导则,包括"技术工作程序""标准制定方法"和"标准的起草与表述规则",按统一的程序和方法制定国际标准。必要时,为了加快国际标准的制定速度,还规定了变通的程序。国际标准的制定程序如表 4-3 所示。制定国际标准的正常程序分为五个阶段:即建议阶段、准备阶段、委员会阶段、批准阶段和出版阶段。

1. 建议阶段　建议阶段即为确定新工作项目(NWI)阶段。

表 4-3　国际标准制定程序

阶　段	正常程序	提建议时附有草案	采用现成标准	省略委员会阶段	省略批准阶段
1. 建议阶段	接受建议 ↓	接受建议 ↓	接受建议 ↓	接受建议 ↓	接受建议 ↓
2. 准备阶段	准备 WD ↓	↓	↓	准备供批 准备草案	准备草案 ↓
3. 委员会阶段	制定和接受 CD	制定和接受 CD		↓	制定和接受 CD
4. 批准阶段	批准 DIS ↓	批准 DIS ↓	批准 DIS	批准 DIS	↓
5. 出版阶段	出版国际标准	出版国际标准	出版国际标准	出版技术发展趋向文件	出版技术报告

2. 准备阶段　准备阶段即为工作组(WG)起草工作草案(WD)阶段,确定项目负责人,由 WG 起草并通过 WD 之后转入下一阶段。

3. 委员会阶段　委员会阶段即为在 TC 或 SC 中进行讨论阶段。

4. 批准阶段　转入此阶段的委员会草案 CD 由 ISO 中央秘书处或 IEC 中央办公室以国际标准草案(DIS)名义,分发给全体成员国,在 6 个月内投票表决。各成员国投票时,必须表明是赞成、反对或弃权。投赞成票者,可附编辑性意见;投反对票者必须说明技术性理由。

5. 出版阶段　批准的 ISO 和 IEC 标准正式出版。

第四节　ISO 9000 族标准

一、ISO 9000 族标准的产生与发展

ISO 9000 族标准是国际标准化组织为适应国际贸易发展的需要而制定的质量管理和质量保证标准。自 1987 年正式发布该标准以来,世界上已有众多国家或地区的各类组织将此标准转化为本国家或地区标准加以实施。

随着 ISO 9000 族标准被世界众多国家和地区的各类组织所采用,国际标准化组织主要从事质量管理和质量保证方面标准制定工作的 ISO/TC 176 委员会分两个阶段对 ISO 9000 族标准进行修订。第一阶段为"有限更改",在保持结构框架和总体内容基本不变的情况下进行了局部修订,此阶段工作在 1994 年完成。第二阶段是在 1994 版 ISO 9000 族标准基础上进行了总体结构与局部技术的全面修订,以满足各类组织的使用需要,更加体现了质量管理方面的发展状况,此阶段工作在 2000 年完成。2000 版 ISO 9000 族标准将三种质量保证模式合并为一个 ISO 9001 标准,适用于各种产品类别和规模的组织,由 1994 版的二十多个标准合并为 4 项核心标准,其主要构成见表 4-4。

表4-4 ISO 9000:2000 系列标准的主要构成

核心标准	其他标准	技术报告	小册子
ISO 9000:2000《质量管理体系 基础和术语》	ISO 10006:2003《质量管理体系 项目质量管理指南》	ISO/TR 10013:2001《质量管理体系文件指南》	八项质量管理原则应用指南
ISO 9001:2000《质量管理体系 要求》	ISO 10007:2003《质量管理体系 技术状态管理指南》	ISO/TR 10014:2001《质量管理 实现财政和经济利益指南》	ISO 9000:2000 系列标准的选择和应用
ISO 9004:2000《质量管理体系 业绩改进指南》	ISO 10012:2003《测量管理体系 测量过程和测量设备要求》	ISO/TR 10017:2003《ISO 9001:2000 应用统计技术指南》	小型企业实施 ISO 9000:2000 系列标准指南
ISO 19011:2002《质量和(或)环境管理体系审核指南》	ISO 13485:2003《医疗器械质量管理体系考虑法规目的的要求》	—	—
—	ISO 15161:2001《食品和饮料行业应用 ISO 9001:2000 指南》		
—	ISO 15189:2003《医疗实验室质量和能力专用要求》		
—	ISO/IEC 90003:2004《软件工程——ISO 9001:2000 用于计算机软件的指南》	—	—

我国国家技术监督局早在 1988 年已经将 ISO 9000 族标准等同转化为 GB/T 10300 族标准,1992 年 10 月等同转化成 GB/T 19000 族标准加以实施。2016 年,国家技术监督局正式颁布了 GB/T 19000—2016(itd ISO 9000:2015)、GB/T 19001—2016(itd ISO 9001:2000)和 GB/T 19004—2016(itd ISO 9004:2015)标准,以及配套标准和技术文件,替代旧版 GB/T 19000 族标准。

二、ISO 9000:2000 系列标准的构成及内容

(一)ISO 9000:2000《质量管理体系——基础和术语》

1. 八项质量管理原则 ISO 9000:2000 提出的八项质量管理原则是新标准的理论基础,是在总结质量管理实践经验基础上用高度概括的语言所表述的最基本、最通用的一般规律,是组织领导者进行质量管理的基本准则。八项质量管理原则的基本内容如下。

(1)以顾客为关注的焦点。组织依存于顾客,顾客是每一个组织存在的基础,组织应当理解顾客当前和未来的需求,充分满足顾客的要求,并把顾客的要求放在第一位。

(2)领导作用,即最高管理者具有决策和领导一个组织的关键作用。领导者应在考虑相关方需求的基础上,制定质量方针、质量目标以及组织的长远发展规划,创造并保持使员工

能够充分参与实现组织目标的内部环境,建立、实施一个有效的质量管理体系,随时将组织运行结果与目标相比较,并视具体情况决定实现质量方针和质量目标的措施,决定持续改进的措施。

(3)全员参加。人是生产力中最活跃的因素,全体员工是每个组织的基础,组织的质量管理体系既需要最高管理者的正确领导,也依赖于全体员工参加。员工的质量意识、职业道德和技术素质对组织目标的实现将产生重要影响。

(4)过程方法。2000 版 ISO 9000 族标准建立了一个"过程模式",将管理职责、资源管理、产品实现以及测量、分析和改进作为质量体系的四大主要过程,并对其输入、输出、相互关联和相互作用的活动进行连续控制。

(5)管理的系统方法。系统方法基于系统地分析有关数据、资料或客观事实,确定要达到的优化目标,并通过系统工程,设计或策划为达到目标而应采取的各项步骤和措施以及应配置的资源,形成一个完整的方案,在实施过程中通过系统管理而取得高效性和高效率,其重点在于整个系统和实现总目标,使组织所策划的过程之间相互协调、彼此相容。

(6)持续改进。包括了解现状,建立目标,寻找、评价和实施解决办法,测量、验证和分析结果,把更改纳入文件等活动。

(7)基于事实的决策方法。数据和信息分析为有效决策奠定了基础,基于事实的决策方法可以避免决策上的重大失误,统计技术为持续改进的决策提供了依据。

(8)与供方互利的关系。组织与供方是相互依存的,互利关系可以提高双方创造价值的能力。这一关系对组织和供方都是有利的。

2. 质量管理体系的基本说明 质量管理体系的基本说明共 12 条,一部分是关于八项质量管理原则具体应用于质量体系的说明,另一部分是对其他问题的说明。基本说明的主要内容包括:质量管理体系的理论说明、质量管理体系要求与产品要求、质量管理体系方法、过程方法、质量方针和质量目标、最高管理者的作用、文件、质量管理体系评价、持续改进、统计技术的作用、质量管理体系与其他管理体系的关注点、质量管理体系与优秀模式之间的关系。

3. 术语 ISO 9000:2000 系列标准从 10 个方面列出了 80 个术语,它包括质量有关的术语、管理有关的术语、组织有关的术语、过程和产品有关的术语、特性有关的术语、合格有关的术语、文件有关的术语、检查有关的术语、审核有关的术语、测量过程质量保证有关的术语等内容。术语统一了世界各国标准使用者对标准内容的理解,同时增加了附录 A,用概念图说明各术语之间在概念上的相互关系,便于使用者更好地掌握术语的内涵。它替代了 ISO 8402:1994《质量管理和质量保证术语》和 ISO 9000—1:1994《质量管理和质量保证、标准第一部分:选择和使用指南》。

(二)ISO 9001:2015《质量管理体系——要求》

ISO 9001:2015《质量管理体系——要求》标准是通用的,可供组织内部使用,也可用于认证或合同的目的,它在 1 日标准基础上,对标题、结构和内容等进行了重大修正,同时替代

ISO 9001:2000。

ISO 9001:2015《质量管理体系——要求》标准突破了行业的界限,贯彻八项质量管理原则的要求,适用于所有企业和各类模式,成为企业质量管理体系认证的主要依据。它规定了四大过程,即管理职责、资源管理、产品实现以及测量、分析和改进,这四大过程彼此相连,最后通过体系的持续改进而进入更高阶段。

(三) ISO 9004:2015《质量管理体系——业绩改进指南》

ISO 9004:2015《质量管理体系——业绩改进指南》标准是企业业绩改进的指导性标准,它以 ISO 9004:2000 为基础,对内容、结构进行了重大修正。ISO 9004:2015 以八项质量管理原则为指导,对照 ISO 9001:2015 编写,标准的结构与 ISO 9001:2015 基本一致,但深度、范围超过了 ISO 9001:2015,引进了一些新概念如关于效率的概念(成本)、质量财务管理要求(控制成本)、自我评价等,强调企业最高管理者应当营造员工质量意识教育、培训的环境和氛围,质量改进需按 PDCA 的循环方式进行。

(四) ISO 19011:2015《质量和环境审核指南》

ISO 19011:2015《质量和环境审核指南》对环境和质量管理体系审查的实施提供了指南,它合并了 ISO 9000:1994 系列标准中 ISO 10011-1、ISO 10011-2 和 ISO 10011-3 三个分标准,取代了 ISO 14010、ISO 14011 和 ISO 14012 标准。

三、ISO 9000 族标准在纺织企业中的应用

ISO 9000 族标准是适用性很强的标准,它适用于任何行业。以 ISO 9000 族标准为准则,实施质量认证已经成为当今世界各国对产品质量及企业管理进行评价、监督的通行做法。面对日趋激烈的国际市场竞争,为了尽早与国际市场接轨,我国纺织企业积极开展了 ISO 9000 质量管理体系的认证工作,许多企业已经通过了 ISO 9000 质量体系认证。质量管理体系审核按其审核方式可以分为:第一方审核、第二方审核和第三方审核,三种审核方式的区别见表 4-5。从质量管理体系认证的作用上讲,要求符合公正的第三方认证,证实企业的质量管理体系符合 ISO 9000 族标准的规定,为顾客提供充分的信任。

表 4-5　三种审核方式的区别

审核方 比较项目	第一方审核	第二方审核	第三方审核
审核类型	内部审核	顾客对供方审核	独立的第三方对组织体系进行审核
执行者	组织内部或聘请外部人员	顾客自己或委托他人代表顾客	第三方认证机构派出的审核员
审核目的	推动内部改进	选择、评定或控制供方	认证注册

比较项目 \\ 审核方	第一方审核	第二方审核	第三方审核
审核准则(依据)	适用的法律、法规及标准,顾客指定的标准,组织质量管理体系文件,顾客的投诉	顾客指定的产品标准,质量管理体系标准,适用的法律、法规	ISO 9000:2000,组织适用法律、法规及标准,组织质量管理体系文件,顾客投诉
审核范围	可以扩展到所有内部管理要求	限于顾客关心的标准及要求	限于申请的产品 ISO 9000:2000
审核时间	较为充裕、灵活	较少	较短、按计划进度进行
纠正措施	审核时可以探讨、研究、制定纠正措施	审核时可以提出纠正措施	审核时通常不提供纠正措施建议
审核员	内审员注册资格不是必不可少的	通常由顾客、审核员及主管人员担任,对注册资格无要求	必须取得注册审核员资格

实施 ISO 9000 族标准,可以全面提高我国纺织企业的管理水平和产品质量,建立健全质量管理制度,用优质的产品和优良的售后服务增强自身竞争力,为国内名优产品开拓国际市场奠定扎实基础。ISO 9000 族标准不仅解决了企业如何建立质量体系国际通用语言问题,更重要的是解决了在合同环境下,如何评定企业的质量体系并取得客户的信任问题。基于 ISO 9000 族标准的质量体系认证实施程序为:申请→初步非正式访问→选定质量保证模式→评定费用的估计→供方准备质量手册和质量体系评定附件→评定质量体系文件→供方做好准备工作→进行现场评审→供方修改质量体系→批准注册→监督→重新评定。

第五节　技术性贸易壁垒

一、技术性贸易壁垒的定义和形式

技术性贸易壁垒通常是指:一国政府或非政府机构以维护国家安全、保障人类健康和安全、保护动物或植物生命与健康、保护生态环境、防止欺诈行为、保证产品质量等为由,为限制外国产品进口所采取的一些技术性措施。技术性贸易壁垒主要以通过颁布法律、法规和条例,建立技术标准、认证制度、卫生检验检疫制度等方式,提高对外国进口产品的技术要求,增加进口难度,限制其他国家产品自由进入本国市场。在 WTO 成员国的多边贸易中,常用的技术性贸易壁垒为技术法规、标准、合格评定程序、标签和包装以及绿色壁垒等。

(一)技术法规

WTO/TBT 协定对技术法规的定义是规定强制执行的产品特性或与其相关工艺和生产方法,包括适用的管理规定在内的文件;也可以包括或专门关于适用于产品、工艺或生产方法的专门术语、符号、标志或标签要求。技术法规是具有强制执行力的文件,它不仅涉及产品本身的特性,而且也涉及产品的加工过程、生产方法和生产工艺,同时还涉及与产品特性、加工过程、生产方法和工(农)艺相关的术语、符号、包装、标志或标签要求等。WTO/TBT协定要求各成员按照产品性能而不是按照其设计或描述特征来制定技术法规。

(二)标准

WTO/TBT协定对标准的定义是:经公认机构批准的、规定非强制执行的、供通用或重复使用的产品或相关工艺和生产方法的规则、指南或特征的文件。标准规定了产品或相关加工和生产方法的规则指南或特性,也可包括或专门规定用于产品加工或生产方法的术语、符号、包装、标志或标签要求。在WTO/TBT协议的框架范围内,标准属于推荐性标准,是自愿性质的,不具有强制性。在生产、交换、使用等方面,标准主要通过经济手段或市场调研,自愿采用。但是,推荐性标准一经接受并采用,或各方商定同意纳入经济合同中,就成为各方必须共同遵守的技术依据,具有法律约束力。

(三)合格评定程序

WTO/TBT协定对合格评定程序的定义是:任何直接或间接用以确定产品是否满足技术法规或标准中相关要求的程序。合格评定程序主要包括:抽样、测试和检验程序,评估验证和合格评定程序,注册、认可和批准程序,以及它们的综合程序。合格评定程序的概念由"产品认证"发展而来,通过合格评定程序使用相关技术法规和标准来检验产品的设计生产过程是否符合要求,经认证合格的产品可取得相应的证书或标志,易于通过其他检验。

1. 合格评定程序的内容　合格评定程序包括:抽样、检测和检验程序,符合性的评价、验证和保证程序,注册、认可和批准程序以及它们的组合。

2. 合格评定程序的层次　根据贸易技术壁垒协定(TBT)给出的合格评定程序定义和对其内容的注释,合格评定程序可分为检验程序、认证、认可和注册批准程序四个层次。

检验程序——包括取样、检测、检验、符合性验证等,它直接检查产品特性或与其有关的工艺、生产方法及技术法规、标准要求等的符合性,属于直接确定是否满足技术法规或标准有关要求的"直接合格评定程序"。

认证——分为产品认证和体系认证。产品认证包括安全认证和合格认证等,体系认证包括质量管理体系认证、环境管理体系认证、职业安全和健康体系认证以及信息安全体系认证等。

认可——世贸组织鼓励成员国通过相互认可协议来减少多重测试和认证,使国际贸易便利化。

注册批准程序——注册批准程序更多的是政府贸易管制的手段,体现了国家的权力、政策和意志。

3. 合格评定程序的实施部门　合格评定程序的实施部门可分为第一方评定、第二方评定和第三方评定。第一方评定是供应商的符合性声明,是以供应商的自我评估为基础;第二方评定是由买方或者代表买方的测试和检验机构完成;第三方评定是独立于买方和卖方的第三方完成,由认证机构或受认证机构、监管部门委托的检验和测试机构完成。

4. 合格评定程序与合格评定之间的关系　合格评定是直接或间接确定是否满足相关要求的活动,而合格评定程序是用以直接或间接确定是否满足技术法规或标准有关要求的程序,虽然合格评定程序来源于合格评定,但合格评定程序与合格评定是有区别的:首先,合格评定程序与服务领域无关,而合格评定则涵盖产品、过程和服务;其次,合格评定程序需要评定的不仅是与标准的符合性,更重要的是与技术法规的符合性;再则,合格评定是指确定是否满足相关要求的活动,而合格评定程序是用来规范合格评定活动的一整套规则。

5.合格评定程序对国际贸易的影响　合格评定程序本身并不是贸易壁垒,它是国际贸易中不可或缺的重要因素。进口国政府和用户为了保障自身的安全、质量或兼容性都会要求产品符合某些技术法规或标准,并要求供应商必须能够证明其产品符合规范。合格评定程序增加了产品附加成本,不同国家对同一种产品的合格评定程序要求不同,有些国家对别国相同的合格评定程序结果缺乏信任,通常的例子是在出口国家供应商的合格声明被认可,而进口国却不接受。不同产品类型的合格评定程序也不尽相同,低风险的产品可以使用内部测试进行评估,生产商能够担负合格评定程序的责任,其他产品则要求生产商在指定的实验室测试其产品,并要求获得官方的证书和标志。

二、技术性贸易壁垒协议的主要原则

(一)合格目标原则

WTO 各成员制定技术法规仅限于国家安全要求、防止欺诈行为、保护人类健康或安全、保护动植物的生命或健康及保护环境的目的,技术法规对贸易的限值不得超过为实现合法目标所必需的限度,同时要考虑到合法目标未能实现可能造成的风险,如果与技术法规采用有关的情况或目标已不复存在,或改变的情况或目标可采用对贸易限制较少的方式加以处理,则不得维持此类技术法规。

(二)采用国际标准原则(统一性原则)

WTO/TBT 协定规定:无论技术法规、标准,还是合格评定程序的制定,都应以国际标准化机构制定的或者即将拟定的国际标准、导则或建议为基础,其制定、采纳和实施都不应给国际贸易造成不必要的障碍,除非由于诸如基本气候或地理因素或基本技术问题对实现其合理的目标来说,这些国际标准或有关的部分显得无效或不适当。

(三)各成员认证制度的相互认可原则

WTO/TBT 协定对合格评定程序的条件、顺序、处理时间、资料要求、费用收取、变更通知、相互认可等作出了原则性规定。为了实现各国认证制度相互认可的目标,必须以国际标准化机构颁布的有关导则或建议作为制定合格评定程序的基础,如果已有国际或区域合格评定程序,则应与之保持一致。应该确认各出口成员方有关合格评定机构是否具有充分持久的技术管辖权,以便确信其合格评定程序是否持续可靠。对于接纳出口成员国指定机构所作的合格评定程序结果的限度可进行事先磋商。

(四)非歧视原则

一成员在实施一种优惠和限制措施时,不得对其他成员给予歧视性待遇,它由最惠国待遇和国民待遇构成:前者是在各成员方之间实施非歧视(无差别)待遇,保证不同的成员方享有平等的竞争机会;后者是在出口成员方和进口成员方之间的非歧视待遇,保证出口方产品和进口方产品享有平等竞争的机会。

(五)可预见原则(透明度)

WTO 各成员公布的影响经济贸易的法规、标准、经济情况等信息以及各成员政策和措施必须充分透明,这是实现总体目标的重要保证,也是各成员方根据 WTO 有关规则维护正当权益,是保持多边贸易体制在开放、公平和自由竞争基础上健康发展的重要保证。

(六)鼓励发展和经济改革原则

鼓励发展和经济改革原则主要是对发展中国家成员和最不发达国家成员的特别优惠待遇。

三、技术性贸易壁垒的特点

(一)双重性

技术性贸易壁垒具有双重性:一方面具有积极作用,技术法规、标准及合格评定程序通过对贸易商品的质地、纯度、规格、尺寸、营养价值、用途、产地证书、包装和标签等作出规定,可以起到提高生产效率、促进国际贸易发展的作用,也可以达到驱逐假冒伪劣商品、维护消费者合法权益、保护生态环境目的,还能迫使出口货物的发展中国家加快技术进步、技术改造的步伐,提高其生产、加工水平;另一方面可能会构成贸易壁垒,如果使用不当,利用各种形式的技术规定和措施,对贸易商品提出过高要求且常常变动,则会使出口成员的货物难以符合这些技术要求,妨碍了国际贸易的正常进行,并将造成严重后果。

(二)广泛性

为阻挡货物进口,有些成员在科学技术、卫生、检疫、安全、环保、包装、标签、信息等诸多方面制定了名目繁多、内容广泛的技术法规、标准和合格评定程序,以达到保护本国(地区)市场的目的。

(三)复杂性

技术性贸易壁垒十分复杂,其数量多、涉及领域广,具有扩散效应,同时技术含量较高,体系庞杂且灵活多变。

(四)针对性

技术性贸易壁垒往往是针对某成员或针对特定出口成员的特定货物而采用技术性措施加以限制,以达到阻碍其出口的目的。

(五)隐蔽性

技术性贸易壁垒是个别成员尤其是一些发达成员利用其技术上的优势,以貌似合法的理由(如保护环境、维护消费者利益等)阻碍其他成员,特别是发展中国家成员的商品进入该成员市场。

四、国际纺织品服装的技术性贸易壁垒

随着我国纺织品服装在国际市场上出口数量和市场份额的快速增长,我国与各进口国,特别是发达国家之间的贸易摩擦正在逐步升级,欧盟各成员国、美国、加拿大、日本和澳大利亚等国家制定和实施了有关纺织品服装的技术性贸易壁垒,其主要内容包括:纺织品服装的

技术法规、政府推荐性纺织品服装标准和纺织品服装的合格评定程序。

（一）纺织品服装的技术法规

欧盟各成员国、美国、日本和加拿大等国家依据本国特点，以保障国家安全、防止欺诈行为、保护人身健康和安全、保护动植物的生命和健康、保护环境为目的，制定和实施有关纺织品服装方面的技术法规，主要可归纳为纤维成分和标签、护理标签、燃烧性、羽绒产品、有毒有害化学物质和原产地等方面（表4-6）。

表4-6　欧盟各成员国、美国、日本和加拿大等国家的纺织品服装技术法规

国　　家	法　规　名　称
德国	日用消费品法规
英国	有害物质安全法规、睡衣安全法规、家具和装饰用品防火安全法规等
法国	有关纺织产品、皮革和类似产品以及毛皮和类似产品的法令草案
芬兰	纺织品中甲醛限量法令
挪威	纺织品中某些化学物质的法规
荷兰	商品法（Commodity Act）中对纺织品中残留的甲醛含量进行了立法规定
美国	羊毛制品标签法案、毛皮制品标签法案、纺织纤维制品鉴别法案、纺织服装及某些布匹的护理标签、纺织品和服装的燃烧性、织物燃烧法案，1610 服用纺织品的燃烧标准，1611 聚乙烯塑料膜的燃烧性标准，1615 儿童睡衣燃烧性标准，1616 儿童睡衣燃烧性标准，1630 地毯类产品表面燃烧性能标准，1631 小地毯类产品的表面燃烧性能标准，1632 床垫的燃烧性能标准，羽绒产品加工指南，联邦危险物质法案（FHSA）：化学品和其他危险物质的标签要求和相关禁令，纺织品和服装原产地规则等
加拿大	纺织品标签法规，纺织品标签和广告条例，危险物品法规，危险产品（儿童睡衣）条例，危险物品（地毯）规则，危险物品（帐篷）规则，危险物品（玩具）规则，危险物品（垫子）规则，婴儿用围栏条例，原产地证明条例，确定货物原产国的商品标记条例
日本	家用产品质量标签法，反不公正补偿和误导性表述法，阻燃法，家用产品中有害物质控制法，产品责任险（1994 年第 85 条）等

（二）政府推荐性纺织品服装标准

世界各国的政府组织或标准化机构制定了一系列推荐性纺织品服装标准，如美国纺织化学师与印染师协会（AATCC）标准、美国材料与试验协会（ASTM）标准、英国（BS）标准、德国标准（DIN）、法国（NF）标准、欧盟（EN）标准、澳大利亚（AS）国家标准、日本（JIS）工业标准、加拿大标准协会（CSA）标准、加拿大通用标准局（CGSB）标准等。

（三）纺织品服装的合格评定程序

目前，纺织品服装的合格评定程序已延伸为"溯源性"合格评定程序，它是针对纺织产品原料、染料和整理剂来源等开展合格评定的程序，欧盟制定了《关于化学品注册、评估、许可和限制的规定》。

五、我国纺织业应对技术性贸易壁垒的措施

在激烈的国际市场竞争中,面对各种技术性贸易壁垒,我们必须认真研究其演变和影响,妥善解决贸易摩擦,合理、有效地运用技术性贸易措施,维护自身贸易利益,促进和保障我国纺织品服装产业的健康发展。正确地应对技术性贸易壁垒应从以下几个方面着手进行。

第一,客观认识技术性贸易壁垒的"双重性"。在实际工作中,人们更多地关注技术性贸易壁垒对贸易的限制作用,忽视了其对维护国际贸易秩序的积极作用。因此,我们必须仔细分析、甄别各种技术性贸易措施的内容及其可能产生的影响,采取有效措施加以防范,积极应对技术性贸易壁垒,切不可"泛壁垒化",避免用消极对抗的态度去对待技术性贸易壁垒。

第二,认真研究世贸组织规则,提高运用和驾驭国际规则保护自己、发展自己的能力。可以通过向世贸组织和有关发达国家成员申请技术援助、延长有关技术性措施实施的适应期或过渡期等,增强我国适应国外技术性措施要求的能力,降低对产品出口的影响。

第三,认真研究技术性贸易壁垒的内容、结构、特征及法规出台的时机等,通过立法或制定与国际接轨的各类标准,建立规范化运作的检测、评定程序,建立我国自己的产品评价和保证体系,尽快使我的检验数据与国际的检测数据互相承认。同时,建立平等的国际贸易竞争机制,消除贸易歧视,优化市场环境,规范市场竞争秩序,合理利用我国的市场资源,调整国与国之间的贸易利益,保护国内出口企业的利益。

第四,技术性贸易壁垒发展较快,其关注的焦点、实施的手段、采取的方式、保护的动机、产生的影响等,都将伴随国际经济形势的变化而呈现出新的特征和趋向,我们需深入研究这种国际贸易形式的最新变化,建立预警机制,加强国际交流,积极应对非关税措施的演变及可能产生的影响。

第六节 欧盟化学品 REACH 法规

化学工业已成为全球最为庞大的产业,化学品已普遍应用于各行各业,如纺织品服装、食品、医药、汽车等。化学品与我们的日常生活密切相关,化学品对人类健康、环境所造成的不良损害已经引起大家的高度重视,目前已有多种化学品遭到禁止或被严格控制使用。

一、设立 REACH 法规的背景

欧盟化学品 REACH 法规的全称为《关于化学品注册、评估、许可和限制的规定》。早在1960 年欧盟就开始对化学品的生产与经营活动进行管理,相继颁布了四十多项关于化学物品的法规,重点对危险化学物质及其危害的管理。2001 年,欧盟委员会提出了《未来化学品政策战略白皮书》,2003 年 5 月,在欧盟官方网站上推出了 REACH 法规草案咨询文件,向社会公众征求意见,经评议修改后,欧盟委员会于 2003 年 10 月形成了 REACH 法规新提案,并于 2004 年 1 月 21 日向世贸组织秘书处进行通报。2005 年 11 月,欧盟议会一审投票通过了

REACH 法规。

根据欧盟化学品 REACH 法规的规定,未来所有输往欧盟境内的化学品及使用化学品原料的产品都必须满足该法规的新要求,这将对我国的纺织品服装以及其他行业的对外经济贸易发展产生重大影响。

二、REACH 法规的目标、内容和实施计划

(一) REACH 法规的目标

建立 REACH 法规的目标:加强对人类健康和环境的保护,保持并增强欧盟化工业的竞争力,维护欧盟统一大市场,增强化学品信息及有关立法的透明度,减少使用试验动物,提倡非动物试验,保持欧盟相关措施与其在世贸组织及其他国际公约框架下承担的义务相一致等。

(二) REACH 法规的主要内容

1. 注册 所谓注册即整理并提交包括产品所含每种化学物质测试数据在内的详细报告。在欧盟的所有化学品和使用化学品原料产品的生产商或进口商,只要化学品产量或进口量超过 1 吨,就需要进行注册,生产商或进口商必须向中央数据库提交相关的基本信息。如果没有这些基本信息,则必须按要求进行测试。

2. 评估 所谓评估即评估产品所含每种化学物质的安全系数。产量或进口量超过 100 吨的,就必须进行评估。生产商或进口商要向当局提供足够的信息和深入测试的一般信息。权威机构要仔细检查工业部门提供的有关信息数据,制定测试(对人类和环境的长期影响的测试)的计划。产量或进口量少于 100 吨的某些化学品,如能够诱发有机体突变的物质、高毒性的物质或者具有特殊分子结构的物质,也要进行评估。

3. 授权 所谓授权即根据化学品的不同性质取得使用的特殊授权,它有严格的程序要求。产量和进口量超过 1000 吨及以上的,需要进行授权。毒性受到高度关注的化学品,即使产量或进口量不足 1000 吨,也必须获得授权。毒性受到高度关注的化学品主要有致癌物质(CMR)、诱导有机体突变物质、剧毒物质(VPVB)、长期有机污染物(POPS)、生物累积有毒物质(PBT)、导致内分泌失调物质等。

4. 限制 所谓限制即遵守任何限制化学品生产和使用的限制规定。除了特殊的使用授权规定之外,化学品还受到普通的有关生产销售或使用的限制规定。限制规定和其他欧盟法令一样,是整个 REACH 的保护支持网。

三、REACH 法规在纺织服装业的应用特点

REACH 法规是关于化学品注册、评估、许可和限制的一个全新的评价体系,纺织品服装作为化学品的下游用户在 REACH 法规中有明确表述:下游用户评估,应证明其所使用物质的危险性在使用过程中是完全可以控制的,而且其他在供应链中处于更下游的用户也能够完全控制。评估需要包括这种物质的整个生命周期,从下游用户接受、自己目前的使用到供应链更下游的预期用途。无论是在配制品中,还是在制品中,评估都应考虑到这种物质自身

的使用。REACH 法规在纺织服装业具有以下应用特点。

第一,建立 REACH 法规是以保护人类健康和环境为首要目的,其制定的战略目标是可持续发展的。

第二,实施 REACH 法规是为了保护欧盟各成员国相关企业的经济利益。近年来,我国纺织品服装对欧盟市场的出口量猛增,中国已经成为欧盟纺织品服装市场的重要经济伙伴,这势必会影响到欧盟各成员国纺织品、服装、染料和化学助剂等相关企业的利益。随着 REACH 法规的实施,我国纺织品服装在低价原料、低价劳动力和低价产品方面的优势将面临挑战,这为欧盟企业重新找回市场提供机会。

第三,通过立法强制实施 REACH 法规。根据欧盟立法程序,有关内容首先形成欧盟委员会文件,然后上升为欧盟理事会文件,最后提请欧洲议会批准成为欧洲法律,欧盟各成员国将在指定期限内将欧洲法律转化为本国法律,并按规定期限内开始执行。

第四,REACH 法规从原料的来源进行溯源性评估和认证,从根本上改变了现有化学品如染料、颜料、助剂和有机中间体等所产生经营的安全风险关系,直接将这种有形和无形的安全风险转移到了原料的生产经营者身上。

第五,REACH 法规涵盖的产品范围广、涉及的产品数量多,不仅包括所有化工产品本身,而且也涉及使用化工品的下游产品,纺织品服装是作为其监控的化学品下游产品形式出现的。

综上所述,REACH 法规有别于现行的其他技术标准,它对于我国的纺织品服装出口欧盟市场将产生巨大影响。从纺织原料到服装成品,每一道生产工序都与化学品密切相关,REACH 法规实施后,大幅度提高了纺织品中化学品含量检测费用,使用合格化学品的价格也大幅度提高,纺织品服装出口商品的直接成本明显提高,降低了我国出口纺织品服装在欧盟市场的竞争力。REACH 法规对纺织品服装生产过程中使用的化学品提出了十分宽泛、严格的要求及限制措施,如"新政策"规定:下游用户必须对其产品的安全性承担责任,主管机关应有权要求下游用户进行附加试验等,迫使我纺织品服装出口企业加大资金投入、更新设备、提高生产工艺水平和管理水平。然而,我国纺织品服装生产企业多为中小规模,企业管理和装备水平不高,缺乏核心技术,出口产品大多属于中低档产品,为了适应欧盟新化学品政策对纺织品服装的要求,必须严格控制纺织品服装生产过程中产生的有害物质,执行严格的评定标准、烦琐的评估程序,支付高昂的评审费用,这对于大部分中小纺织品服装生产企业来说,在短期内难以做到,从而在一定程度上制约了我国中小纺织品服装出口企业的发展。REACH 法规从法律上保障了对进入欧盟的纺织品服装可以实施非常苛刻的技术要求,可以以产品质量不达标、化学品成分含量不合格为理由,向出口方提出毁约、退货、降价处理、理赔等要求,这一新政策的实施加大了纺织品服装出口到欧盟市场的风险。

四、纺织服装企业对 REACH 法规的应对措施

纺织服装企业应积极应对 REACH 法规。首先,我们不能片面地将 REACH 法规理解为新的贸易屏障,应该看到 REACH 法规的推出和实施是有利于社会可持续性发展的,它从一

个侧面反映了消费者对无毒无害绿色环保产品的消费趋势,世界各国的生产商和贸易商正在全球范围内掀起了"绿色"浪潮,我国纺织服装企业应当积极推行"绿色"产业政策,调整产业结构、技术结构和产品结构,积极应对 REACH 法规,顺应现代消费的发展趋势。其次,国内染料、有机颜料、助剂、有机中间体和纺织品服装的生产企业必须按照国际标准和世界著名企业的实物标准组织生产,强化产品质量管理,提高产品质量。同时,加大新产品开发力度,以环保型染料、有机颜料和助剂取代被禁止和限制的化学品,是相关生产企业参与国际竞争、赢得国际市场的关键因素。再则,外贸主管部门应善于运用 WTO 规则,要求欧盟新化学品政策降低对发展中国家纺织品服装出口产品的技术要求,或者向世贸组织和有关发达国家成员申请技术援助、延长有关技术性措施实施的适应期或过渡期等,以增强我国适应国外技术性措施要求的能力,降低对产品出口的短期影响。适时建立纺织品服装出口预警制度,建立风险评估模式,对 REACH 法规的最新发展进行监控。检测机构要积极开展 GLP（Good Laboratory Practice）认证,建立 GLP 认证能够使检测机构数据共认、资源共享。加强国际间的合作,建立信息交流平台,研究应对措施,建立长期应对 REACH 法规的战略规划,促进我国纺织服装企业走可持续发展的道路。

思 考 题

1. 简述国际标准的定义和范围。
2. 说明 ISO、IEC 标准制定或修订工作的程序和特点。
3. 说明我国采用国际标准或国外先进标准的积极意义。
4. 简述 ISO 9000 系列标准的构成及主要内容。
5. 分析技术性贸易壁垒的主要表现形式以及对我国纺织品服装出口的影响。
6. 评析 REACH 法规的目标、内容和实施计划。

第五章　官能检验

第一节　官能检验的类型及特点

官能检验又称官感检验,它是指用人的感官(如手、眼等)测定产品的品质,并与判定基准相比较,以判断检验对象的品质优劣或合格与否的检验。

一、官能检验方法在纺织品检验中的应用

在纺织品质量检验过程中,有很多质量问题必须要依靠人的感觉器官去辨别、判定和评价其质量优劣程度或合格与否。例如,纺织品的颜色、光泽、形态、手感、杂质、疵点、表面光洁度等质量属性的检验,均可以采用官能检验的方法。官能检验在纺织原料、半成品和成品的外观质量检验方面也具有十分重要的作用,各种检验对象的外观质量考核项目,主要是用官能检验进行检验的。当然,随着现代科学技术的发展,有些外观质量检验项目如纱线的条干均匀度、疵点分析、毛羽等实现了仪器检验,并取得较好应用效果。

二、官能检验的特性和类型

就纺织品的外观质量属性来看,可以分为两种情况:一种是不受人的感觉影响,而由其物理、化学等属性所确定的、固有的质量特性,如纺织品的颜色、光泽、花型等;另一种是受到人的感觉、嗜好所影响的质量特性,如纺织品的颜色是否鲜艳、光泽是否柔和优雅、花型是否好看等。前一种质量特性是纺织品所固有的质量特性,它并不会受到检验方法不同的影响,而后一种质量特性往往因不同的人对于同一检验对象的感知和对比结果不一致,而造成判定结果的不统一,有时会形成很大的差别,这主要取决于检验者的年龄、性别、心理状况及所在地域等一系列复杂因素的综合作用结果。

针对上述两种不同的质量特性,则相应的形成了两种不同类型的官能检验方法,即第 I 型官能检验和第 II 型官能检验。

(1)第 I 型官能检验——又称分析型官能检验,是对应于检验对象的第一种外观质量特性所进行的官能检验。分析型官能检验是可以被仪器检验所代替的,人们可以用快速、科

学、精确的检测手段来代替人的官能检验,以达到客观、公正和科学的检验目的。例如织物风格仪、光泽仪、测色仪、纱线匀度仪、纱疵分析仪等现代测试仪器的开发和应用,解决了一部分纺织品外观质量的客观评价问题。

(2)第Ⅱ型官能检验——又称嗜好型官能检验,是对应于检验对象的第二种外观质量特性所进行的官能检验。由于造成第Ⅱ型官能检验结果不一致的原因,主要是检验者本身的感觉和嗜好状态不同所引起的,而不是检验对象自身的外观质量变化所引起的,即不同的检验者对同一检验对象进行第Ⅱ型官能检验时,所取得的检验结果往往是不同的,且很难统一。所以,这种以人的感觉器官作为"测定器",来调查和研究各种检验对象的外观质量特性,将会受到人的感觉和嗜好状况的影响,是较难用仪器检验来代替的。例如纺织产品的色彩是客观存在的,至于它是否鲜艳、是否美观、是否流行,对这类问题的回答将会因不同检验者的感觉状态和嗜好倾向差别而造成判定结果的差别。这种类型的官能检验在纺织品市场调查研究和流行趋势分析中具有较大的作用,在纺织品的品种开发和设计方面也有较广泛的应用价值。

三、官能检验与理化检验的对比

(一)官能量与物理量的测定过程

官能量指用人的官能(如视觉、听觉、触觉、味觉和嗅觉等)来评定对象时,感觉器官对研究对象作出的反应值。它一般是以语言表达的,其测定过程如图5-1所示。

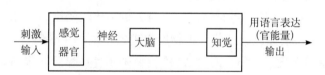

图5-1　官能量测定流程示意图

物理量一般是用物理或化学的方法,对检验对象进行测定所得到的结果值。物理量的测定主要是用仪器、仪表、量具和机器等进行检测的,也称机械测定值。物理量的测定过程如图5-2所示。

图5-2　物理量测定流程示意图

(二)官能测定与理化测定的比较

官能检验的最大特点是以人的感觉器官作为"计量工具",对检验对象进行检验,它以官能量作为判定和评价的依据。官能量与物理量的测定过程有较大差别,其显示方式也不同,且在测定过程、输出、仪表误差、校正、疲劳、环境影响和训练效果等方面都存在较大差异,其对比情况见表5-1。

表 5-1 官能测定和理化测定的比较

项 目 ＼ 类 别	官 能 测 定	理 化 测 定
测定过程	用生理的、心理的作用过程	用物理的、化学的方法测定过程
输 出	通过人的语言加以表达,但不能十分确切	以物理量数据输出
仪表误差	除考虑到人种、性别、年龄、环境、习惯、风格及所受教育、训练等差异之外,还应涉及个人间的差异	只要仪表、仪器、量具、机器等制造质量和管理质量好,仪表的误差很小
校 正	即使给予同样的刺激,靠感觉和知觉不能得到相同的结果,比较和较正都很困难	两台仪器、仪表间的差别,如果用同一输入信号并比较其输出结果,校正是十分方便的
疲 劳	相当大	较小,若管理适当可消除
环境影响	相当大	小
训练效果	很大	小

理化检验的方法和原理详见第六章。

第二节 官能检验结果的统计分析方法

一、分类法

分类法是指对每个检验对象判定为合格、不合格,或者是将检验对象分为若干等级的检验方法。例如,毛织物的手感要进行精细的定量分析是比较困难的,一般只分为 1 级、2 级、3级、4 级和 5 级五个级别,以此来区分毛织物所表现的不同的手感特性。针对分类法所采用的统计分析方法有管理图、二项概率纸、X^2 检验和科库兰 Q 检验法等,其中以科库兰 Q 检验法应用较广。下面结合实例就科库兰 Q 检验的方法原理及应用介绍如下。

表 5-2 给出的是 10 位检验员对 13 个产品样检验结果的分类情况统计表,从中可以看出:10 位检验员对产品样 6,8,9,10,11 和 12 的判定一致性较好,且大多判为合格,极少有偏向性意见;对产品样 4,5,7 和 13 的判定一致性比较差,这主要是检验员 A、B 和 C 的评价结果不太一致所造成的;对产品样 1,2 和 3,10 位检验员评价结果的分歧最大。为了查出产生这种评价结果不一致的原因是由于随机原因,还是由于系统原因,必须把这种不一致的程度用数量表达出来,并用适当的标准加以评判。整个偏差的程度可以用科库兰 Q 值大小来表示,其计算公式为:

$$Q = \frac{n(n-1)\left[\sum_{i=1}^{n} X_i^2 - \frac{\left(\sum_{i=1}^{n} X_i\right)^2}{n}\right]}{n \cdot \sum_{j=1}^{k} U_j - \sum_{j=1}^{k} U_j^2}$$

式中:n——检验员数目;

k——产品样数目;

$X_1, X_2, \cdots, X_i, \cdots, X_n$——各检验员判定的不合格数目；

$U_1, U_2, \cdots, U_j, \cdots, U_k$——各产品样被判为不合格的数目。

根据上式，并将表5-2中有关数据代入，

则

$$n = 10$$

$$\sum_{i=1}^{n} X_i = \sum_{j=1}^{k} U_j = 31$$

$$\sum_{i=1}^{n} X_i^2 = 9^2 + 7^2 + \cdots + 2^2 = 169$$

$$\sum_{j=1}^{k} U_j^2 = 5^2 + 5^2 + \cdots + 3^2 = 103$$

$$Q = \frac{10 \times 9 \left(169 - \frac{31^2}{10}\right)}{10 \times 31 - 103} = 31.7$$

表5-2 10位检验员对13个产品样的检验结果

k / n		样 组													不合格品数目	记号 (x_i)
		1	2	3	4	5	6	7	8	9	10	11	12	13		
检验员	A	×	×	×	×	×	×	×	○	○	○	○	×	×	9	x_1
	B	×	×	×	×	○	○	○	×	○	○	○	○	×	7	x_2
	C	○	×	○	○	×	○	×	○	○	○	○	○	×	4	$\vdots$
	D	○	○	○	×	○	○	○	×	○	○	○	○	○	2	$\vdots$
	E	○	×	○	○	○	○	○	○	○	×	○	○	○	2	$\vdots$
	F	×	○	○	○	○	○	○	○	○	○	○	○	○	1	x_i
	G	○	○	○	○	○	○	○	○	○	○	○	○	○	0	$\vdots$
	H	○	○	×	○	○	○	○	○	○	○	○	○	○	1	$\vdots$
	I	×	×	○	○	○	○	○	○	○	○	○	○	×	3	$\vdots$
	J	×	○	○	○	○	○	○	○	×	○	○	○	○	2	x_n
×的数目 记号 (U_j)		5 U_1	5 U_2	4 ⋯	3 ⋯	3 ⋯	1 ⋯	2 U_j	1 ⋯	1 ⋯	1 ⋯	1 ⋯	1 ⋯	3 U_k	31	

注 合格记"○"，不合格记"×"。

可以证明，统计量 Q 服从 X^2 分布，其自由度为 $\nu = n-1 = 10-1 = 9$。所以，如给定显著性水平 $\alpha = 0.05$ 时，$X^2(9, 0.05) = 16.92$。

因为 $Q = 31.7$，$X^2(\nu, \alpha) = X^2(9, 0.05) = 16.92$，$Q > X^2(\nu, \alpha)$ ，所以，在显著性水平 $\alpha = 0.05$ 时，经检验结果是有显著差异的，即各检验员对合格、不合格的判定有差异。虽然，用科库兰 Q 检验法可以检查出检验员对合格、不合格的判定差异情况，但是，用此方法还不能查出究竟是哪一位检验员的判定不当，这只能用其他方法进行调查，必要时对检验员加强训练和教育。

二、评分法

评分法是以评分方式对检验对象作质量特性判定，也称记分法。检验员记分可采用记分法和限定记分法两种不同的记分方法。如果记分有困难时,也可以采用比例尺(刻度尺)记分,如图5-3所示。图5-3所示的刻度尺采用在编排位置上作记号的方法。评分等级一般取3,5,7,10等,其统计分析方法可采用t检验和方差分析。

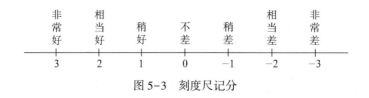

图5-3　刻度尺记分

三、顺位法

顺位法是将检验对象,根据其特定的标准作顺位排列的方法。通常,我们根据检验对象的质量优劣程度,从优至劣顺次记为1,2,3……针对顺位法所进行的统计分析方法主要有:威尔科克逊的 U 检验,克拉斯卡尔的 H 检验,斯比阿曼的顺位相关系数检验与顺位一致性系数,费利特曼的 X^2 检验等。

(一)威尔科克逊(Wilcoxon)的 U 检验

【例题】　为了比较两种不同上浆方案对某种织物经向强力的影响,对织物经向强力进行了试验,其部分实验结果如表5-3所示。根据表5-3的实验结果,按织物经向强力从高到低(从优到劣)作顺序排列,其结果如表5-4所示。对于A方案和B方案为同一顺位,表5-4中不予计入。问题是:根据表5-4的结果,能否判定出A方案和B方案对织物经向强力是否会造成差异?若有差异的话,何者为优?

表5-3　织物经向强力试验结果　　　　　　　　　　　　　　　　　　　　　　　　　单位:N

方案一 (记:A)	362.6	360.6	366.5	349.9	372.4	372.4	364.6	378.3	385.1	389.1	367.5
方案二 (记:B)	361.6	341.0	360.6	356.7	354.8	360.0	359.7	386.1	381.2	377.3	340.0

表5-4　织物经向强力顺序排列表

顺序	1	2	3	4	5	6	7	8	9	10
方案一	A		A		A		A	A	A	A
方案二		B		B		B				

顺　序	11	12	13	14	15	16	17	18	19	20
方案一	A	A						A		
方案二			B	B	B	B	B			B

注　采用本方法时,A方案和B方案为同一顺位的,在本表中不予计入。例如表5-3中,A方案的362.6和B方案的360.6数值相等,为同一顺位,故未计入本表中。

解：

步骤一　找出方案 A 的顺位，本例为 1,3,5,7,8,9,10,11,12,18；

步骤二　求出方案 A 的顺位之和 $\sum R_i$（统计量）；

$$\sum R_i = 1 + 3 + 5 + \cdots + 18 = 84$$

步骤三　根据下面给出的公式，求出双侧 5% 的界限值；

$$\frac{m}{2}(m+n+1) \pm U_{0.025}\sqrt{\frac{m \cdot n(m+n+1)}{12}}$$

式中：m——方案 A 的样本容量；

n——方案 B 的样本容量。

本例 $m=10$，$n=10$，查表得 $U_{0.025}=1.96$，

则

$$\frac{10}{2}(10+10+1) \pm 1.96\sqrt{\frac{10 \cdot 10(10+10+1)}{12}} = 105 \pm 26$$

理论上可以证明：当样本容量足够大时，方案 A 的顺位和近似服从 $N\left[\frac{m}{2}(m+n+1),\right.$

$\left.\frac{m \cdot n(m+n+1)}{12}\right]$ 的分布。

步骤四　统计结论，如果方法 A 的顺位和介于两界限值（79,131）之间，则表明方案 A 和方案 B 对所加工织物经向强力方面无显著影响，本例就属于这种情况。如果方案 A 的顺位和小于或等于下限值，则表明 A 和 B 两方案对织物经向强力有显著性影响，且 A 方案优于 B 方案。如果方案 A 的顺位和大于或等于上限值，则表明 A 和 B 两个方案对织物经向强力有显著性影响，且 A 方案不如 B 方案。

应用此方法要注意的是：采用本方法时，总的顺位是固定的，若方案 A 的顺位和已经求出，则 B 方案的顺位和同样也可以求得，如果用 B 方案顺位和证明，得到的结果是一致的；如果两种方案为同一顺位的，则在检验时不予计入。本方法对于连续变量的试验结果可以进行比较，而对于离散变量来说，本方法有一定缺陷，因为离散变量的数据重复性很强，过多的剔除数据会影响统计分析结果的可信程度。关于离散变量的统计分析方法，结合实例介绍如下：

【例题】　某厂 1975 年 12 月上半月与 1974 年同期的 18 号精梳棉纱的棉结数资料列于表 5-5 中。试问：按表 5-5 提供的资料，检验 A 与 B 两个纱样是否属于同一总体？如果两者不属于同一总体，那么 A 与 B 两个纱样所属总体，在其质量上何者为优？

表 5-5　棉结数

（A：1975 年 12 月上半月，B：1974 年 12 月上半月）

A	10	13	14	14	14	12	12	11	11	12	11	12	11
B	13	12	12	15	14	14	13	15	12	19	14	19	13

解：根据表 5-5 的试验结果，按棉结数由少至多顺序排列，则可以得到表 5-6。分析

表 5-6 给出的数据可以知道以下四项结论。

出现重复数据多,而且重复次数也多,这是离散型随机变量样本的基本特点。

表 5-6 中共有 6 个数据重复出现,即 11、12、13、14、15 和 19 这六个变值,我们称表 5-6 有六列重复数据,简称六列重复。

我们把数据重复出现的次数称为列长。例如,数据 11 共出现 4 次,则称 11 该列的列长为 4;数据 12 共出现 7 次,则称 12 该列的列长为 7;其他依此类推。

把 A 和 B 两个样本的棉结数据合在一起,按棉结数由少至多顺序排列,同时依次编号,此号即为秩数。秩数的计算方法如下:表 5-6 中的 10 因无重复,则秩数为 1;11 有 4 次重复,其列长为 4,所以数据 11 的秩数为(2+3+4+5)/4=3.5;其他依此类推,本例的秩数表见表 5-7。

表 5-6　表 5-5 数据的顺序排列

A	10	11	11	11	11	12	12	12	12	13	14	14	14
B	12	12	12	13	13	13	14	14	14	15	15	19	19

表 5-7　表 5-6 的秩数表

A	1	3.5	3.5	3.5	3.5	9	9	9	9	14.5	19.5	19.5	19.5
B	9	9	9	14.5	14.5	14.5	19.5	19.5	19.5	23.5	23.5	25.5	25.5

本例的计算和分析步骤如下:

(1)从表 5-7 中任取一个样本(一般取秩数较小的样本),计算其秩和数。本例取样本 A,其秩和数 T_A 为:

$$T_A = 1+3.5+3.5+\cdots+19.5 = 124$$

(2)计算秩和临界值 T_a。当样本容量大于 4 时,一般可以认为 T 的渐近分布是正态分布,该正态分布的参数可以用以下公式计算:

$$U_T = \frac{m(m+n+1)}{2}$$

$$\sigma_T = \frac{m \cdot n(m+n+1)}{12} - \frac{m \cdot n}{12N(N-1)}\left(\sum_{i=1}^{r} t_i^3 - \sum_{i=1}^{r} t_i\right)$$

式中:m——样本 A 的容量;

$\quad n$——样本 B 的容量;

$\quad N$——样本总容量($N=m+n$);

$\quad t_i$——i 列列长;

$\quad r$——样本中的重复列数。

本例中,$m=13$,$n=13$,$N=26$,$r=6$。

为了计算 σ_T^2,应先计算出 $\sum_{i=1}^{r} t_i^3 - \sum_{i=1}^{r} t_i$ 的值,这可以用列表方法计算,本例的计算可见表 5-8。

表 5-8　重复的秩数、列长 t_i 和 t_i^3

重复的秩数	3.5	9	14.5	19.5	23.5	25.5	和
列长 t_i	4	7	4	6	2	2	25
t_i^3	64	343	64	216	8	8	703

将相应的数值代入 T 的正态参数计算公式中,可计算得到:

$$U_T = \frac{13(13 + 13 + 1)}{2} = 175.5$$

$$\sigma_T = \sqrt{\frac{13 \times 13 \times 27}{12} - \frac{13 \times 13(703 - 25)}{12 \times 26 \times 25}} = 19.12$$

因此,在显著性水平 α 为 0.05 时,T 的双侧临界值为:

$$T_{1\alpha} = U_T - U_{\frac{\alpha}{2}} \cdot \sigma_T = 175.5 - 1.96 \times 19.12 = 138.0$$

$$T_{2\alpha} = U_T + U_{\frac{\alpha}{2}} \cdot \sigma_T = 175.5 + 1.96 \times 19.12 = 213.0$$

(3)统计结论。如果 T_A 小于 $T_{1\alpha}$,本例即为此种情况,则表明显著性水平 $\alpha = 0.05$ 下,表 5-4 的两个样本不能认为同属一个总体,又由于 T_A 小于 T_α 的下限,故可以推断:样本 A 所属的总体,其分布中心偏向左侧,其平均数是小于样本 B 的。根据本例的实际意义,则可以认为:1975 年 12 月上半月生产的 18 号精梳棉纱的棉结数比 1974 年同期少,表明成纱质量有所提高。

如果 T_A 大于 $T_{2\alpha}$,则在显著性水平 $\alpha = 0.05$ 下,表明这两个样本不属于同一总体,且由于 T_A 大于 T_α 的上限,故可以推断:样本 A 所属的总体,其分布中心偏向右侧,其平均数大于 B 样本。

如果 T_A 介于 $T_{1\alpha}$ 和 $T_{2\alpha}$ 之间,则在显著性水平 $\alpha = 0.05$ 下,可以认为这两个样本同属一个总体,故可以推断:样本 A 的平均数与样本 B 相同。

(二)克拉斯卡尔(Kraskal)的 H 检验

【例题】　梳理机用 T15 型盖板针布配以不同型号的锡林和道夫针布,纺出生条,经并合后制成熟条,其条干不匀率数据如表 5-9 所示。问题:这四种方案对熟条条干不匀率有无显著影响?

表 5-9　熟条条干不匀率样本数据(由小至大排列)

方案一	9.82	11.29	11.42	11.50	11.65	11.92	12.11	12.57	12.64	12.65	13.35	14.64
方案二	10.21	10.67	11.44	11.44	11.64	11.96	12.21	12.54	13.24	13.44	13.66	15.12
方案三	11.98	12.26	13.33	13.59	13.67	14.05	14.23	14.48	14.73	14.86	15.00	16.20
方案四	11.00	11.55	11.96	12.29	12.58	13.28	13.35	13.72	13.89	14.15	14.44	14.50

解:

(1)将表 5-9 的全部数据混合在一起,并按数据由小至大的顺序编以秩号,分别计算各

方案下的秩和数 R_i,对不同方案内出现相同的数据,其秩数以相应的平均秩数代替。本例的结果列于表 5-10 之中。

表 5-10　秩、秩和、秩和的平均值

项目 方案	秩												R_i	$\overline{R_i}$
方案一	1	5	6	9	12	13	17	22	24	25	29.5	43	$R_1 = 206.5$	$\overline{R_1} = 17.2$
方案二	2	3	7	8	11	14.5	18	21	26	31	33	47	$R_2 = 221.5$	$\overline{R_2} = 18.5$
方案三	16	19	28	32	34	37	39	41	44	45	46	48	$R_3 = 429.0$	$\overline{R_3} = 35.8$
方案四	4	10	14.5	20	23	27	29.5	35	36	38	40	42	$R_4 = 319.0$	$\overline{R_4} = 26.8$

总和　$R = \sum R_i = 1176$；$\overline{R} = 24.5$；$\overline{R_i} = \dfrac{R_i}{n_i}$；$\overline{R} = \dfrac{\sum R_i}{n}$

(2)计算统计量 H,H 的计算公式为:

$$H = \frac{12}{n(n+1)} \cdot \sum_{i=1}^{k} n_i (\overline{R_i} - \overline{R})^2$$

本例中,

$$H = \frac{12}{48(48+1)} \times 12 \times \left[(17.2 - 24.5)^2 + (18.5 - 24.5)^2 + (35.8 - 24.5)^2 + \right.$$
$$\left. (26.6 - 24.5)^2 \right]^2 = 13.6$$

(3)统计结论。实践证明:在 $n>5$, $n \cdot K>15$ 的场合,统计量 H 近似服从 X^2 分布,其自由度 $\nu=k-1$(k 为方案数,本例 $k=4$)。因此,在显著性水平 $\alpha=0.05$ 时,查表可得 $X_{0.05}^2(3) = 7.815$,记 $H_{0.05}=7.815$;在显著性水平 $\alpha=0.01$ 时,查表可得 $X_{0.01}^2(3) = 11.345$, 记 $H_{0.01}=11.345$。

由于 $H=13.6$, $H_{0.01}=11.345$, $H>H_{0.01}$

故可以认为:在显著性水平 $\alpha=0.01$ 下,这四种方案有显著差异。根据本例的实际意义可以推断:用方案一制成的熟条条干不匀率最小,其质量最好,因为方案一的秩和数在这四个方案中最小。

(三)顺位一致性系数 W 和佛利德曼(Friedman)的检验

官能检验虽然具有直观、快速和简便等优点,但也带来一个问题,即对于同一检验对象,不同检验员的检验结果是否一致?这就产生了官能检验的检验一致性统计分析问题。当多位检验员对有两组以上样组作顺位评定时,必须要充分考虑所有数据的相关性,以便确定其间有无显著性差异。假定判别人员(检验员)为 n 人,被判别对象有 k 个,判别值为 R_{ij},各组的判别顺位值之和为 T_j,其关系列于表 5-11 之中。

表 5-11 多检验员、多样组顺位评定中各项目的关系

i \ j		1	2	3	…	j	…	k
判别员	1	R_{11}	R_{12}	R_{13}	…	R_{1j}	…	R_{1k}
	2	R_{21}	R_{22}	R_{23}	…	R_{2j}	…	R_{2k}
	3	R_{31}	R_{32}	R_{33}	…	R_{3j}	…	R_{3k}
	⋮	⋮	⋮	⋮	⋮	⋮		⋮
	i	R_{i1}	R_{i2}	R_{i3}	…	R_{ij}	…	…
	⋮	⋮	⋮	⋮	⋮	⋮		⋮
	n	R_{n1}	R_{n2}	R_{n3}	…	R_{nj}	…	R_{nk}
和		T_1	T_2	T_3	…	T_j	…	T_k

　　顺位的不一致性可能是由于被判别对象的品质差异造成的,但也可能是由于判别员之间的分歧造成的。表征各判别员判定顺位一致性的统计量,经凯特尔研究可采用一致性系数 W,其计算公式为:

$$W = \frac{12S}{n^2(k^3 - k)}$$

$$S = \sum_{j=1}^{k}(T_j - \overline{T})^2 = \sum_{j=1}^{k}\left[T_j - \frac{n(k+1)}{2}\right]^2 = \sum_{j=1}^{k} T_j^2 - \frac{1}{k}\left(\sum_{j=1}^{k} T_j\right)^2$$

$$T_j = \sum_{i=1}^{n} R_{ij}$$

　　W 值一般在 0 与 1 之间。如果 W 值较小,则表明判定一致性较差,各判定对象之间的顺位均值的偏差较小;反之,如果 W 值较大,则表明判定一致性较好;如果完全一致,则 $W=1$;如果一致性极差,则 W 趋于 0。下面结合实例介绍此方法的应用。

　　【例题】 选用五种不同密比(密比=纬密/经密)进行某种毛织物设计,制得成品后,由 9 名检验员对这五种毛织物作手感评定,其评定结果列于表 5-12 之中。问题:根据表 5-12 的数据,鉴别这 9 位检验员的手感检验是否有显著差异。如果没有显著差异,则可以根据表 5-12 所列的结果对这 5 种毛织物进行手感评定,同时也证明这 9 位检验人员可在不同地区或场合对该检验项目具有独立的手感评级能力。

表 5-12 9 位检验员对 5 种毛织物手感评定结果

密比 / 顺位值 检验员	A	B	C	D	E
	0.91	0.86	0.82	0.78	0.72
M_1	2	1	3	4	5
M_2	2	1	3	4	5
M_3	2	1	3	4	5
M_4	1	2	3	4	5

顺位值 密比 检验员	A 0.91	B 0.86	C 0.82	D 0.78	E 0.72
M_5	1	2	4	3	5
M_6	1	3	4	2	5
M_7	1	4	3	2	5
M_8	1	2	5	3	4
M_9	2	3	1	4	5
总和 T_j	13	19	29	30	44

解:根据表5-12所列数据可知,$n=9$,$k=5$。

则

$$S = 4207 - \frac{135^2}{5} = 562$$

$$W = \frac{12 \times 562}{9^2(5^3 - 5)} = 0.694$$

这里,$W=0.694$,由于 W 不等于1,说明这9位检验员的检验结果并不完全一致。因为官能检验本身具有随机性,即使是同一位检验员对同一对象作多次检验,其结果也非完全一致。那么,W 的波动是由于检验员的随机原因造成的,还是检验员之间的系统原因造成的呢?这就要对 W 进行显著性检验。对 W 检验可分三种情况进行讨论。

第一种情况 n 和 k 都很大。对于这种情况,理论上可以证明,统计量 W 可按下面公式转换成统计量 F:

$$F = \frac{(n-1)W}{1-W}$$

其自由度 $\nu_1 = (k-1) + \frac{2}{n}$,$\nu_2 = (n-1)\nu_1$。若 $F > F_\alpha$,则在显著性水平 α 条件下,认为一致性良好;若 $F \leq F_\alpha$,则在显著性水平 α 条件下,认为一致性很差。

第二种情况 n 和 k 都不是太大。此时,对 W 按如下公式进行修正:

$$W = \frac{S-1}{\dfrac{n^2 \cdot k(k^2-1)}{12} + 2}$$

然后再按第一种情况所述,将修正后的统计量 W 转换成统计量 F,并进行检验。

第三种情况 n 和 k 都较小。在这种情况下,可以根据公式,直接把 W 中的分子 S 当作统计量,并按 S 的概率分布确定其临界值 S_α。关于 S_α 值的确定方法这里不作介绍。若 $S > S_\alpha$,则在显著性水平 α 条件下,认为一致性良好;若 $S \leq S_\alpha$,则在显著性水平 α 条件下,认为一致性很差。

就本例来看,$n=9$,$k=5$,属于第二种情况,那么:

$$W = \frac{562-1}{\dfrac{81(125-5)}{12} + 2} = 0.691$$

$$F = \frac{(9 - 1) \times 0.691}{1 - 0.691} = 17.89$$

统计量 F 的 $\nu_1 = 4 + \frac{2}{9} = 4.22$，取 $\nu_1 = 5$；$\nu_2 = (n - 1) \times \nu_1 = 33.76$，取 $\nu_2 = 34$。查表可知，$F_{0.05}$ 绝不超过 2.69，$F_{0.01}$ 绝不超过 4.02。因此 $F = 17.89$ 的值远远超过 $F_{0.01}$ 的值。

F 统计结论：由于 F 远远大于 $F_{0.01}$，表明在显著性水平 $\alpha = 0.01$ 条件下，这9位检验员的手感评级一致性良好。本例分析的目的，不仅仅是为了鉴定检验员的检验结果的一致性，而且在于确定不同密比毛织物的手感等级。为此，可以把表5-12整理成表5-13的形式。

表5-13　不同密比毛织物的手感等级

密　比	0.91	0.86	0.82	0.78	0.72
T_j	13	19	29	30	44
手感等级	1	2	3	4	5

只有在一致性系数 W（或 S）得出一致性良好的结论以后，才可以根据 T_j 的大小去估计被评定对象的质量等级，其估计方法是：评定的等级顺位值与 T_j 的顺位值相对应。在本例中，T_j 由小至大的排列顺序为 13，19，29，30 和 44，则相应的手感等级分别为 1，2，3，4 和 5 级。

四、比较法

比较法是把检验对象每两个组成一组，并对每一组评定质量优劣的检验方法。例如，研究对象有 A、B、C 三种样品，其分组的组合为 A 和 B、A 和 C 及 B 和 C，其统计分析方法可采用"封闭三角形个数法"。封闭三角形个数法也可称为成对比较法或配偶法等。下面结合实际例子介绍此方法的应用。

【例题】　现有 A、B、C、D、E、F 和 G 共七种真丝双绉产品，这七种织物的经、纬密度相同，仅改变纬丝的捻度，捻度自 0~600 捻/米，每 100 捻/米为一档。由 33 位检验员对这七种真丝双绉的绉效应作官能评价，其中一位检验员的评定结果列于表5-14中，问题：该检验员是否具有识别能力？

解：表5-14中，每两种双绉样品配成一组，由检验员判定其优劣，并排列顺序。例如在 A 和 B 样组中，A 优于 B，则在表中 A 行 B 列交叉格中画符号"○"；在 A 和 C 样组中，A 不如 C，则在表中 A 行 C 列交叉格中画符号"×"，按此方法类推，就可以得到表5-14所列示的评定结果。为了鉴别该检验是否具有识别能力，评价其识别的可靠性，则进行如下处理：

表 5-14　某检验员对七种真丝双绉的评定结果

A	B	C	D	E	F	G
A	○	×	×	×	×	×
	B	○	×	×	×	×
		C	○	×	○	×
			D	○	×	×
				E	○	×
					F	×
						G

（1）作封闭三角形。首先把不同样品(本例样品数为7)分别置于圆周的不同位置,每个样品以平面上的一点按圆周等间隔分布,则每三个点可构成一个三角形,其间共能连接成 C_7^3 个三角形。然后在样品之间捉对比较,并在两点之间的连线(即三角形的各边)上用箭头表示出表 5-14 的评定结果,该评定结果如图 5-4 所示。在 A 和 B 样组中,A 优于 B,则在 $A'B'$ 连线上作"$A'\rightarrow B'$",或"$B'\leftarrow A'$"(B 不如 A);在 A 和 C 样组中,A 不如 C,则在 $A'C'$ 连线上作"$A'\leftarrow C'$",或"$C'\rightarrow A'$"(C 优于 A);其他以此类推。

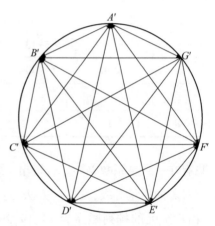

图 5-4　封闭三角形

由图 5-4 表示的结果可以看出:某些三角形的箭头首尾相接,将发生矛盾。例如,在 △ABC 中,$A'\rightarrow B'\rightarrow C'\rightarrow A'$,由此循环,则无法判别出孰优孰劣。这种有矛盾的三角形被称为矛盾三角形或封闭三角形。本例出现 5 个矛盾三角形,它们分别是 $\triangle A'B'C'$、$\triangle B'C'D'$、$\triangle C'D'E'$、$\triangle D'E'F'$ 和 $\triangle B'C'F'$。鉴别检验员有无识别能力可根据所发生的矛盾三角形个数来判定。

（2）求矛盾三角形个数。矛盾三角形的个数 d 可按下面公式计算:

$$d = \frac{1}{6}n(n-1)(n-2) - \frac{1}{2}\sum_{i=1}^{n} a_i(a_i - 1)$$

式中,n——样本数;

$\quad a_i$——从各顶点向外引出的箭头数。

本例中,$n=7$,$a_A=1$,$a_B=1$,$a_C=3$,$a_D=3$,$a_E=4$,$a_F=3$,$a_G=6$,则

$$d = \frac{1}{6}\times 7(7-1)(7-2) - \frac{1}{2}(0+0+3\times 2+3\times 2+4\times 3+3\times 2+6\times 5) = 5$$

（3）检验。当 $n\leqslant 7$ 时,可以用表 5-15 查得在显著性水平 $\alpha=0.05$ 时的界限值 $d_{0.05}$。如果 $d\leqslant d_{0.05}$,则表明在显著性水平 $\alpha=0.05$ 条件下,检验员是有识别能力的,即检验员是能够

判断出样品间的差异的。否则,如果 $d > d_{0.05}$,则说明在显著性水平 $\alpha = 0.05$ 条件下,检验员缺乏识别能力。本例就属于这种情况,因为 $d = 5$,$d_{0.05} = 3$,$d > d_{0.05}$,在此种情况下,可以让该检验员重新评定或请其他检验员来评定,在产生矛盾三角形处作重点研究。

当 $n > 7$ 时,应按公式 $X_0^2 = \dfrac{8}{n-4}\left[\dfrac{n(n-1)(n-2)}{24} - d + \dfrac{1}{2}\right] + \nu$ 算出 X_0^2 值,式中 X_0^2 的自由度 $\nu = \dfrac{n(n-1)(n-2)}{(n-4)^2}$。如果 $X_0^2 \geq X_{0.05}^2(\nu)$,则表明在显著性水平 $\alpha = 0.05$ 条件下,该检验员具有识别能力;否则,$X_0^2 < X_{0.05}^2(\nu)$,则认为该检验员缺乏识别能力。

表 5-15　$n \leq 7$,$\alpha = 0.05$ 时的临界值 $d_{0.05}$

n	≤ 5	6	7
$d_{0.05}$	0	1	3

秩位法(顺位法)和比较法在织物风格的官能评价方面应用较多,它们各有优缺点。采用秩位法可同时评价多种试样,可节省时间和人力,但试样数量过多会导致评定困难。采用成对比较法可以提高评定的精度,但耗时费力,如果试样数量为 n 块,则要检验 $n(n-1)/2$ 次,考虑到检验人员的疲劳,成对比较法的试样数以 8 块为宜。

思 考 题

1. 名词解释:官能检验,嗜好型官能检验,分析型官能检验。
2. 对比分析官能检验和理化检验的特点。
3. 简述官能检验结果的量化方法。
4. 简述科库兰 Q 检验法的方法原理。
5. 举例说明威尔科克逊 U 检验、克拉斯卡尔 H 检验、顺位一致性系数和佛利德曼检验的统计、分析和判定步骤。
6. 举例说明封闭三角形个数法的统计、分析和判定步骤。

第六章　理化检验方法和原理

> ● **本章知识点** ●
>
> 1. 纺织纤维定性鉴别、纺织纤维定量分析、纺织材料回潮率的试验方法。
> 2. 织物长度、幅宽、密度、单位面积质量的测量方法。
> 3. 纺织品力学性能、织物尺寸变化、纺织品色牢度的试验方法。

　　理化检验即物理检验和化学检验的统称。纺织品物理检验主要是运用各种仪器、仪表、设备、量具等检测手段,测量或比较各种纺织产品的物理性质或物理量的数据,并进行系统整理、分析,以确定纺织品物理性质和品质优劣的一种检验方法。纺织品物理检验所涉及的范围很广,如纺织品的宽度、长度、厚度、密度、断裂强力(或强度)、断裂伸长率、回潮率、质量、抗皱性、耐磨性、阻燃防火性、色牢度等。纺织品化学检验主要是运用化学检验技术和仪器设备,通过对抽取的纺织品样品进行分析、测试,以确定纺织品的化学特性、化学组成及其含量的一种检验方法。例如,纺织品的纤维组分、含量,耐酸、耐碱或耐其他化学药剂的性能,游离甲醛测定,染料、浆料及助剂的化学成分及其含量的分析、测定等。

第一节　纺织纤维的定性鉴别与定量分析

一、纺织纤维的定性鉴别方法及原理

　　纺织品、服装的纤维成分对产品的价值和服用性能具有重要影响,根据国家标准 GB 5296.4—2012《消费品使用说明　第 4 部分:纺织品和服装》规定:在纺织品服装标注的内容中,有三项内容必须采用耐久性标签,即号型、纤维成分和洗涤方法的标签应固定在产品上,但不排除其他内容也使用耐久性标签。纤维定性鉴别的方法有很多种,它是根据各种纺织纤维不同的化学、物理及染色特性,采用不同的分析方法,将试验结果与标准照片、标准色卡、标准图谱及其他有关的标准资料对照,以鉴别未知纤维。常用的纺织纤维鉴别试验方法有燃烧法、显微镜法、溶解法、含氯含氮呈色反应法、熔点法、红外光谱鉴别法、密度梯度法及双折射率测定法等多种试验方法,如果综合运用上述试验方法,则可对未知纤维作系统鉴别。

(一)纺织纤维鉴别试验方法——燃烧法

　　燃烧法主要用于鉴别各种纺织纤维的大类,其试验原理是:根据各种纤维靠近火焰、接

触火焰、离开火焰时所产生的各种不同现象以及燃烧时产生的气味和燃烧后的残留物状态来分辨纤维类别。燃烧法虽然简单,但要有实际经验,对于混纺、交织产品,复合纤维和原液着色纤维,因纤维组分复杂,判断较为困难,易造成误判。

(二)纺织纤维鉴别试验方法——显微镜法

显微镜观察方法可用于植物纤维、动物纤维、矿物纤维和化学纤维的定性鉴别,但对于某些化学纤维、异形纤维,此方法不易鉴别。用显微镜观察方法进行纤维鉴别的试验原理是:利用显微镜观察未知纤维的纵面和横截面形态,对照纤维的标准显微镜照片和标准资料,以鉴别未知纤维类别。棉、毛、丝、麻等天然纤维的横截面和纵面形状都十分特殊,形态差异十分明显,用此方法可作出准确判定。纺织、印染加工将会引起纤维形态特征变化,检验时应予以重视。

(三)纺织纤维鉴别试验方法——溶解法

利用不同化学试剂对不同纤维在不同温度下的溶解特性可对植物纤维、动物纤维、矿物纤维以及化学纤维作定性鉴别。能够用于纤维定性鉴别的化学试剂有很多种,如硫酸、盐酸、甲酸、硝酸、氢氧化钠、氯化锌、N-二甲基甲酰胺、次氯酸钠、环己酮、铜氨溶液、冰乙酸、丙酮、二甲亚砜等。检验时,应注意试剂浓度和温度对试验结果的影响,试验温度一般分室温(24~30℃)和煮沸两种情况,溶解性试验方法可以准确鉴别各类纺织纤维。

(四)纺织纤维鉴别试验方法——含氯含氮呈色反应法

含氯含氮呈色反应法可用于化学纤维的粗分类,以便进一步作定性鉴别,其试验原理是:各种含有氯、氮的纤维用火焰法、酸碱法检测,会呈现特定的呈色反应。含氯试验:将烧热的铜丝接触纤维后,移至火焰的氧化焰中,观察火焰是否呈绿色,如果含氯时就会发生绿色的火焰。含氮试验:在试管中放入少量切碎的纤维,并用适量碳酸钠覆盖,加热产生气体,试管口放上红色石蕊试纸变为蓝色,则说明有氮存在。现有纺织纤维中,含氯纤维主要是聚氯乙烯和聚偏氯乙烯纤维,含氮的纤维有蚕丝、毛纤维、聚丙烯腈纤维、聚酰胺纤维和聚氨基甲酸乙酯纤维(氨纶)。

(五)纺织纤维鉴别试验方法——熔点法

热塑性纤维(如合成纤维)在高温作用下,大分子之间键接结构产生变化,会产生由固态转变为液态的现象。用附有加热装置的偏光显微镜或熔点显微镜,通过目测或光电检测,从纤维外观形态的变化测出纤维熔融温度(即熔点)。不同种类的热塑性纤维具有不同的熔点,据此可鉴别纤维的类别。熔点法一般不单独用作纤维定性鉴别,而是用作验证和测定热塑性纤维的熔点,这是因为有些纤维的熔点比较接近,有的纤维没有明显的熔点。

(六)纺织纤维鉴别试验方法——红外光谱鉴别法

用红外吸光谱对各种纺织纤维作定性鉴别的试验原理是:当一束红外光照射到被测试样时,该物质分子将吸收一部分光能并转变为分子的振动能和转动能。借助于仪器将吸收值与相应的波数作图,即可获得该试样的红外吸收光谱,光谱中每一个特征吸收谱带都包含了试样分子中基团的信息。不同物质有不同的红外光谱，将未知纤维与已知纤维的标准红外光谱进行比较，便可区别纤维的类别。

（七）纺织纤维鉴别试验方法——密度梯度法

用密度梯度法来定性鉴别棉、麻、丝、毛和化学纤维（中空纤维测定困难）的试验原理是：各种纺织纤维有着不同的密度，根据所测定的未知纤维密度，并将其与已知纤维密度对比，可以鉴别未知纤维的类别。测定纤维密度采用密度梯度法，即将两种密度不同而能互相混溶的液体，经过混合自流，使连续注入梯度管内的液体最终能形成自上而下的递增，呈连续性分布的梯度密度（可用标准密度玻璃小球标定，作出工作曲线）。将未知纤维做成的小球试样处理后浸入梯度管内，当达到平衡位置后，根据沉浮原理，该位置平面溶体的密度值即为纤维的密度。

（八）纺织纤维鉴别试验方法——双折射率测定法

纺织纤维具有双折射性质，利用偏振光显微镜可分别测得平面偏振光振动方向平行于纤维长轴方向的折射率 $n_{/\!/}$ 和垂直于纤维长轴方向的折射率 $n_\perp$，两者之差即为双折射率 Δn（$\Delta n = n_{/\!/} - n_\perp$）。各种纺织纤维具有不同的双折射率，根据未知纤维的双折射率并对照有关资料（已知纤维的双折射率）可鉴别纤维种类。

二、二组分、三组分纤维混纺产品定量化学分析方法

（一）二组分纤维混纺产品定量化学分析法

用化学分析方法测定混纺比的试验原理是：在定量分析之前，首先作纤维定性鉴别，并用适当方法对试样作预处理，然后用适当的溶剂溶去混纺产品中的某一种纤维，将剩余纤维（未溶纤维）清洗、烘干、称量和计算。

由于混纺产品中含有一些非纤维物质，如天然伴生的非纤维物质（主要是油脂、蜡质和某些水溶性物质），纺织、染整加工过程中的添加物质（主要是油剂、浆料、树脂或其他特种整理剂），这些非纤维物质在化学分析的试验过程中会部分或全部溶解，从而造成试验误差。因此，在正式试验前，必须用合适的方法将试样上的非纤维物质除去，即预处理。正常预处理是用石油醚或水萃取，除去油脂、蜡以及其他水溶性物质。如果正常预处理无法除去非纤维性物质，则应采用特殊方法进行预处理，但这种预处理不应影响定量分析结果的准确性。但是，染料可作为纤维的一部分予以保留。

部分二组分纤维混纺产品的溶解试剂和不溶纤维重量修正系数见表6-1。

表6-1 二组分纤维混纺产品的溶解试剂和不溶纤维重量修正系数

编号	混纺产品	溶 剂	不溶纤维	不溶纤维重量修正系数 d
1	棉/涤纶，棉/丙纶	75%硫酸	涤纶，丙纶	d 值均为1
2	羊毛/棉，羊毛/亚麻 羊毛/苎麻，羊毛/黏胶纤维 羊毛/腈纶，羊毛/涤纶 羊毛/锦纶，羊毛/丙纶	1N 次氯酸钠溶液中，加足量氢氧化钠，使碱度在 5 ± 0.5g/L	棉、亚麻、苎麻、黏胶纤维、腈纶、涤纶、锦纶、丙纶	棉的 d 值为 1.03，其余 d 值均为1

编号	混纺产品	溶 剂	不溶纤维	不溶纤维重量修正系数 d
3	羊毛/棉,羊毛/苎麻 羊毛/黏胶纤维,羊毛/维纶 羊毛/腈纶,羊毛/涤纶 羊毛/锦纶,羊毛/丙纶	2.5%氢氧化钠溶液	棉、苎麻、黏胶纤维、维纶、腈纶、涤纶、锦纶、丙纶	棉的 d 值为1.02,苎麻的 d 值为1.04,黏胶纤维的 d 值为1.04,其余均为1
4	苎麻/涤纶、亚麻/涤纶 苎麻/丙纶、亚麻/丙纶	75%硫酸	涤纶、丙纶	d 值均为1
5	桑蚕丝、柞蚕丝、木薯蚕丝与棉、苎麻、黏胶纤维、腈纶、锦纶、涤纶、丙纶纤维的混纺产品	1N 次氯酸钠溶液中,加足量氢氧化钠,使碱度在 5±0.5g/L	棉、亚麻、苎麻、黏胶纤维、腈纶、涤纶、锦纶、丙纶	棉的 d 值为1.03,其余 d 值均为1
6	丝/羊毛(野蚕丝,如柞蚕丝、木薯蚕丝不完全适用)	75%硫酸	羊毛	羊毛 d 值为0.97
7	黏胶纤维/棉,黏胶纤维/苎麻黏胶纤维/亚麻	甲酸—氯化锌溶液	棉、亚麻、苎麻	棉的 d 值为1.02,亚麻为1.07,苎麻为1.00
8	黏胶纤维/涤纶,黏胶纤维/丙纶	75%硫酸	涤纶、丙纶	d 值均为1
9	二醋酯纤维/黏胶纤维二醋酯纤维/棉	丙酮	棉、黏胶纤维	d 值均为1
10	三醋酯纤维/黏胶纤维三醋酯纤维/棉	二氯甲烷	棉、黏胶纤维	d 值均为1
11	维纶/棉 维纶/黏胶纤维	20%盐酸	棉、黏胶纤维	棉的 d 值为1.01,黏胶纤维为1
12	腈纶与棉、羊毛、麻、丝、黏胶纤维、涤纶或丙纶混纺产品	二甲基甲酰胺	棉、羊毛、麻、丝、黏胶纤维、涤纶、丙纶	涤纶 d 值为1.01,其余均为1
		50%硫氰酸钠溶液	棉、羊毛、麻、丝、黏胶纤维、涤纶、丙纶	棉、羊毛 d 值为1.01,黏胶纤维为1.02,其余均为1
13	锦纶与棉、麻、黏胶纤维、腈纶、涤纶或丙纶混纺产品	80%甲酸	棉、麻、黏胶纤维、腈纶、涤纶、丙纶	d 值均为1
		20%盐酸	棉、黏胶纤维、腈纶、涤纶、丙纶	亚麻 d 值为1.005,棉、苎麻为1.01,其余为1

二组分混纺产品的混纺比计算分三种情况。

1. 净干含量百分率的计算

$$P_1 = \frac{100r \cdot d}{m}$$

$$P_2 = 100 - P_1$$

式中:P_1 ——经试剂处理后,不溶纤维的净干含量百分率,%;

$\quad P_2$ ——溶解纤维的净干含量百分率,%;

$\quad r$ ——经处理后,剩余的不溶纤维干重,g;

$\quad m$ ——预处理后,试样的干重,g;

$\quad d$ ——经试剂处理后,不溶纤维重量变化的修正系数(表6-1)。

2. 结合公定回潮率的含量百分率计算

$$P_m = \frac{P_1\left(1 + \dfrac{a_2}{100}\right) \cdot 100}{P_1\left(1 + \dfrac{a_2}{100}\right) + P_2\left(1 + \dfrac{a_1}{100}\right)}$$

$$P_n = 100 - P_m$$

式中：P_m——不溶纤维结合公定回潮率的含量百分率，%；

P_n——溶解纤维结合公定回潮率的含量百分率，%；

a_1——溶解纤维的公定回潮率，%；

a_2——不溶纤维的公定回潮率，%。

3. 结合公定回潮率和预处理中纤维重量损失率的含量百分率计算

$$P_A = \frac{P_1\left(1 + \dfrac{a_2 + b_2}{100}\right) \cdot 100}{P_1\left(1 + \dfrac{a_2 + b_2}{100}\right) + P_2\left(1 + \dfrac{a_1 + b_1}{100}\right)}$$

$$P_B = 100 - P_A$$

式中：P_A——不溶纤维结合公定回潮率和预处理中非纤维去除率的含量百分率，%；

P_B——溶解纤维结合公定回潮率和预处理中非纤维去除率的含量百分率，%；

b_1——预处理中，溶解纤维中非纤维物质的去除率，%；

b_2——预处理中，不溶纤维中非纤维物质的去除率，%。

4. 手工分解法净干质量分数的计算

净干质量分数的计算不考虑预处理过程中纤维质量的损失，纤维净干质量分数计算式如下：

$$P_1 = \frac{100 m_1}{m_1 + m_2} = \frac{100}{1 + \dfrac{m_2}{m_1}}$$

式中：P_1——第一组分净干质量分数，%；

m_1——第一组分净干质量，g；

m_2——第二组分净干质量，g。

(二) 三组分混纺产品定量化学分析方法

试验原理：混纺产品经定性鉴别纤维种类后，用预处理方法除去试样上非纤维物质，并烘干、称重。再选择合适的溶剂，按个别溶解或顺序溶解的方法，对试样中各种纤维加以分离和定量测试。三组分混纺产品可选择的溶解方案有以下四种。

1. 方案一 取两个试样，第一个试样将 A 纤维溶解，第二个试样将 B 纤维溶解，分别对未溶解部分称重，从溶解失重中算出 A 纤维和 B 纤维的百分含量，C 纤维的百分含量可从差值中求出。

2. 方案二 取两个试样，第一个试样将 A 纤维溶解，第二个试样将 A、B 两种纤维溶解，分别对未溶解部分称重，可以算出 A 纤维和 C 纤维的百分含量，B 纤维的百分含量可从差值中求出。

3. 方案三 取两个试样,将第一个试样中 A 和 B 纤维溶解,第二个试样中的 B 和 C 纤维溶解,则可求得未溶部分 C 纤维和 A 纤维的百分含量,B 纤维的百分含量可从差值中求出。

4. 方案四 取一个试样,先将其中一种纤维溶去,根据溶解失重,可求得其中一种纤维的百分含量;再将残渣中的另一种纤维溶去,根据第二次溶解失重,可求得另一种纤维的百分含量;第三种纤维的百分含量可由差值求得。

上述四种溶解方案中,前三种为个别溶解法,第四种为顺序溶解法。选用何种溶解方案应视具体情况决定,关于三组分纤维混纺产品定量分析采用的化学试剂和重量修正系数可参考表 6-2 的规定。

表 6-2 三组分纤维混纺产品定量分析采用的化学试剂和重量修正系数

编号	纤维组成			化 学 试 剂	修正系数		
	A	B	C		d_A	d_B	d_C
1	羊毛	黏胶纤维	棉	有效氯为 3%~4% 的次氯酸钠溶解羊毛,甲酸—氯化锌溶解黏胶纤维	1.00	1.03	1.03
2	羊毛	亚麻	涤纶	有效氯为 3%~4% 的次氯酸钠溶解羊毛,75%硫酸溶解亚麻	1.005	1.00	1.00
3	羊毛	苎麻	涤纶	有效氯为 3%~4% 的次氯酸钠溶解羊毛,75%硫酸溶解苎麻	1.00	1.00	1.00
4	羊毛	腈纶	苎麻	有效氯为 3%~4% 的次氯酸钠溶解羊毛,50%硫氰酸钠溶解腈纶	1.00	1.00	1.01
5	羊毛	锦纶	苎麻	有效氯为 3%~4% 的次氯酸钠溶解羊毛,20%盐酸溶解锦纶	1.00	1.00	1.01
6	羊毛	黏胶纤维	涤纶	有效氯为 3%~4% 的次氯酸钠溶解羊毛,75%硫酸溶解黏胶纤维	1.00	1.00	1.00
7	羊毛	黏胶纤维	腈纶	有效氯为 3%~4% 的次氯酸钠溶解羊毛,90~95℃二甲基甲酰胺溶解腈纶	1.00	1.00	1.00
8	羊毛	锦纶	黏胶纤维	有效氯为 3%~4% 的次氯酸钠溶解羊毛,20%盐酸溶解锦纶	1.00	1.00	1.00
9	羊毛	锦纶	腈纶	有效氯为 3%~4% 的次氯酸钠溶解羊毛,20%盐酸溶解锦纶	1.00	1.00	1.00
10	羊毛	锦纶	涤纶	有效氯为 3%~4% 的次氯酸钠溶解羊毛,20%盐酸溶解锦纶	1.00	1.00	1.00
11	羊毛	腈纶	涤纶	有效氯为 3%~4% 的次氯酸钠溶解羊毛,50%硫氰酸钠溶解腈纶	1.00	1.00	1.00
12	丝	棉	涤纶	有效氯为 3%~4% 的次氯酸钠溶解丝,75%硫酸溶解锦	1.03	1.00	1.00
13	丝	黏胶纤维	涤纶	有效氯为 3%~4% 的次氯酸钠溶解丝,75%硫酸溶解黏胶纤维	1.00	1.00	1.00
14	丝	苎麻	涤纶	有效氯为 3%~4% 的次氯酸钠溶解丝,75%硫酸溶解苎麻	1.00	1.00	1.00
15	丝	腈纶	涤纶	有效氯为 3%~4% 的次氯酸钠溶解丝,50%硫氰酸钠溶解腈纶	1.00	1.00	1.00

第二节　纺织材料回潮率和含水率测定
——烘箱干燥法

一、测定原理

通常,纺织材料如纤维、纱线和织物的吸湿高低以回潮率指标表示,棉纤维(原棉)习惯上使用含水率指标。纺织材料回潮率指在规定条件下测得的纺织材料中水的含量,以试样的湿重与干重的差数对干重的百分率表示。含水率指在规定条件下测得的纺织材料中水的含量,以试样的湿重与干重的差数对湿重的百分率表示。

纺织材料回潮率或含水率的测定方法有很多种,属于直接测湿的方法有烘箱法、红外线干燥法、微波加热干燥法、干燥剂吸干法等。间接测湿方法主要利用纺织材料在不同回潮率下的电阻、介电常数、介电损耗等物理量与纺织材料所含水分的关系作间接测量。烘箱法是最基本的测湿方法,使用较为普遍。以烘箱法测定纺织材料回潮率的试验原理是:试样在烘箱中暴露于自由流动的热至规定温度的空气中,直至达到恒重,烘燥过程中的全部重量损失都作为水分,并以回潮率表示。

二、烘箱温度、烘燥时间和连续称重的时间间隔

采用烘箱法测定纺织材料回潮率的时候,烘箱温度应符合表6-3的规定。由于不同的纺织材料试样因其内部结构、含水量及试样各部分在烘箱中暴露程度的不同而有不同的烘燥特性曲线。为防止产生虚假的烘燥平衡,不同的试样应采用不同的烘燥时间及连续称重的时间间隔。在正式试验前,应先做几次预备性试验,测出相对于干燥时间的试样重量损失,画出其失重与烘燥时间的关系曲线即烘燥特性曲线(图6-1),从曲线上找出失重至少为最终失重的98%(即 $\dfrac{\Delta G_t}{\Delta G_\infty} \geqslant 98\%$)所需的时间,作为正式试验的始烘时间,并用该时间的20%作为连续称重的时间间隔。如果采用箱外冷称,采用的连续称重时间较箱内称重要稍长一些。

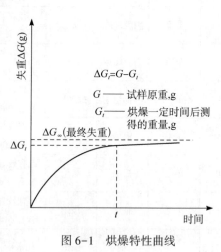

$\Delta G_t = G - G_t$

G —— 试样原重,g

G_t —— 烘燥一定时间后测得的重量,g

ΔG_∞(最终失重)

图6-1　烘燥特性曲线

表6-3　烘箱温度的规定

材　料	烘箱温度(℃)	材　料	烘箱温度(℃)
腈　纶	110±3	桑蚕丝	140±5
氯　纶	70±2	其他所有纤维	105±3 (半封闭式烘箱105~110)

三、非标准大气条件下测得的试样烘干重量修正方法

纺织材料回潮率试验应在标准大气中进行,试验用标准大气按 GB 6529《纺织品的调湿和试验用标准大气》规定的一级或二级标准。如果试验在非标准大气中进行,且要求对非标准大气条件下测得的烘干试验重量 G_0 进行修正,则按下面的公式进行计算:

$$C = a(1 - 6.58 \times 10^{-4} \times e \cdot r)$$

$$G_s = G_0 \times (1 + C)$$

式中:C——用作修正至标准大气条件($20℃$,$65\%RH$)下烘干重量的系数,%;

　　a——由纤维种类决定的常数表 6-4;

　　e——送入烘箱空气的饱和水蒸气压力,Pa;e 值取决于温度和大气压力,标准大气压力下的 e 值可查阅 GB 9995 附录 A(补充条件);

　　r——通入烘箱空气的相对湿度百分率;

　　G_0——非标准大气条件下测得的烘干重量,g;

　　G_s——标准大气条件下的烘干重量,g。

表 6-4　由纤维种类决定的常数

纤维种类	a 值	纤维种类	a 值
羊毛、黏胶纤维	0.5	锦纶、维纶	0.1
棉、苎麻、亚麻	0.3	涤纶	0

【例题】 羊毛纱在大气条件温度 $30℃$,相对湿度 80% 时称得烘干重量为 44.89g,烘前重量为 51.04g。求:在标准大气下的回潮率,并与未修正回潮率进行比较。

解:根据题意,查阅有关资料可得:

$$a = 0.5, e = 4240(\text{Pa})$$

由修正系数 C 值的计算公式得:

$$C = 0.5 \times (1 - 6.58 \times 10^{-4} \times 4240 \times 80\%) = -0.62\%$$

由标准大气条件下的烘干重量 G_s 计算公式得:

$$G_s = 44.89 \times (1 - 0.62\%) = 44.61(\text{g})$$

则标准大气下的回潮率为:

$$W_{标} = \frac{51.04 - 44.61}{44.61} \times 100\% = 14.4\%$$

未修正回潮率为:

$$W_{非} = \frac{51.04 - 44.89}{44.89} \times 100\% = 13.7\%$$

两者的绝对修正量为 14.4%−13.7%=0.7%。

第三节　织物长度、幅宽和密度的检验

一、机织物长度测定方法及原理

机织物长度是指一段织物两端最外边,保持整幅的纬纱线间的距离,若两端有另一种材料的纬纱则不计入长度。机织物长度测量方法分两种情况,其测量原理如下。

1. 方法一　整段织物能放在试验用标准大气中调湿的,在调湿后的织物上,标出用带刻度钢尺连续量出的片段,并标明记号,然后从各片段的长度得出织物的总长。

2. 方法二　整段织物不能放在试验用标准大气中调湿的,可使织物松弛后,在温湿度较稳定的普通大气中,依照方法一测量其段长,然后用一系数对段长加以修正。修正系数是在试验用标准大气中,对松弛织物的一部分作调湿后,测量长度,再计算得出,调湿的这一部分从整段中开剪或不开剪均可。

考虑到织物长度在织造、整理和存放过程中所产生的变形以及测量时织物含水率的影响,为了准确测量织物长度,在正式试验前应使织物松弛并予以调湿,测量最好在标准大气[温度(20±2)℃,相对湿度(65±2)%;在热带地区温度可以为(27±2)℃,但需经有关方面同意]中进行。测定时,对于全幅织物顺着离织物边1/4幅宽处的两条线进行测量,并作标记;若是对折织物,分别在织物的两半幅,各顺着织物边与折叠线间约1/2部位的线上进行测量,如果对折织物的全幅宽度窄于测定桌面,也可以把织物展开测量。根据测定结果作如下计算。

计算方法一　按规定测出的两个长度数据之平均值,即为该段织物的长度。

计算方法二

$$L_c = L_r \times \frac{L_{sc}}{L_s}$$

式中:L_c——调湿后的织物长度,cm;

　　　L_r——在普通大气中的织物长度(按方法一测定并计算),cm;

　　　L_{sc}——调湿后织物调湿部分所作标记间的平均距离,cm;

　　　L_s——调湿前松弛织物调湿部分所作标记间的平均距离,cm。

如果是工厂内部作常规试验时,可以在普通大气中对折叠形式的织物面进行长度测量和计算,匹长的计算方法如下:

$$匹长(m) = 折幅长度(m) \times 折数 + 不足1m的实际长度(m)$$

当公称匹长不超过120m时,均匀地量10处,以10次测量结果的平均值作为折幅长度(m)。

二、机织物幅宽的测定方法及原理

机织物幅宽是指织物最靠外的两边经纱线间与织物长度方向垂直的距离,其测定方法分以下两种情况。

1.方法一　整段织物能放在试验用标准大气中调湿的,在调湿后,用钢尺在机织物的不同点测量幅宽。

2.方法二　整段织物不能放在试验用标准大气中调湿的,可使织物松弛后,在温湿度较稳定的普通大气中,测量其幅宽(如方法一),然后用一系数对幅宽加以修正。修正系数是在试验用标准大气中,对松弛织物的一部分调湿后,测量幅宽,再计算得出。调湿时,这一部分从整段中开剪或不开剪均可。

幅宽测定与长度测定的试验用标准大气条件相同,试验尽可能在标准大气中进行,采用方法二测定织物幅宽的精确度不高。试验前应使织物松弛并予以调湿,测量时,长度超过5m的织物幅宽测量位置离织物头尾至少1m,测量次数不少于5次,以接近相等的距离(不超过1m)逐一测量;长度为0.5~5m的织物(样品),以相等的间隔测量4次,但第一个或最后一个测量位置不应在距离织物两端样品长度1/5的地方。根据测量结果按下面方法进行计算。

计算方法一　织物调湿处理后,按规定测出的各个幅宽数据平均值,即为该织物幅宽,并记录幅宽最大值和最小值。

计算方法二

$$W_c = W_r \times \frac{W_{sc}}{W_s}$$

$$W_m = W_{mr} \times \frac{W_{sc}}{W_s}$$

式中:W_c——调湿后织物幅宽,cm;

$\quad\ \ W_r$——织物松弛后的平均幅宽,cm;

$\quad\ \ W_{sc}$——调湿后织物标记处的平均幅宽,cm;

$\quad\ \ W_s$——调湿前织物标记处的平均幅宽,cm;

$\quad\ \ W_m$——调湿后织物的最大幅宽或最小幅宽,cm;

$\quad\ \ W_{mr}$——调湿前织物的最大幅宽或最小幅宽,cm。

如果工厂内部作常规试验,可在普通大气中进行幅宽测定,测量位置离织物头尾至少1m,用钢尺在织物上均匀地测量幅宽至少5次,以其平均值作为该段织物的幅宽。

三、机织物密度的测定

机织物密度分经密和纬密。经密(经纱密度)是指织物沿纬向单位长度内的经纱根数,纬密(纬纱密度)是指织物沿经向单位长度内的纬纱根数。织物密度测定方法主要有以下三种。

1.方法一　织物分解法,即按规定的试样尺寸分解织物,计数经纱或纬纱的根数。本试验方法适用于所有机织物,特别是复杂组织织物,当有争议的情况下,建议用此方法。检验时,被计数的纱线宜短,约2cm较为合适。

2.方法二　织物分析镜法,即测定在织物分析镜窗口内经纱或纬纱根数,本试验方法适用于每厘米纱线根数大于 50 根的织物。

3. 方法三 移动式织物密度镜法,即用移动式织物密度镜测定织物的经纱或纬纱根数,本试验方法可用于所有机织物。

除了上述三种织物密度测量方法之外,也可以用平行线光栅密度镜、斜线光栅密度镜和光电扫描密度仪测定机织物密度,但这些测量方法的测量精度低并有局限性,仅能快速地作粗略估计。

机织物密度测定必须在标准大气中进行,密度测量的最小测量距离应符合表 6-5 的规定,测定部位选择应具有充分代表性,经向或纬向均应不少于 5 个不同部位进行测定。

表 6-5 机织物密度测定的最小测量距离

每厘米 纱线根数	最小测 量距离(cm)	被测量的 纱线根数	精确度百分率 (计算到 0.5 根 纱线以内)	说明:对方法一,裁取至少含有 100 根纱 线的试样;对宽度只有 10cm 或更小的窄幅 织物,计数包括边纱在内的所有经纱;当织 物由纱线间隔疏密不同的大面积图案组成 时,选择的试样至少包含一个完全组织
<10	10	<100	>0.5	
10~25	5	50~125	1.0~0.4	
25~40	3	75~120	0.7~0.4	
>40	2	>80	<0.6	

第四节　织物单位长度质量和单位
面积质量的测定

织物单位长度质量和单位面积质量一般是指单位长度或单位面积内包含的含水量和非纤维物质等在内的织物单位质量。毛织物和丝织物单位面积质量通常以每平方米织物公定回潮率时的质量表示,并将织物偏离(主要为偏轻)于产品品种规格所规定质量的最大允许公差作为品等评定的指标之一。棉织物和麻织物单位面积质量多用每平方米织物的去边干重或退浆干重来表示,该指标虽未列入棉、麻织物的品等指标,但一直是考核棉、麻织物内在质量的重要参考指标。织物单位长度质量、单位面积质量的测定方法有以下三种。

1. 方法一 整段织物能在试验用标准大气中调湿的,在调湿后测定织物长度、幅宽和质量,计算出织物单位长度质量和单位面积质量。

2. 方法二 整段织物不能在试验用标准大气中调湿的,将织物在温湿度较稳定的普通大气中测定其单位长度质量和单位面积质量(同方法一),然后进行修正。

3. 方法三 当需要试验小样品时,先将小样品在试验用标准大气中调湿,然后按规定尺寸从小样品上裁取试样称重(一般为 5 块),计算单位面积质量。

单位长度、单位面积质量可用整段织物测定,也可以裁样测定。裁样测定包括取大样、预调湿、调湿平衡、裁样、称重和计算等试验过程。根据试验结果,按如下方法计算。

计算方法一

$$M_{u1} = \frac{M_c}{L_c}$$

$$M_{u2} = \frac{M_c}{L_c \times W_c}$$

式中:M_{u1} ——调湿后整段织物或样品的单位长度质量,g/m;

M_{u2} ——调湿后整段织物或样品的单位面积质量,g/m²;

L_c ——调湿后整段织物或样品的长度,m;

W_c ——调湿后整段织物或样品的幅宽,m;

M_c ——调湿后整段织物或样品的质量,g。

计算方法二

$$M_c = M_r \times \frac{M_{sc}}{M_s}$$

式中:M_c ——调湿后整段织物的质量,g;

M_r ——普通大气中整段织物的质量,g;

M_s ——普通大气中样品的质量,g;

M_{sc} ——调湿后样品的质量,g。

按上述公式计算得到经修正的调湿后整段织物的质量 $M_c(g)$ 之后,根据 M_c 值,再按公式计算出 M_{u1} 和 M_{u2} 值。

计算方法三

$$M_{ua} = M \times 100$$

式中:M_{ua} ——调湿后织物单位面积质量,g/m²;

M ——试样质量,g。小样面积为 0.01m²,即为 0.1m×0.1m 试样或 0.01m² 圆形试样。

如果在工厂内部作常规检测,可在织物上裁取 0.5m 全幅试样一块,去边(2cm 左右)、修剪、平整后,在其中间及两边(距布边 10cm)共三处,测量长度与幅宽(精确至 0.1cm),求出平均值。然后,将试样称重(精确至 0.01g)。另取 10cm 长的整幅织物条,测定其回潮率。单位面积织物干燥质量的计算公式如下:

$$G = \frac{g \times 1000}{L \times B \times (1 - W)}$$

式中:G ——干燥织物单位面积质量,g/m²;

L ——试样长度,cm;

B ——试样宽度,cm;

W ——织物试样回潮率。

第五节 织物尺寸变化的测定

织物尺寸变化多数表现为织物经冷水浸渍、洗涤(干洗或水洗)、干燥、熨烫等处理后产生"收缩"现象,这是由于水、热、机械力等外界因素对织物综合作用的结果。不同类型织物经不同处理后所发生的尺寸变化程度有很大差异,如果织物的尺寸变化过大,这将引起消费者的不满,甚至造成质量投诉。因此,绝大多数的织物成品和服装产品标准都把尺寸变化列入品质评定的考核指标。在纺织品质量检验过程中,应根据不同的纤维种类和产品用途,并根据用户要求,选择与之相适应的试验和测量方法。

一、测定尺寸变化的试验中织物试样的准备、标记及测量

(一)选样规定

测定织物尺寸变化时,试样的选择应尽可能代表样品,并要有充分的试样代表整个织物的幅宽,但不可取布端1m以内的织物为试样。

(二)尺寸规定

应裁取无折皱的试样,每块试样尺寸不小于500mm×500mm,各边应分别与织物长度和宽度方向相平行。如果幅宽小于650mm,经有关当事方协商,可采用全幅试样进行试验。

如果织物边缘在试验中可能脱散,应使用尺寸稳定的缝线对试样锁边。筒状纬编织物为双层,其边缘需用尺寸稳定的缝线以疏松的针迹缝合。

(三)作标记

将试样置于测量台上,用适当的工具(如不褪色的墨水或织物标记打印器、与织物颜色对比悬殊的细线、加热金属丝和订书钉等)在织物长度和幅宽两个方向,至少各作三对标记。每对的两个标记之间距离不小于350mm,且标记距试样边不小于50mm,各对标记相互均匀分开,以使测量值能代表整块试样。根据不同幅宽的织物,可选择不同标记方法,其测量点标记见图6-2。

(四)调湿和测量用标准大气

测量织物尺寸变化时,预调湿的相对湿度为10%~25%,温度不超过50℃。调湿和测量的标准大气条件为温度(20±2)℃,相对湿度(65±2)%。

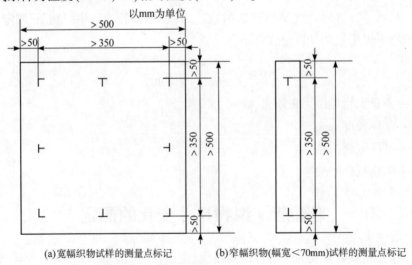

(a)宽幅织物试样的测量点标记　　(b)窄幅织物(幅宽<70mm)试样的测量点标记

图6-2

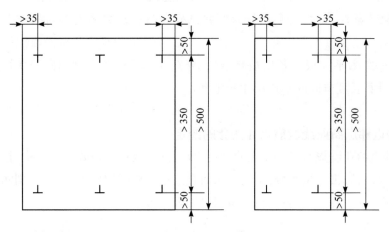

(c)幅宽250～500mm的织物试样测量点标记　　(d)幅宽70～250mm的织物试样测量点标记

图6-2　不同幅宽织物试样的测量点标记

(五)试样的处理和测量

试样经预调温和调湿平衡之后,用尺准确测量各对标记之间的距离,然后按所需的测试方法对试样进行处理(试验程序及条件按有关试验方法标准或贸易双方协定的规定执行)。将处理后的试样再进行预调湿、调温之后,再次测量各对标记间距离,或者用尺寸变化率专用量尺测量各对标记之间的距离,直接读取尺寸变化率。根据试验结果,分别计算织物长度方向和宽度方向的尺寸变化率,并以各次测量结果平均值表示。尺寸变化率以正号(+)表示伸长,负号(-)表示收缩。

二、织物因冷水浸渍而引起的尺寸变化的检测

织物因冷水浸渍而引起的尺寸变化的测定原理:从样品上裁取的试样,经调湿后在规定条件下测量,浸渍、干燥后重新调湿并测量,由长度或宽度方向的原始尺寸和最终尺寸的平均值计算尺寸变化。整个试验过程包括以下几项。

1.取样　按规定方法选取织物试样,宽幅织物至少测试一块试样,窄幅织物至少测试三块试样。

2.作试样标记　根据不同类型的织物,可选择不同标记方法。

3.调湿　在纺织用标准大气中调湿,至少12h。

4.测量并记录原始尺寸　测量、记录各对试样标记之间距离,即原始尺寸。

5.冷水浸渍　对调湿后的织物试样,将其平放在盛水的盘或容器中浸渍2h,水温15～20℃,液面高于试样至少25mm,水中加有0.5g/L高效润湿剂,水为软水或硬度低于十万分之五碳酸钙的硬水,并按每十万分之一碳酸钙加入0.08g/L的比例加入六偏磷酸钠。2h后放尽水,取出试样,除去过量的水,将试样放置在光滑平面上干燥[温度为(20±5)℃]。

6. 重新调湿　将织物试样在纺织用标准大气中重新调湿,直至达到平衡。

7. 测量并记录最终尺寸　测量、记录织物试样经过处理之后的各对标记点之间的距离,即最终尺寸。

8. 计算尺寸变化率　根据各次观测结果,分别计算长度和宽度方向的平均尺寸变化率,窄幅织物仅计算长度方向的平均尺寸变化率。

三、机织物近沸点商业洗烫后尺寸变化的测定

机织物近沸点商业洗烫后尺寸变化的测定原理:试样放在转鼓式洗衣机中,按规定的条件进行洗涤;洗涤后,脱去多余水分,不经预烘而直接在平板压烫机上烫干;分别测量洗烫前后试样经向和纬向标记点之间的距离;试验程序见表6-6。

表6-6　近沸点商业洗烫的试验程序

程序编号	总装布量（kg）	进水		洗涤			漂洗1					漂洗2					冷却（min）	脱水（min）
		水位（cm）	时间（min）	温度（℃）		时间（min）	排水	水位（cm）	温度（℃）	升温时间（min）	清洗时间（min）	排水	水位（cm）	温度（℃）	升温时间（min）	清洗时间（min）	排水		
				开始	结束														
1	1.4	23	<4	95	80	40	要	23	60	2	5	要	23	60	2	10	要	5	2
2	1.4	23	<4	60	45	40	要	23	40	2	5	要	23	40	2	10	要	5	2
3	1.4	23	<4	40	25	40	要	23	40	2	5	要	23	40	2	10	要	5	2

　　注　1. 脱水时间视织物变化,脱至含水率为 50%～100%。

　　　　2. 洗涤溶液由 0.5kg 符合规格要求的皂片溶于 4L 热水配制而成,或使用符合 GB 8629 附录 A(补充件)规定的标准洗涤剂。

适合于此项试验的织物试样面积不小于 60cm×60cm,最好取全幅 60cm。试样按规定选取后,作试样标记,然后将试样置于标准大气中调湿(必要时,要进行预调湿),测量并记录各对标记点之间的距离(原始尺寸)。此后,试验方法如下。

1. 洗涤和清洗　将一块或多块试样分别揉成球状放入到符合试验要求的洗衣机中,加入足够的陪试布使装布量达到规定要求(如 1.4kg)。启动试验机器,并按商业洗涤程序进行试验。

2. 脱水　脱水可在机内直接进行,或用多孔网篮式商业用离心脱水机或相应装置脱水,使织物含水率(对干态织物质量比)控制在 50%～100% 范围之内。

3. 熨烫　用平板压烫机将织物试样烫平。熨烫温度为 (150±15)℃,最小压力为 3.0kPa。

4. 测量　将烫干的织物试样重新调湿平衡后,测量各标记点之间距离(最终尺寸)。

5. 计算　分别计算经向和纬向尺寸变化的平均值。

四、织物经汽蒸后尺寸变化的检验方法

为了测定机织物、针织物以及经汽蒸处理尺寸易变化的织物在汽蒸处理后的尺寸变化，可根据测试织物在不受压力情况下受蒸汽作用后的尺寸变化(假定该尺寸变化与织物在湿处理中的湿膨胀和毡化收缩无关)加以评判，其检验方法如下。

1. 设备与用具 套筒式汽蒸仪，针线、订书钉或墨水，毫米刻度尺。

2. 标准大气 预调湿，调湿和试验用标准大气按 GB 6529《纺织用标准大气条件》有关规定。

3. 试样 按经向和纬向各取 4 条具有代表性试样(不应含明显疵点)，尺寸为长 300mm，宽 50mm。试样经预调湿 4h 后，置于试验用标准大气(二级标准)中调湿 24h。在试样上相距 250mm 处两端对称地各作一个标记。量取标记间的距离作为汽蒸前的长度。

4. 试验 将调湿后的试样按试验标准的规定放入到套筒式汽蒸仪中汽蒸，共进行三次循环。试验结束后，试样再次进行预调湿，并测量汽蒸后试样标记间的距离(汽蒸后长度)，按下面公式可以计算出汽蒸收缩率：

$$汽蒸收缩率 = \frac{汽蒸前长度 - 汽蒸后长度}{汽蒸前长度} \times 100\%$$

第六节 织物力学性能试验方法

织物力学性能试验包括拉伸强力试验、顶破强力试验、撕破强力试验和耐磨性试验等试验方法，其试验结果是评定织物内在质量优劣的重要依据之一。

一、机织物拉伸断裂强力的测定

机织物断裂强力测定方法主要有两种：一种是条样法，即试样的整个宽度都被夹持在夹钳内的断裂强力试验方法；另一种是抓样法，即仅是试样宽度的中央部分被夹头所夹的一种断裂强力的试验方法。

测定原理：由适宜的机械方法对试样给予逐步增加的拉力，直至在规定时间限度内发生断裂，并测示断裂点的最大拉力。试验时，试样的平均断裂时间规定为(20±3)s，毛纺织物(纯纺、混纺)试样的平均断裂时间规定为(30±5)s。

机织物断裂强力试样的剪取方法有两种：即梯形法(甲法)和平行法(乙法)，一般情况下采用平行法取样，如果在仲裁检验时可采用梯形法取样，它们的裁剪图见图 6-3，试样数量为经、纬向各 5 条。

对于条样法，一般织物的长度应能满足名义夹持长度达到 200mm，断裂伸长率大于 75%的织物可减为 100mm，毛纺织物(纯纺、混纺)的试样长度应能满足名义夹持长度达到 100mm(必要时仍可采用 200mm)，拉去边纱后的试样宽度为 50mm，如果做湿态试验，其试样长度至少是干态试验的 2 倍。

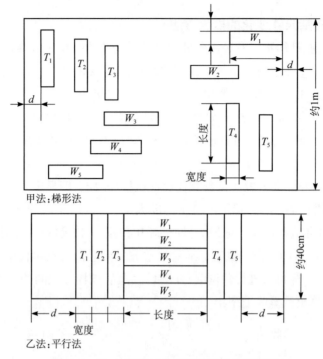

图 6-3 甲、乙两种试样剪取方法的裁剪例图

对于抓样法,试样长度至少为 150mm,每个试样宽度应为(100±2)mm,要做湿态试验的,其试样长度至少为干态试验的 2 倍。

干态试验的织物试样在正式试验之前应按规定进行调湿,试验应在标准大气中进行,非标准试验可采用标准回潮率的换算方法。预加张力与织物单位面积质量(g/m²)有关,按表 6-7 的规定。湿态试验的试样应放在温度为 17~30℃的蒸馏水或去离子水中润湿。

表 6-7 预加张力

单位面积质量(g/m²)	150 及以下	150~500	500 以上
预加张力(N)	2	5	10

二、织物顶破强力的测定——钢球法

对服装、手套、袜子、鞋面、针织物等纺织品可采用钢球式顶破强力机进行顶破强力试验。钢球式顶破强力试验机的测定机构如图 6-4 所示,当支架 2 下降时,钢球 5 与织物试样 3 接触,直至将试样顶破,并显示顶破强力(N)值。

试样尺寸应满足大于环形夹持装置的面积,试样数量至少 5 块。试样经调湿后,置于专用夹持器内,然后在试验机上进行测定。试验应在标准大气中进行,由各次观测结果求其平均值作为顶破强力(N)值。

三、撕破强力测定

(一)织物单舌法撕破强力的测定

单舌法撕破强力测定方法适用于各种机织物和撕裂方向有规则的非织造织物(针织物和毡例外),该试验结果除与织物坚韧性有关之外,还与织物内纱线之间的摩擦阻力有密切关系,它能反映不同染整加工、不同织物组织结构所致的抗撕性能变化。

单舌法条形试样如图6-5所示,其测定原理是:在一块矩形试样的短边中心,开剪一个一定长度的切口,使试样形成两舌片,并将此两舌片分别夹于强力试验机的上、下夹钳之间,再用强力试验机牵引,以测定织物的抗撕能力。

单舌法撕破强力一般测试经、纬向各5条试样,条形试样按梯形裁样法裁取,其尺寸如图6-5所示。一般织物的尺寸为50mm×200mm,毛织物为75mm×200mm,也可根据双方约定尺寸裁取。

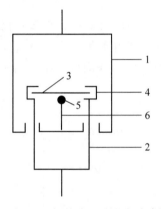

图6-4 钢球式顶破强力试验机

1,2—支架 3—试样 4—夹头

5—钢球 6—顶杆

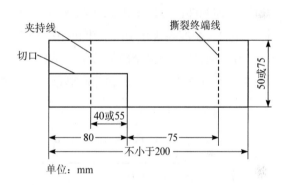

图6-5 单舌法条形试样

试验时,把剪裁后的样品画好夹持线,剪开切口。试样经调湿后,将试样的两舌片分别夹紧于强力试验机的上、下夹钳中,钳口间距离为75mm或100mm。启动试验机,下夹钳逐渐下降,直至撕裂长度达到75mm为止,最终由试验机的记录装置绘出撕裂负荷——伸长曲线。试验应在标准大气中进行,根据各次试验结果计算织物经、纬向平均撕破强力,即以最高强力平均值(N)或五峰平均值(N)表示。

(二)织物梯形法撕破强力的测定

梯形法撕破强力试验方法主要适用于各种机织物和某些轻薄型非织造织物,但针织物不适用。梯形法撕破强力测定原理:将有梯形夹持线印记的条形试样在梯形短边正中部位,先开剪一条一定长度的切口,然后将试样沿夹持线夹于强力试验机的上下夹钳口中,随着强力试验机下夹钳逐步下降,试样短边处的各根纱线首先开始相继受力,并沿切口线向梯形的长边方向渐次传递受力而断裂,直至试样全部撕破。

试验时,先抽取一块具有代表性的织物样品,并按梯形裁样法剪取经、纬向各5块条形试样,条形试样尺寸如图6-6所示。裁取的试样画好夹持线,剪开切口,经调湿后,将试样按规定放入强力试验机上下夹钳内,夹钳口间的距离为100mm,钳口线与夹持线相吻合。开机试验后,可读取最高撕破强力值。试验应在标准大气中进行,并根据各次试验结果(经、纬向各测5次),分别计算样品经向、纬向的平均撕破强力(N)。

(三)织物落锤法撕破强力试验方法

落锤法撕破强力试验方法可适用于各种机织物和撕破方向有规则的非织造织物,该试验结果与织物的坚韧性和织物内纱线之间的摩擦阻力有关,也能够反映不同染整加工工艺和不同织物组织结构引起的抗撕性能变化。

落锤法撕破强力测试的原理:一块矩形试样,夹紧于落锤式撕破强力仪(Elmendorf)的动夹钳和固定夹钳之间,试样中间剪开一个切口,利用扇形锤下落,动夹钳和固定夹钳迅速分离,使试样受到撕裂,此试验方法属于快速的单舌法撕破强力试验方法。

试验时,先剪取具有代表性的织物样品(每匹剪取约40cm),矩形试样按阶梯形裁样法裁取,经向和纬向各取5块,矩形试样尺寸如图6-7所示。试样经调湿后,按规定操作方法将试样的一端准确地置于两夹钳正中的底部位并夹紧,随即用开剪器剪一个20mm长的切口,开机试验后可测得撕破强力值。试验应在标准大气中进行,并根据经、纬向的各次观测值,可分别计算出样品经向和纬向撕破强力平均值(N)。

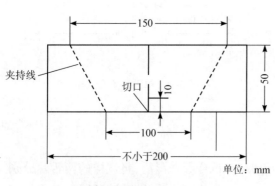

图6-6 梯形法试样尺寸

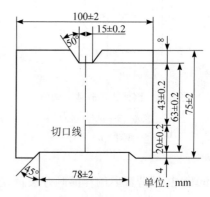

图6-7 落锤法试样尺寸

四、织物耐磨性试验方法——马丁代尔(Martindale)法

毛及毛混纺机织物和针织物的耐磨性试验采用马丁代尔法,其测试原理是:将圆形试样在一定压力下与标准磨料按"李莎茹曲线"的运动轨迹进行互相磨损,导致试样破损。试验用标准磨料是一种羊毛制成的精梳平纹织物,其规格如表6-8所示。试样为从样品不同部位剪取的直径为38mm的代表性试样,共计4块。试验前,先将裁取的圆形试样与试验用的辅料一道进行调湿,试验在标准大气中进行。试样荷重的规定是:服装类为595g/m²,装饰用织物为794g/m²。

毛织物耐磨试验终止界限的确定方法是:机织物以两根或两根以上非相邻纱线被磨断,

针织物以被磨至一破洞为止,如果试样颜色被磨褪或其外表变形足以引起消费者抱怨时,亦可算试验达到终止,颜色被磨褪的程度可以用色牢度标准灰色褪色卡对比,达到3级为试验终止。

与试样进行摩擦的、直径或边长至少140mm的机织平纹毛织物,符合表6-8的要求。涂层织物磨料采用No.600水砂纸。

表6-8 羊毛磨料织物性能要求

性 能	要 求		试验方法
	经 纱	纬 纱	
纤维平均直径(μm)	27.5±2.0	29.0±2.0	GB/T 10685
纱线线密度(tex)	$R(63\pm4)/2$	$R(74\pm4)/2$	GB/T 4743
单纱捻度("Z"捻)(捻/m)	540±20	500±20	GB/T 2543.1
股线捻度("S"捻)(捻/m)	450±20	350±20	GB/T 2543.1
织物密度(根/10cm)	175±10	135±8	GB/T 4668
单位面积质量(g/m²)	215±10		GB/T 4669
含油率(%)	0.8±0.3		FZ/T 20018

第七节 纺织品色牢度试验方法

印染纺织品在其使用过程中将会受到光照、洗涤、熨烫、汗渍、摩擦、化学药剂等各种外界因素的作用,有些印染纺织品还将经过特殊的加工整理(如树脂整理、阻燃整理、砂洗、磨毛等),这就要求印染纺织品的色泽相对保持一定牢度。通常,我们把印染纺织品经受外界作用而能保持其原来色泽的性能称为色牢度。另外,在纺织品印染加工过程中,由于各种因素的作用,同样也会使纺织品的色泽产生变异。纺织品的色牢度及色差评定与试验方法有关,这就需要在统一试验方法的基础才能作出正确判定。

一、CIE 1976LAB 公式评级范围

GB/T 8424.1等效采用国际标准ISO 105/J01《表面颜色的测定通则》,该试验方法选自国际照明委员会CIE 1976年推荐的CIELAB方法,这一方法最适用于纺织工业表示纺织品试样的颜色或定量表示两个试样间色差的大小。应用分光光度计或三刺激值测色仪可测得标样和试样的三刺激值X、Y、Z,再根据CIE出版物第15.2号所给出的公式,可把这些值转换成L^*、a^*、b^*值(如果X/X_n、Y/Y_n、Z/Z_n三项比值中有一项等于或小于0.008856时,则要用该出版物附录中公式)。L^*、a^*、b^*值的计算公式为:

$$L^* = 116(Y/Y_n)^{\frac{1}{3}} - 16$$

$$a^* = 500\left[(X/X_n)^{\frac{1}{3}} - (Y/Y_n)^{\frac{1}{3}}\right]$$

$$b^* = 200\left[(Y/Y_n)^{\frac{1}{3}} - (Z/Z_n)^{\frac{1}{3}}\right]$$

式中：X_n，Y_n 和 Z_n——D_{65} 光源 10°视场三刺激值，其值分别为：

$$X_n = 94.811，Y_n = 100.000，Z_n = 107.304$$

应用 CIE 出版物第 12.5 号所给的公式，将标样和试样的 L^*、a^*、b^* 三项数值用以计算 CIELAB 为单位表示的色差值，即：

$$\Delta E_{Lab}^* = \left[(\Delta L^*)^2 + (\Delta a^*)^2 + (\Delta b^*)\right]^{\frac{1}{2}}$$

CIELAB 公式评级范围见表 6-9。

表 6-9　CIELAB 公式评级范围

色牢度沾色评级		色牢度变色评级	
ΔE	评 级	ΔE	评 级
≤36.2	1	≤13.6	1
≤30.4	1~2	≤11.6	1~2
≤21.9	2	≤8.2	2
≤15.9	2~3	≤5.0	2~3
≤10.9	3	≤4.1	3
≤7.9	3~4	≤3.0	3~4
≤5.9	4	≤2.1	4
≤3.4	4~5	≤1.3	4~5
≤1.15	5	≤0.4	5

二、灰色样卡和蓝色羊毛标准

灰色样卡又称灰色分级卡，它是对印染纺织品染色牢度进行评定时，用作对比的灰色标准样卡，灰色样卡包括变色样卡和沾色样卡。蓝色羊毛标准是评定印染纺织品耐日晒、耐气候牢度时，用作对比的一套可表示八级不同褪色程度的蓝色毛织物标准。

(一)评定变色用灰色样卡

评定变色用灰色样卡亦称变色样卡，它是对印染纺织品染色牢度进行评定时，用作试样变色程度对比标准的灰色样卡。其组成特点是：基本灰卡由五对无光的灰色小片(纸片或布片)所组成，根据可分辨的色差分为五个牢度等级，即 5，4，3，2，1，若在两个级别中再补充半级，即 4~5，3~4，2~3，1~2，就扩大成为九级灰卡；每对的第一组成均是中性灰色，仅是牢度等级 5 的第二组成与第一组成相一致，其他各对的第二组成在色泽上依次变浅，而色差则逐级增大。各级色差在规定条件下均经过色度计测定，每对第二组成与第一组成的色差如表 6-10 所示。

表 6-10　变色样卡每对第二组成与第一组成的色差规定

牢度级别	CIELAB 色差	容　差	说　　明
5	0	0.2	
(4~5)	0.8	±0.3	
4	1.7	±0.3	1. 纸片、布片应是白色或中性灰颜色,并应用附有镜面组件的分光光度计加以测定,色度数据以 CIE 1964 补充标准色度系统(10°视场)和 D_{65} 光源加以计算
(3~4)	2.5	±0.35	
3	3.4	±0.4	
(2~3)	4.8	±0.5	2. 每对第一组成的三刺激值 Y 应为 12±1
2	6.8	±0.6	3. 括号内数值仅用于九级灰卡
(1~2)	9.6	±0.7	
1	13.6	±1.0	

(二)评定沾色用灰色样卡

评定沾色用灰色样卡称沾色样卡,它是对印染纺织品染色牢度进行评定时,用作贴衬织物沾色程度对比标准的灰色样卡,其组成特点是:基本灰卡由五对无光的灰色或白色小片(纸片或布片)所组成,根据可分辨的色差分为五个牢度等级,即 5、4、3、2、1,在每两个级别中再补充半级,即 4~5、3~4、2~3、1~2,就扩大成为九级灰卡。每对的第一组成均是白色,仅是牢度等级 5 的第二组成与第一组成相一致,其他各对的第二组成在色泽上依次变深,而色差则逐级增大。各级色差均经色差色度计测定,每对第二组成与第一组成的色差规定如表 6-11 所示。

表 6-11　沾色灰卡每对第二组成与第一组成的色差规定

牢度级别	CIELAB 色差	容　差	说　　明
5	0	0.2	
(4~5)	2.2	±0.3	
4	4.3	±0.3	1. 纸片、布片应是白色或中性灰颜色,并应用附有镜面组件的分光光度计加以测定,色度数据以 CIE 1964 补充标准色度系统(10°视场)和 D_{65} 光源加以计算
(3~4)	6.0	±0.4	
3	8.5	±0.5	
(2~3)	12.0	±0.7	2. 每对第一组成的三刺激值 Y 不应低于 85
2	16.9	±1.0	3. 括号内数值仅用于九级灰卡
(1~2)	24.0	±1.5	
1	34.1	±2.0	

(三)日晒牢度蓝色标准

日晒牢度蓝色标准简称蓝色标准,标样以规定深度的八种染料染于羊毛织物上制成,共分为八级,即 8,7,6,5,4,3,2 和 1 级,代表八种日晒牢度等级。当八级标准同时在天然日光或人工光源中曝晒时,能形成八种不同褪色程度,1 级褪色程度最严重,表示日晒牢度最差,2 级次之……8 级则不褪色,表示日晒牢度最好。

三、纺织品耐摩擦色牢度试验方法

要评定纺织品耐干、湿摩擦色牢度,可将试样用干、湿布摩擦,并用灰色样卡评定摩擦布的沾色。如果试样是织物,应按规定剪取面积不小于 20cm×5cm 的试样至少两块(经、纬向各一块),每块试样一边为干摩擦用,另一边为湿摩擦用。如果试样不能包括全部色泽或干、湿摩擦不在同一色位上,则需要增加试样块数。如果试样为纱线时,需编成织物,面积不小于 20cm×5cm,或者将纱线按长度方向均衡地绕在适当尺寸的矩形硬纸板上,制成一薄层,一边做干摩擦,一边做湿摩擦。

干摩擦和湿摩擦试验在摩擦色牢度试验机上进行,摩擦用布应符合规定,通常为退浆、漂白、不含整理剂的棉布,尺寸为 5cm×5cm 方块。

干摩擦试验——将试样平放在摩擦色牢度试验机测试台的衬垫物上,两端以夹持器固定,然后将干的摩擦布固定在摩擦头上,使摩擦布的经、纬纱方向与试样的经、纬纱方向相交成 45°。开机后,摩擦头在试样上沿 10cm 长的轨迹作往复直线摩擦(共 10 次),每一次往复时间为 1s,摩擦头向下压力为 9N,分别试验试样经向和纬向。试样和摩擦布在标准大气中调湿,试验应在标准大气中进行。

湿摩擦试验——按规定方法将干摩擦布润湿成湿摩擦布(含水率达到 95%~105%),其他操作程序与干摩擦试验基本相同。摩擦试验后,将湿摩擦布放在室温下干燥。

在干、湿摩擦过程中,如有染色纤维被带出,而留在摩擦布上,则必须用毛刷把它去除,最终用灰色样卡评定摩擦布的沾色,对于干摩擦和湿摩擦分别以经、纬向沾色较重的级数评出试样最后牢度等级。

四、纺织品耐洗色牢度检验方法

(一)检验原理

对于纺织材料和纺织品耐洗色牢度试验,包括从温和到剧烈的洗涤操作范围,可以将试样与规定的贴衬织物缝合在一起(制成组合试样)放在试液中,在规定的时间与温度下,经机械搅拌、清洗、干燥程序,最后用灰色样卡评定试样的变色和贴衬织物的沾色。

(二)试剂和贴衬织物的规定

耐洗色牢度试验可采用试剂一:皂片,含水率不超过 5%;或采用试剂二:合成洗涤剂,无水碳酸钠(化学纯)。使用的贴衬织物需两块,每块尺寸为 10cm×4cm,第一块用试样的同样纤维制成,第二块由表 6-12 所规定的纤维制成。如果试样是混纺或交织品,则第一块为主要含量的纤维制成,第二块为次要含量的纤维制成。

表 6-12 耐洗色牢度试验用贴衬织物

第一块贴衬织物	第二块贴衬织物		
	方法一、二、三	方法四	方法五
棉	羊毛	黏胶纤维	黏胶纤维
羊毛	棉	—	—
丝	棉	棉	—
亚麻	棉	棉或黏胶纤维	棉或黏胶纤维
黏胶纤维	羊毛	棉	棉
醋酯纤维	黏胶纤维	黏胶纤维	—
聚酰胺纤维	羊毛或黏胶纤维	棉或黏胶纤维	棉或黏胶纤维
聚酯纤维	羊毛或棉	棉或黏胶纤维	棉或黏胶纤维
聚丙烯腈纤维	羊毛或棉	棉或黏胶纤维	棉或黏胶纤维

(三)试样

如果是织物试样,取 10cm×4cm 试样一块,将它放在两块贴衬织物之间,并沿四周缝合,制成一组合试样。如果试样是纱线,将它编成织物,可以按织物试样处理,或者以平行长度组成一薄层,夹在两块贴衬织物之间,纱线用量约为两块贴衬织物重量的一半,沿四周缝合,将纱线固定,制成一组合试样。如果试样是纤维,取重量约为两块贴衬织物的一半,将它梳、压成 10cm×4cm 的薄片,夹在两块贴衬织物之间,沿四周缝合,使纤维固定,制成一组合试样。

(四)试验与结果分析

根据实际试验要求,选定合适的试验方法,其对应的试剂配方和试验条件见表 6-13。

试验在装有两根旋转轴杆的水浴锅内进行,试验结束后,对试样的变色和每种贴衬的沾色,用灰色卡评出试样的变色级数和贴衬织物与试样接触一面的沾色级数。

表 6-13 纺织品耐洗色牢度试验方法、试剂配方和试验条件

配方与条件	试剂配方一		试剂配方二		试验条件		
	皂片（g/L）	无水碳酸钠（g/L）	合成洗涤剂（g/L）	无水碳酸钠（g/L）	时间（min）	温度（℃）	钢球（粒）
方法一	5	—	4	—	30	40	—
方法二	5	—	4	—	45	50	—
方法三	5	2	4	1	30	60	—
方法四	5	2	4	1	30	95	10
方法五	5	2	4	1	240	95	10

五、纺织品耐汗渍色牢度试验

(一)试验原理

为了测定纺织材料和纺织品的耐汗渍色牢度,可以将纺织品试样与规定的贴衬织物缝合在一起,放在含有组氨酸的两种不同试液中,分别处理后,去除试液,放在试验装置内两块具有规定压力的平板之间,然后将试样和贴衬织物分别干燥,用灰色卡评定试样的变色和贴衬织物的沾色。

(二)试剂和贴衬

试验用试剂分碱液和酸液两种类型。碱液每升含:L-组氨酸盐酸盐水合物 0.5g,氯化钠 5g,磷酸氢二钠十二水合物 5g 或磷酸氢二钠二水合物 2.5g,用 0.1N 氢氧化钠溶液调整试剂 pH 至 8。

酸液每升含:L-组氨酸盐酸盐水合物 0.5g,氯化钠 5g,磷酸二氢钠二水合物 2.2g;用 0.1N 氢氧化钠溶液调整试液 pH 至 5.5。

试验用贴衬织物,每个组合试样需两块贴衬织物,尺寸为 10cm×4cm,第一块用试样的同类纤维制成,第二块由表 6-14 规定的纤维制成;如果试样是混纺或交织品,则第一块用主要含量的纤维制成,第二块用次要含量的纤维制成。

表 6-14　耐汗渍色牢度试验用贴衬织物

第一块贴衬织物	第二块贴衬织物	第一块贴衬织物	第二块贴衬织物
棉	羊毛	醋酯纤维	黏胶纤维
羊毛	棉	聚酰胺纤维	羊毛或黏胶纤维
丝	棉	聚酯纤维	羊毛或棉
麻	羊毛	聚丙烯腈纤维	羊毛或棉
黏胶纤维	羊毛		

(三)试样

纺织品耐汗渍色牢度试验用的组合试样制作方法与耐洗色牢度组合试样制作方法基本相同,整个试验需要 2 个组合试样。

(四)试验与结果分析

按规定要求配制酸、碱试液(模拟酸汗和碱汗),在浴比为 50∶1 的酸、碱试液里分别放入一块组合试样,使其完全润湿,然后在室温下放置 30min,必要时可稍加揿压和拨动,以保证试液能良好而均匀渗透。取出试样,倒去残液,去除组合试样上过多的试液,将试样夹在两块试样板中间,用同样的操作步骤放好其他组合试样,并使试样受压 12.5kPa,碱和酸的仪器应分开。把带有组合试样的酸、碱两组仪器放在恒温箱内,在(37±2)℃温度下放置 4h 后,取出试样,拆去所有缝线,展开试样并悬挂在温度不超过 60℃的空气里干燥。最终,用灰色卡评出每一试样的变色级数和贴衬织物与试样接触一面的沾色级数。

六、纺织品耐唾液色牢度实验

1. 实验原理　为了测量纺织材料和纺织品的耐唾液色牢度,将试样与规定的贴衬织物贴合在一起,于人造唾液中处理后去除试液,放在试验装置内两块平板之间并施加规定压力,然后将试样和贴衬织物分别干燥,用灰色样卡评定试样的变色和贴衬织物的沾色。

2. 试液和贴衬　试液用三级水配制,现配现用。每升溶液中含:乳酸 3.0g、尿素 0.2g、氯化钠 4.5g、氧化钾 0.3g、硫酸钠 0.3g、氯化铵 0.4g。

贴衬织物:每个组合试样需两块单纤维贴衬织物或一块多纤维贴衬织物,每块尺寸为10cm×4cm。如使用单纤维贴衬,第一块用试样的同类纤维制成,第二块则由表 6-15 规定的纤维制成。如试样为混纺或交织品,则第一块用主要含量的纤维制成,第二块用次要含量的纤维制成,使用的贴衬织物的规格应符合 GB 7564~GB 7568 和 GB 11404 的规定。

表 6-15　贴衬织物的选用

第一块贴衬织物	第二块贴衬织物	第一块贴衬织物	第二块贴衬织物
棉	羊毛	醋酯纤维	黏胶纤维
羊毛	棉	聚酰胺纤维	羊毛或粘纤
丝	棉	聚酯纤维	羊毛或棉
麻	羊毛	聚丙烯腈纤维	羊毛或棉
黏胶纤维	羊毛	聚丙烯腈纤维	羊毛或棉

3. 试样　织物:取 10cm×4cm 试样一块,夹在两块贴衬织物之间,或与一块多纤维贴衬织物相贴合并沿一短边缝合,形成一个组合试样。印花织物试验时,正面与两贴衬织物每块的一半相接触,剪下其余一半,交叉覆于背面,缝合二短边。或与一块多纤维贴衬织物相贴合,缝一短边。如不能包括全部颜色,需用多个组合试样。纱线或散纤维:取质量约为贴衬织物总质量的一半夹于两块单纤维贴衬织物之间,或夹于一块 10cm×4cm 多纤维贴衬织物和一块同尺寸但染不上色的织物之间缝四边。

4. 试液配制　试液用二级水配制,现配现用。每升溶液中含:乳酸 3.0 g、尿素 0.2g、氯化钠 4.5g、氧化钾 0.3g、硫酸钠 0.3g、氯化铵 0.4g。

5. 实验与结果分析　在浴比 50∶1 的人造唾液里放入一块组合试样,使其完全润湿,然后在室温下放置 30min,必要时可稍加按压和搅动,以保证试液能良好而均匀地渗透。取出试样,倒去残液,用两根玻璃棒夹去组合试样上过多的试液,或把组合试样放在试样板上,用另一块试样板刮去过多的试液,将试样夹在两块试样板中间。然后使试样受压 12.5kPa。把带有组合试样的仪器放在恒温箱里,在 37℃±2℃ 的温度下放置 4h。拆去组合试样上除一条短边外的所有缝线,展开组合试样,悬挂在温度不超过 60℃ 的空气中干燥。用灰色样卡评定试样的变色和贴衬织物与试样接触一面的沾色。

七、纺织品耐热压(熨烫)色牢度试验

对于纺织材料和纺织品的颜色耐热压(熨烫)及热滚筒加工的能力,可根据最终用途的要求,在干、湿、潮的状态下进行热压试验。

1. 干压　将干试样在规定温度和规定压力的加热装置下受压一定时间。

2. 潮压　在干试样的上面覆盖一块湿的棉贴衬,在规定温度和规定压力的加热装置下受压一定时间。

3. 湿压　在湿试样的上面覆盖一块湿的棉贴衬,在规定温度和规定压力的加热装置下受压一定时间。

试验温度可选择(110±2)℃、(150±2)℃和(200±2)℃,必要时也可以用其他温度。对已经受过任何加热及干燥处理的样品,试验前应在标准大气中予以调湿。对于干压试验,把干试样正面向上放在衬垫的棉布上,放下加热装置的上平板,在规定温度下使试样受压15s。对于潮压试验,在干试样正面向上放在衬垫棉布上,将一块棉贴衬织物经浸压蒸馏水,使它含有自身质量的水分,把这块湿贴衬织物放在干试样上面,放下加热装置的上平板,在规定温度下使试样受压15s。

对于湿压试验,把试样和一块棉贴衬织物经浸压蒸馏水,使它们含有自身质量的水分,把湿试样正面向上,再覆盖上湿贴衬织物,放在衬垫的棉布上,放下加热装置的上平板,在规定温度下使试样受压15s。

热压后,立即用评定变色用灰色样卡评定试样的变色情况,并在试验用标准大气中调整4h后再作一次评定;用评定沾色用灰色样卡评定棉贴衬织物的沾色(要用棉贴衬织物沾色较重的一面作评定)。

八、纺织品耐气候色牢度试验——室外曝晒法

为了评价除散纤维外的各类纺织品的颜色耐室外曝晒气候作用的能力,可将纺织品试样在不加任何保护的特定条件下进行露天曝晒,同时在同一地点将蓝色羊毛标准放在玻璃罩下进行曝晒,然后将试样和蓝色羊毛标准的变色进行对比,评定纺织品耐气候牢度。本试验方法有以下三种。

1. 试验方法一　把已经准备好的两块试样紧固于曝晒架上,蓝色羊毛标准放在有玻璃罩的曝晒架上;每天试样与蓝色羊毛标准同时曝晒24h,直至试样的变色相当于灰色样卡3级,取出其中一块,同时用遮盖物将蓝色羊毛标准遮去左端三分之一。继续曝晒,直至试样的变色至灰色样卡2级为止,如果蓝色羊毛标准7的变色先达到灰色样卡4级,曝晒即可终止。本试验方法在评级有争议时采用,其特点是通过检查试样以控制曝晒周期,每个试样需备一套蓝色羊毛标准。

2. 试验方法二　将试样和蓝色羊毛标准按方法一规定的条件进行曝晒,直至蓝色羊毛标准6的变色相当于灰色样卡4级,从每对试样中各取出一块,同时用遮盖物遮去蓝色羊毛标准左端三分之一。继续曝晒,直至蓝色羊毛标准7的变色相当于灰色样卡4级,曝晒即可

终止。这种试验方法适用于大量试样同时曝晒,其特点是通过检查蓝色羊毛标准以控制曝晒周期,只需用一套蓝色羊毛标准就可以对一批不同试样进行对比。

3. 试验方法三 此试验方法与试验方法二基本相同,仅以蓝色羊毛标准 6 的变色相当于灰色样卡 4 级作为曝晒终点。

曝晒结束后,将试样和原样分别用蒸馏水洗两次,再用自来水冲洗 15min;将干燥的试样和原样贴在纸上,位置与蓝色羊毛标准相一致,以便评定。根据洗后试样与洗后原样的变色差异,并对照蓝色羊毛标准的变色程度,以最接近的级数表示其耐气候牢度。评级时,为了便于准确评定,用一个中性灰色遮框,使试样与蓝色羊毛标准露出部分的面积相同。对于方法一和方法二,如果两个评定级数不同,则取较低的一个。方法三只取一个。

九、纺织品耐气候色牢度试验方法——氙弧

为了测定除散纤维外各类纺织品的颜色耐人造气候作用的能力,可以将纺织品试样放在氙弧灯试验仪内按规定条件进行喷淋曝晒,同时用一块玻璃遮盖住蓝色羊毛标准,以防喷上水雾,然后将试样和蓝色羊毛标准的变色进行对比,评定耐气候色牢度。

试验用试样尺寸不小于 2cm×4.5cm 三块,其中一块留作原样。如果试样是织物,紧附于硬卡上;如果试样是纱线,则将它编成织物,再按织物试样处理。试验时,将蓝色羊毛标准固定于硬卡上,遮盖其中间部分的三分之一,放入有玻璃罩的试样夹内。

曝晒条件:试样和蓝色羊毛标准在曝晒仓内经受人造气候的作用。试样的曝晒,喷雾持续时间 1min;干燥持续时间 29min。蓝色羊毛标准的曝晒,蓝色羊毛标准在与试样所受的同一氙弧光下进行曝晒,应罩上一个玻璃罩,以防水雾。在干燥过程中,试验仓内温度不应超过 40℃,黑板温度不应超过试验仓内温度 20℃ 以上。在试样和蓝色羊毛标准曝晒面上光强度的差异不应超过平均值的 ±10%。

1. 试验方法一 把已准备好的试样夹和部分遮盖的蓝色羊毛标准放在同一设备中进行曝晒,直至试样的变色相当于灰色样卡 3 级,取出其中一块,同时用遮盖物将蓝色羊毛标准遮去左端三分之一;继续曝晒,直至试样的变色至灰色样卡 2 级为止,如果蓝色羊毛标准 7 的变色相当于灰色样卡 4 级,曝晒即可终止。此试验方法在评级有争议时采用,其主要特点是通过检查试样以控制曝晒周期,每个试样需备一套蓝色羊毛标准。

2. 试验方法二 按方法一的试验条件将试样和蓝色羊毛标准在曝晒仓内喷淋曝晒,直至蓝色羊毛标准 6 的变色相当于灰色样卡 4 级,从每对试样中各取出一块,同时用遮盖物遮去蓝色羊毛标准左端三分之一;继续曝晒,直至蓝色羊毛标准 7 的变色相当于灰色样卡 4 级,曝晒即可终止。这种试验方法适用于大量试样同时曝晒,其特点是通过检查蓝色羊毛标准以控制曝晒周期。

3. 试验方法三 试验方法三与方法二基本相同,但曝晒至蓝色羊毛标准 6 的变色相当于灰色样卡 4 级,曝晒即可终止。

曝晒结束后,在适宜的观察条件下,根据试样和原样的变色差异,并对照同样曝晒时间内蓝色羊毛标准的变色程度,以最接近的级数表示其耐气候色牢度级数。对方法一和方法

二,如果两个试样评出的级数不同,取较低的一个;对方法三,只取一个。

十、纺织品耐光色牢度试验方法——日光

要测定各类纺织品的颜色耐天然光的能力,可将纺织品试样与蓝色羊毛标准置同一条件下(在不受雨淋等规定条件下)进行日光曝晒,然后将试样与蓝色羊毛标准的变色进行对比,评定耐光色牢度。日光曝晒试验方法如下。

1. 曝晒方法一　将试样和蓝色羊毛标准按图6-8(a)所示排列,用遮盖物AB遮盖试样和蓝色羊毛标准的三分之一,按规定条件每天日光曝晒24h。第一阶段,晒至试样的曝晒和未曝晒部分的色差相当于灰色样卡4级,用遮盖物CD遮盖第一阶段。第二阶段,继续曝晒,直至试样的曝晒和未曝晒部分的色差相当于灰色样卡3级,如果蓝色羊毛标准7的变色比试样先达到灰色样卡4级,曝晒即可终止。方法一在评级有争议时予以采用,其特点是通过检查试样以控制曝晒周期;每个试样需备一套蓝色羊毛标准。

2. 曝晒方法二　将试样和蓝色羊毛标准按图6-8(b)所示排列,用遮盖物AB、A′B′,分别遮盖试样和蓝色羊毛标准总长度的五分之一,按规定条件每天曝晒24h。第一阶段,曝晒至蓝色羊毛标准4的变色相当于灰色样卡4~5级,用遮盖物CD遮盖第一阶段。第二阶段,继续曝晒,直至蓝色羊毛标准6的变色相当于灰色样卡4~5级,用遮盖物EF遮盖第二阶段。第三阶段,继续曝晒,直至蓝色羊毛标准7的变色相当于灰色样卡4级,或者最耐光的试样上的变色相当于灰色样卡3级,曝晒即可终止。方法二适用于大量试样同时曝晒,只需用一套蓝色羊毛标准就可以对一批不同试样进行对比,它是通过检查蓝色羊毛标准以控制曝晒周期的。

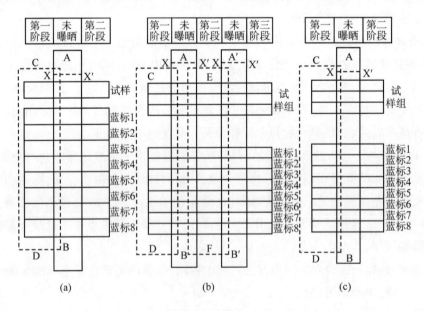

图6-8　装样方法

3. 曝晒方法三　将试样和蓝色羊毛标准按图6-8(c)所示排列,用遮盖物AB遮盖试样和蓝色羊毛标准的三分之一,在规定条件下每天曝晒24h。第一阶段,晒至蓝色羊毛标准6的变色相当于灰色样卡4~5级,用遮盖物CD遮盖第一阶段。第二阶段,继续曝晒,直至蓝色羊毛标准7的变色相当于灰色样卡4~5级,曝晒即可终止。方法三与方法二相比,两者的基本特点相同,但方法三减少了曝晒阶段,缩短了曝晒时间。

4. 其他允许的曝晒方法　如果要核对与某种性能规格是否一致时,可允许试样只与两块蓝色羊毛标准一起曝晒,其中:一块是按规定为某级蓝色羊毛标准;另一块是更低一级的蓝色羊毛标准。第一阶段,晒至某级蓝色羊毛标准的变色相当于灰色样卡4级;第二阶段,继续曝晒,直至某级蓝色羊毛标准的变色相当于灰色样卡3级,曝晒即可终止。

曝晒结束后,按规定条件评级。试样的曝晒与未曝晒部分间的色差和某级蓝色羊毛标准的曝晒与未曝晒部分间的色差级数相当时,此级数即为试样的耐光色牢度级数。如果试样所显示的变色,不是近于某两个相邻蓝色羊毛标准中的一个,而更接近中间时,则应给予一个中间级数,如3~4级等。在以试样的曝晒和未曝晒部分的最终曝晒阶段色差的基础上,作出耐光色牢度的最后评定。如果在不同曝晒阶段的色差上得出不同级数,则取其平均值作为试样的耐光色牢度,并以最接近的整级或半级表示。如果试样变色比蓝色羊毛标准1更差,则评为1级。

十一、纺织品耐光色牢度试验方法——氙弧和碳弧

为了测定各种纺织品的颜色耐人造光(氙弧和碳弧)作用的能力,以代替纺织品的颜色耐自然光(日光)的作用能力,可将纺织品试样与蓝色单毛标准一起在规定的条件下曝晒,然后将试样与蓝色羊毛标准的变色进行对比,评定耐光色牢度。用氙弧或碳弧代替天然日光照射纺织品试样,进行耐光色牢度试验,除了光源和曝晒条件与日光曝晒有所不同之外,在试样制备、操作程序和评级等方面都与日光法都比较相似。

十二、纺织品耐家庭和商业洗涤色牢度试验方法

要评定纺织品耐家庭和商业洗涤色牢度,可将试样与规定的标准贴衬织物或其他织物缝合在一起,经洗涤、清洗、干燥。试样在合适的温度、碱度、漂白和摩擦条件下进行洗涤,从而在较短时间内获得试验结果。其中,摩擦作用是通过小浴比和适当数量的不锈钢珠的翻滚、移动、撞击来完成的。试验设备采用符合要求的耐洗色牢度试验机,如SW—12等。试验用标准贴衬织物分为三种。

1. 多纤维标准贴衬织物(GB/T 7568.7—2008)　按试验温度选用:

(1)含有羊毛的多纤维标准贴衬织物(DW),用于40℃、50℃的试验,在某些情况下也可用于60℃的试验,需在试验报告中注明。

(2)不含有羊毛的多纤维标准贴衬织物(TV),用于某些60℃的试验和所有70℃、95℃的试验。在使用含有羊毛的多纤维贴衬时,60℃的过硼酸钠溶液可能会对羊毛纤维有损伤。

2. 两块单纤维标准贴衬织物（GB/T 7568.1~7568.6、GB/T 13765、ISO 105-F07） 第一块用与试样同类纤维制成,第二块用由表 6-16 规定的纤维制成。如试样为混纺或交织品,则第一块用主要含量的纤维制成,第二块用次要含量的纤维制成,或另作规定。

表 6-16　标准贴衬织物规格

第一块	第二块	
	试验 A、B	试验 C、D 和 E
棉	羊毛	黏胶纤维
毛	棉	—
丝	棉	—
麻	羊毛	黏胶纤维
黏胶纤维	羊毛	棉
醋酯纤维	黏胶纤维	黏胶纤维
聚酯纤维	羊毛或棉	棉
聚酰胺纤维	羊毛或棉	棉
聚丙烯脂纤维	羊毛或棉	棉

3. 一块标准的染不上色的织物 如聚丙烯织物,必要时用。试验前应先缝制组合试样。如果是织物试样,试验前应先缝制组合试样;可将一块 10cm×4cm 试样与一块 10cm×4cm 多纤维标准贴衬贴合在一起,并使多纤维标准贴衬织物紧贴试样正面,沿一短边缝合,或者将一块 10cm×4cm 试样夹于两块单纤维标准贴衬织物之间,沿一短边缝合。如果试样是纱线或散纤维,可取其量约为贴衬织物总质量的二分之一,夹于一块 10cm×4cm 多纤维标准贴衬织物和一块 10cm×4cm 染不上色的标准织物之间,或夹于两块 10cm×4cm 单纤维标准贴衬织物之间,然后沿四周缝合。对纱线试样,也可先编成织物,再按织物试样处理。

纺织品耐家庭和商业洗涤色牢度试验方法分 A、B、C、D 和 E,共五种。试验方法编号中,S 是模拟一次商业或家用洗涤操作,M 是模拟五次商业或家用洗涤操作。对于毛、丝及其混纺织物,试验时若不用钢珠,则需在试验报告中予以说明。与各种试验方法相对应的试验条件见表 6-17。试样按规定的试验程序进行洗涤之后,挤去组合试样上多余的水分,经晾干或烫干,再用灰色样卡评定试样的变色和贴衬织物的沾色。

表 6-17　纺织品耐家庭和商业洗涤色牢度试验条件

试验编号	温度（℃）	溶液体积（mL）	有效氯含量（%）	过硼酸钠质量浓度（g/L）	时间 min	钢珠数量	调节 pH
A1S	40	150	—	—	30	10	不调

试验编号	温度 （℃）	溶液体积 （mL）	有效氯含量 （%）	过硼酸钠 质量浓度 （g/L）	时间 min	钢珠数量	调节 pH
A1M	40	150	—	—	45	10	不调
A2S	40	150	—	1	30	10	不调
B1S	50	150	—	—	30	25	不调
B1M	50	150	—	—	45	50	不调
B2S	50	150	—	1	30	25	不调
C1S	60	50	—	—	30	25	10.5±0.1
C1M	60	50	—	—	45	50	10.5±0.1
C2S	60	50	—	1	30	25	10.5±0.1
D1S	70	50	—	—	30	25	10.5±0.1
D1M	70	50	—	—	45	100	10.5±0.1
D2S	70	50	—	1	30	25	10.5±0.1
D3S	70	50	0.015	—	30	25	10.5±0.1
D3M	70	50	0.015	—	45	100	10.5±0.1
E1S	95	50	—	—	30	25	10.5±0.1
E2S	95	50	—	1	30	25	10.5±0.1

思 考 题

1. 名词解释：纺织品物理检验，纺织品化学检验，净干含量百分率，色牢度，标疵放尺。

2. 简述纺织纤维定性鉴别的试验方法和原理。

3. 说明化学分析法测定混纺产品中纤维含量的试验原理，并指出三组分混纺产品可选择的溶解方案。

4. 简述纺织材料回潮率、含水率的测定原理，说明外界因素对试验结果准确性的影响。

5. 简述织物长度、幅宽、密度、单位长度质量、单位面积质量的测定方法及原理。

6. 说明织物力学性能如拉伸断裂强力、顶破强力、撕破强力和耐磨性的试验方法、原理以及影响因素。

7. 织物尺寸变化有哪些试验方法？选择"试验程序"有何重要意义。

8. 简述灰色样卡、蓝色羊毛标准的组成特点。

9. 说明纺织品色牢度的主要试验方法和原理。

第七章　纺织原料的品质检验

> ● 本章知识点 ●
>
> 1. 天然纤维如原棉、羊毛品质检验的指标、试验方法、评定等级依据。
> 2. 各类化学短纤维品质检验的指标、试验方法、评定等级依据。

第一节　原棉检验

原棉是纺织工业的重要原料之一,它的品质直接影响到纺织产品的品牌、质量以及纺纱加工工艺参数的确定。原棉检验是纺织工业生产的基础,是进出口棉花检验的技术依据,并且对合理利用原棉、优化资源配置起到指导作用。原棉检验的主要内容包括品级检验、长度检验、马克隆值检验、断裂比强度检验、异性纤维检验和公量检验。公量检验又包括含杂率检验、回潮率检验、籽棉公定衣分率检验、成包皮棉公量检验等。

棉花检验无论在纺织工业生产还是在棉花流通中都起着至关重要的作用,我国于 1972 年颁布实施 GB 1103—1972《棉花　细绒棉》标准,1998 年对 GB 1103—1972 进行修订后于 1999 年实施新标准 GB 1103—1999《棉花　细绒棉》,2006 年对 GB 1103—1999 又进行修订,2007 年修订,2012 年实施新标准,把棉花品质检验分为 GB 1103.1—2012《棉花　第 1 部分:锯齿加工细绒棉》和 GB 1103.2—2012《棉花　第 2 部分:皮辊加工细绒棉》。棉花品质检验及执行标准见表 7-1,并对下列概念给予明确定义。

颜色级　棉花颜色的类型和级别。类型依据黄色深度确定,级别依据明暗程度确定。

白棉　颜色特征表现为洁白、乳白、灰白的棉花。

淡点污棉　颜色特征表现为白中略显阴黄或有淡黄点的棉花。

淡黄染棉　颜色特征表现为整体显阴黄或灰中显阴黄的棉花。

黄染棉　颜色特征表现为整体泛黄的棉花。

主要颜色级　按批检验时,占有 80% 及以上的颜色级,其余颜色级仅与其相邻,且类型不超过 2 个、级别不超过。

轧工质量　籽棉经过加工后,皮棉外观形态粗糙程度及所含疵点种类的多少。

毛重　棉花及其包装物重量之和。

净重　毛重扣减包装物重量后的重量。

公定重量　净重按棉花实际含杂率和实际回潮率折算成标准含杂率和公定回潮率后的重量。

籽棉公定衣分率　从籽棉上轧出的皮棉公定重量占相应籽棉重量的百分数。

异性纤维　混入棉花中的非棉纤维和非本色棉纤维,如化学纤维、毛发、丝、麻、塑料膜、塑料绳、染色线(绳、布)等。

成包皮棉异性纤维含量　从样品中挑拣出的异性纤维的重量与被挑拣样品重量之比,用克每吨(g/t)表示。

危害性杂物　混入棉花中的硬杂物和软杂物,如金属、砖石及异性纤维等。

表 7-1　棉花品质检验指标及执行标准

项　目		指　标	标　准
品质检验	品级检验	抽样	GB 1103
		评级	GB/T 13786 ISO 4911 GB 1103
		主体品级	GB 1103
	长度检验	手扯长度	GB/T 19617
		HVI 检验长度	GB/T 20392
		长度级	GB 1103
	马克隆值检验	抽样	GB 1103
		马克隆值	GB/T 6498 或 GB/T 20392
		主体马克隆值	GB 1103
	异性纤维含量检验	取样	GB 1103
		异性纤维含量	GB 1103
	断裂比强度检验	断裂比强度	GB/T 20392
	长度整齐度指数检验	长度整齐度指数	GB/T 20392
	反射率、黄色深度和色特征级检验	反射率、黄色深度和色特征级	GB/T 20392
重量检验	含杂率检验	含杂率	GB/T 6499
	回潮率检验	回潮率	GB/T 6102.1 GB/T 6102.2
	籽棉折合皮棉的公定重量检验	籽棉准重衣分率	GB 1103
		籽棉公定衣分率	GB 1103
		籽棉折合皮棉的公定重量	GB 1103
	成包皮棉公定重量检验	取样	GB 1103
		每批棉花净重	GB 1103
		每批棉花公定重量	GB 1103
		数值修越规则	GB/T 8170

第二节　羊毛的品质检验

羊毛一般指绵羊毛,它是一种高档的纺织原料,纺织工业使用数量最多的是绵羊毛。我国的绵羊毛种类很多,按羊毛粗细可分为细毛、半细毛、粗羊毛和长毛四种类型,按羊种品系可分为改良毛和土种毛两大系列。在改良毛中,又分改良细毛和改良半细毛两种类型。鉴定羊毛品质必须执行有关标准的规定,并通过一系列试验,全面掌握样品的品质特性。关于羊毛检验方法,我国已经制定多项国家标准和行业标准。羊毛品质的物理检验主要包括线密度试验、长度试验、回潮率试验、含土杂率试验、粗腔毛率试验等;化学检验包括含油脂率试验、残碱含量试验等。

一、羊毛品质检验的试验方法

(一)羊毛线密度(细度)试验

羊毛线密度是衡量羊毛品质优劣的一项重要质量指标,它是决定羊毛品质及其使用价值的重要依据,国际贸易中,买卖双方在签订购货合同时必须规定羊毛的线密度指标,因此,羊毛线密度检验是一项重要的检测项目。目前,国际羊毛贸易对羊毛线密度的检验均采用"气流仪"法,我国除重点口岸的商检机构和纤检部门及少数重点大型毛纺企业对进口羊毛的线密度检验采用气流仪法外,多数采用"显微镜投影仪法"测定羊毛的线密度。表示羊毛线密度的指标习惯采用平均直径和品质支数。品质支数是毛纺行业长期沿用下来的一个指标,它是19世纪末一次国际会议上,根据当时纺纱设备和纺纱技术水平以及毛纱品质的要求,把各种线密度羊毛实际可能纺得的英制精梳毛纱支数称作为"品质支数"。长期以来,在商业贸易和毛纺工业中的分级、制定制条工艺,主要以品质支数作为重要的参考依据。由于现代毛纺工业的设备和技术水平有了很大进步,人们对毛纺织品的要求也不断提高,故羊毛品质支数逐步已失去了它原来的意义,它仅表示平均直径在某一范围内的羊毛线密度指标。羊毛品质支数与平均直径的关系见表7-2。

表7-2　羊毛品质支数与平均直径关系

品质支数	平均直径(μm)	品质支数	平均直径(μm)
70	19.1~20.0	48	31.1~34.0
66	20.1~21.5	46	34.1~37.0
64	21.6~23.0	44	37.1~40.0
60	23.1~25.0	40	40.1~43.0
58	25.1~27.0	36	43.1~55.0
56	27.1~29.0	32	55.1~67.0
50	29.1~31.0	—	—

羊毛平均线密度、均方差和离散系数计算方法如下:

$$M = A + \frac{\sum (F \times D)}{\sum F} \times I$$

$$S = \sqrt{\frac{\sum (F \times D^2)}{\sum F} - \left[\frac{\sum (F \times D)}{\sum F} \right]^2} \times I$$

$$C = \frac{S}{M} \times 100$$

式中:M ——平均直径,μm;

S ——均方差,μm;

C ——离散系数,%;

A ——假定平均数;

F ——每组纤维根数;

D ——差异(每组线密度与假定平均数的差值与组距之比);

I ——组距。

(二)粗腔毛率的试验

粗腔毛率试验仍然采用显微镜投影仪法,用投影仪法细度片子或另制片子进行测量,每片测量 1000 根,以两片的平均数为试验结果,粗腔毛率试验方法与羊毛线密度试验(投影仪法)相似。粗毛规定为直径在 52.5μm 及以上的毛纤维;腔毛规定为髓腔长 50μm 及以上,髓腔宽为纤维直径 1/3 及以上的毛纤维。

粗腔毛率的计算公式为:

$$粗腔毛率 = \frac{测得粗腔毛总根数}{1000} \times 100\%$$

(三)羊毛长度试验

1. 毛丛长度试验　毛丛长度指毛丛处于平直状态时,从毛丛根部到毛丛尖部(不含虚头)的长度。试验时,从工业分级毛的毛丛试样中抽取完整毛丛 100 个,逐一测量毛丛的自然长度。在测量每一个毛丛时,不能拉伸或破坏试样的自然卷曲形态,将毛丛平直地放在工作台上,用米尺测量毛丛根部到毛丛尖部的长度。

2. 毛条加权平均长度试验　毛条加权平均长度以及长度离散系数和短毛率指标可用"梳片式长度仪"测得,各项长度指标的计算方法如下:

$$L = A + \frac{\sum (F \times D)}{\sum F} \times I$$

$$S = I \times \sqrt{\frac{\sum (F \times D^2)}{\sum F} - \left[\frac{\sum (F \times D)}{\sum F} \right]^2}$$

$$C = \frac{S}{L} \times 100\%$$

$$u = \frac{G_2}{G_1} \times 100\%$$

式中:L——加权平均长度,mm;

S——均方差,mm;

C——长度离散系数,%;

u——30mm 及以下短毛率,%;

A——假定平均数;

D——差异(每组长度与假定平均长度的差值与组距之比);

F——每组重量,g;

I——组距;

G_1——长度试验总重量,g;

G_2——30mm 及以下短毛重量,g。

(四)洗净毛、毛条含油脂率试验

测定羊毛油脂用乙醚作为溶剂,使用索氏萃取器从羊毛中萃取油脂,从而测得羊毛油脂含量。洗净毛和毛条含油脂率分别按下面公式计算:

$$洗净毛含油脂率 = \frac{G_1}{G_1 + G_2} \times 100\%$$

$$毛条含油脂率 = \frac{G_1}{(G_1 + G_2)(1 + W_b)} \times 100\%$$

式中:G_1——油脂绝对干燥重量,g;

G_2——脱脂毛绝对干燥重量,g;

W_b——公定回潮率,%。

(五)羊毛回潮率试验

羊毛回潮率试验采用烘箱法。检验时,洗净毛、毛条取样四份,每份约50g,实际回潮率以四份试样同时试验所得的结果计算平均值,实际回潮率计算公式为:

$$实际回潮率 = \frac{G_1 - G_2}{G_2} \times 100\%$$

式中:G_1——试样烘前重量,g;

G_2——试样烘后重量,g。

(六)洗净毛含土杂率试验

洗净毛含土杂率试验采用"手抖法"。试验时,取样两份,每份不少于20g;将试样烘至恒重,扯松至单纤维状态;除去杂质和草屑,但要防止纤维散失。洗净毛含土杂率以两份试验结果计算平均值,计算公式为:

$$含土杂率 = \frac{试样干重 - 净毛干重}{试样干重} \times 100\%$$

(七)洗净毛含残碱率试验

洗净毛含残碱率试验采用化学分析方法,其试验方法如下。

(1)准确量取 50mL 0.05mol/L 硫酸溶液及 50mL 蒸馏水于 250mL 具塞三角烧瓶中,加入已称重(于 105~110℃ 烘箱中烘 3h)的 2g 羊毛试样,盖上瓶塞,在振荡器上振荡 1h,在 500mL 吸滤漏斗中过滤,用 70~80℃ 蒸馏水洗涤三次,每次 50mL。用 0.1mol/L 氢氧化钠溶液滴定吸滤瓶中的酸。

(2)将上述羊毛试样烘干,放入具塞锥形瓶中,正确吸取吡啶溶液 100mL 于瓶中,盖紧瓶塞,用振荡器振荡 1h,然后将浸出液用干燥的玻璃砂过滤坩埚过滤入干燥的盛器内,正确吸取滤液 50mL 于锥形瓶中,加酚酞试剂 3 滴,以 0.1mol/L 氢氧化钠溶液滴定至微红色为止。

(3)测定与 50mL 0.05mol/L 硫酸溶液相当的氢氧化钠溶液的量:用 0.1mol/L 氢氧化钠溶液滴定 50mL 0.05mol/L 硫酸溶液。

(4)计算含残碱率:

$$含残碱率(以\ NaOH\ 计)= \frac{(V - V_1 - V_2) \times c_{NaOH} \times 0.040}{羊毛重量} \times 100\%$$

式中:V——滴定 50mL 0.05mol/L 硫酸溶液时所耗用 0.1mol/L 氢氧化钠溶液的毫升数;

V_1——滴定吸滤瓶中多余酸溶液时所耗用 0.1mol/L 氢氧化钠溶液的毫升数;

V_2——滴定羊毛中含酸量时所耗用 0.1mol/L 氢氧化钠溶液的毫升数;

c_{NaOH}——氢氧化钠溶液物质的量浓度。

(八)其他试验

除上述试验之外,洗净毛还要进行毡并率试验,沥青点、油漆点试验,洁白度试验;毛条还要进行重量不匀率试验,单位重量试验,毛粒、草屑试验,毛片试验,色毛试验,含麻丝、丙纶丝试验;工业部门还将对羊毛进行卷曲试验,强力、伸长率试验,长度试验(排图法)等。关于这些试验方法可参见相关国家标准和行业标准。

二、国产细羊毛及其改良毛洗净毛的检验

(一)技术条件

国产细羊毛及其改良毛洗净毛的技术条件应符合表 7-3 的规定。

表 7-3　国产细羊毛及其改良毛洗净毛的技术条件

品种	项目 等级	含土杂率(%) ≤	毡并率(%) ≤	油漆点 (沥青点)	洁白度	含油脂率(%) 允许范围		回潮率(%) 允许范围	含残碱率(%) ≤
						精纺	粗纺		
支数毛	1	3	2	不允许	比照标样	0.4~0.8	0.5~1.5	10~18	0.6
	2	4	3						

续表

品种\项目\等级	含土杂率(%) ≤	毡并率(%) ≤	油漆点 (沥青点)	洁白度	含油脂率(%) 允许范围		回潮率(%) 允许范围	含残碱率(%) ≤
					精纺	粗纺		
级数毛　1	3	3	不允许	比照标样	0.4~0.8	0.5~1.5	10~18	0.6
级数毛　2	4	5						

注　1. 含土杂率、油漆点、沥青点供需双方另有约定者,可以按合约考核。
　　2. 洁白度由供需双方自定标准考核。

(二)洗净毛公定回潮率和公定含油脂率

洗净毛公定回潮率按 GB 9994 的规定执行,同质毛为 16%,异质毛为 15%。洗净毛公定含油脂率为 1%,每批洗净毛的公定重量计算公式为:

$$公定重量 = 磅见重量 \times \frac{(1 + 公定回潮率) \times (1 + 公定含油脂率)}{(1 + 实际回潮) \times (1 + 实际含油脂率)}$$

第三节　化学短纤维的产品等级和质量指标

化学短纤维主要品种有涤纶、腈纶、黏胶、维纶、氯纶、锦纶和丙纶等。为了加强化学短纤维的品质管理,稳定和提高产品质量,我国相继颁布了涤纶、黏胶、维纶、腈纶短纤维国家标准,丙纶短纤维行业标准。这些标准对各种化学短纤维的品种规格、技术要求、试验方法、检验规则、标志、包装、运输、储存等技术条件作出了统一规定,在全国或行业内执行。

涤纶短纤维的产品等级分为优等品、一等品、二等品和三等品四个等级,各等级的质量指标如表 7-4 所示。

腈纶短纤维的产品等级分为一等品、二等品和三等品,各等级腈纶短纤维的质量指标如表 7-5(主要指标)和表 7-6(次要指标)所示。

黏胶短纤维的产品等级分为优等品、一等品、二等品和三等品四个等级,棉型、中长型、毛型和卷曲毛型黏胶短纤维的质量指标分别如表 7-7~表 7-9 所示。

维纶短纤维的产品等级分为优等品、一等品和二等品三个等级,各等级的质量指标如表 7-10 所示。

氯纶短纤维的产品等级分为优等品、一等品、二等品和三等品四个等级,各种规格氯纶短纤维的质量指标如表 7-11 所示。

锦纶短纤维主要为锦纶 6 毛型短纤维,其产品质量等级分为优等品、一等品、二等品和三等品四个等级,各种规格锦纶 6 毛型短纤维的质量指标如表 7-12 所示。

丙纶短纤维按其用途可分为纺织用和非纺织用两大类,其产品质量等级均可分为优等品、一等品、二等品和三等品四个等级,各等级质量指标列于表 7-13 和表 7-14 之中。

表7-4　涤纶短纤维质量指标

序号	考核项目	棉型								中长型				毛型			
		高强棉型				普通棉型				优等品	一等品	二等品	三等品	优等品	一等品	二等品	三等品
		优等品	一等品	二等品	三等品	优等品	一等品	二等品	三等品								
1	断裂强度（cN/dtex）	≥5.25	≥5.00	≥4.80	≥4.80	≥4.30	≥4.10	≥3.90	≥3.90	≥4.00	≥3.80	≥3.60	≥3.60	≥3.70	≥3.50	≥3.30	≥3.30
2	断裂伸长率（%）	$M_1\pm4.0$	$M_1\pm5.0$	$M_1\pm7.0$	$M_1\pm8.0$	$M_1\pm5.0$	$M_1\pm8.0$	$M_1\pm10.0$	$M_1\pm10.0$	$M_1\pm6.0$	$M_1\pm8.0$	$M_1\pm10.0$	$M_1\pm12.0$	$M_1\pm7.0$	$M_1\pm9.0$	$M_1\pm11.0$	$M_1\pm13.0$
3	线密度偏差率（%）	±3.0	±4.0	±6.0	±8.0	±3.0	±4.0	±6.0	±8.0	±4.0	±5.0	±6.0	±8.0	±4.0	±5.0	±6.0	±8.0
4	长度偏差率（%）	±6.0	±6.0	±7.0	±10.0	±3.0	±6.0	±7.0	±10.0	±3.0	±6.0	±7.0	±10.0	±5.0	±6.0	±8.0	
5	超长纤维率（%）	≤1.0	≤1.4	≤3.0	≤3.0	≤0.5	≤1.0	≤1.4	≤3.0	≤0.3	≤0.6	≤1.0	≤3.0	—	—		
6	倍长纤维率（%）	≤2.0	≤6.0	≤15.0	≤30.0	≤2.0	≤6.0	≤15.0	≤30.0	≤3.0	≤6.0	≤15.0	≤30.0	≤5.0	≤15.0	≤20.0	≤40.0
7	疵点含量（Mg/100g）	≤2.0	≤8.0	≤15.0	≤40.0	≤2.0	≤8.0	≤15.0	≤40.0	≤3.0	≤10.0	≤15.0	≤40.0	≤5.0	≤15.0	≤25.0	≤50.0
8	卷曲数（个/25mm）	$M_2\pm2.5$		$M_2\pm3.5$		$M_2\pm2.5$		$M_2\pm3.5$		$M_2\pm2.5$		$M_2\pm3.5$		$M_2\pm2.5$		$M_2\pm3.5$	
9	卷曲率（%）	$M_3\pm2.5$		$M_3\pm3.5$		$M_3\pm2.5$		$M_3\pm3.5$		$M_3\pm2.5$		$M_3\pm3.5$		$M_3\pm2.5$		$M_3\pm3.5$	
10	180℃干热收缩率（%）	$M_4\pm2.0$		$M_4\pm3.0$		$M_4\pm2.0$		$M_4\pm3.5$		$M_4\pm2.0$		$M_4\pm3.5$		—			
11	比电阻（Ω·cm）	≤M_510^8		≤M_510^9		≤M_510^8		≤M_510^9		≤M_510^8		≤M_510^9		≤M_510^8		≤M_510^9	
12	10%定伸长强度（cN/dtex）	≥2.65		≥2.00		—				—				—			
13	断裂强度变异系数CV值（%）	≤10.0		≤15.0		≤12.0		≤15.0		≤13.0		—		≤10.0		—	

注　线密度偏差率以名义线密度为计算依据；长度偏差率以名义长度为计算依据；M_1由生产企业确定，确定后不得任意变更，因原料变化或应用户要求可作适当调整；M_2、M_3由供需双方协商确定，确定后不得任意变更；M_4高强棉型在小于等于7.0，普通棉型在小于等于9.0，中长棉型在小于等于7.0，中长型在小于等于10.0范围由生产企业确定，确定后不得任意变更；M_5大于等于1.0，小于等于10.0。

表 7-5　腈纶短纤维质量指标(主要指标)

指　标	品　种	等　级		
		1	2	3
线密度偏差 (%)	棉型(1.65~2.22dtex) (1.5~2.0旦) 毛型(2.75~9.99dtex) (2.5~9.0旦)	<±8 <±10	<±10 <±12	<±12 <±14
断裂强度 [cN/dtex (gf/旦)]	1.65dtex(1.5旦) 1.98~2.22dtex(1.8~2旦) 2.75~3.33dtex(2.5~3旦) 6.66dtex(6旦)	>2.64(3.0) >2.55(2.9) >2.46(2.8) >2.11(2.4)	>2.46(2.8) >2.38(2.7) >2.29(2.6) >1.94(2.2)	>2.02(2.3) >2.02(2.3) >1.94(2.2) >1.76(2.0)
倍长纤维率 (%)	棉型 毛型	<0.07 <0.5	<0.3 <1.0	<0.8 <1.5
疵点 (mg/100g)	棉型 毛型	<20 <60	<40 <100	<100 <200
上色率 (%)	—	<±4	<±5	<±7

表 7-6　腈纶短纤维质量指标(次要指标)

指　标	品　种	合　格	不合格	备　注
纤维长度偏差率(%)	—	≤+12 ≥-12	>+12 <-12	—
超长纤维率(%)	棉型	≤3	>3	—
纤维延伸度(%)	棉型	25~40	>40 <25	—
	毛型	32~45	>45 <32	
纤维钩结强度 [cN/dtex (gf/旦)]	棉型	≥1.40(1.6) >2.46(2.8)	<1.40(1.6) <2.46(2.8)	采用后处理工艺
	毛型	>1.58(1.8) >2.11(2.4)	<1.58(1.8) <2.11(2.8)	
卷曲数(个/10cm)	棉型 毛型	>40 >35	<40 <35	
沸水收缩率(%)	棉型 毛型	<4 <2	>4 >2	采用后处理工艺
纤维含油率(%)	棉型 毛型	<±0.15 <±0.15	>±0.15 >±0.15	—
纤维含硫氰酸钠(%)		<0.08	>0.08	—
回潮率(%)		以2%为标准按实测折算		—

表7-7 棉型黏胶短纤维质量指标

序号	项 目			优等品	一等品	二等品	三等品
1	干断裂强度（cN/dtex）	棉浆	≥	2.10	1.95	1.85	1.75
		木浆		2.05	1.90	1.80	1.70
2	湿断裂强度（cN/dtex）	棉浆	≥	1.20	1.05	1.00	0.90
		木浆		1.10	1.00	0.90	0.85
3	干断裂伸长率(%)		≥	17.0	16.0	15.0	14.0
4	线密度偏差率(%)		±	4.0	7.0	9.0	11.0
5	长度偏差率(%)		±	6.0	7.0	9.0	11.0
6	超长纤维(%)		≤	0.5	1.0	1.3	2.0
7	倍长纤维(mg/100g)		≤	4.0	20.0	40.0	100.0
8	残硫量(mg/100g)		≤	14.0	20.0	28.0	38.0
9	疵点含量(mg/100g)		≤	4.0	12.0	25.0	40.0
10	油污黄纤维含量(mg/100g)		≤	0.0	5.0	15.0	35.0
11	干强变异系数 CV 值(%)		≤	18.0	—		
12	白度(%)	棉浆	≥	68.0	—		
		木浆		62.0			

注 采用棉浆、木浆混纺时，干断裂强度、湿断裂强度、白度按混纺比例大的一方指标考核。

表7-8 中长型黏胶纤维质量指标

序号	项 目			优等品	一等品	二等品	三等品
1	干断裂强度（cN/dtex）	棉浆	≥	2.05	1.90	1.80	1.70
		木浆		2.00	1.85	1.75	1.65
2	湿断裂强度（cN/dtex）	棉浆	≥	1.15	1.05	0.95	0.85
		木浆		1.10	1.00	0.90	0.80
3	干断裂伸长率(%)		≥	17.0	16.0	15.0	14.0
4	线密度偏差率(%)		±	4.00	7.00	9.00	11.00
5	长度偏差率(%)		±	6.0	7.0	9.0	11.0
6	超长纤维率(%)		≤	0.5	1.0	1.5	2.0
7	倍长纤维含量(mg/100g)		≤	6.0	30.0	50.0	110.0
8	残硫量(mg/100g)		≤	14.0	20.0	28.0	38.0
9	疵点含量(mg/100g)		≤	4.0	12.0	25.0	40.0
10	油污黄纤维含量(mg/100g)		≤	0.0	5.0	15.0	35.0

续表

序号	项　目		优等品	一等品	二等品	三等品
11	干强变异系数 CV 值(%)	≤	17.0	—		
12	白度(%)	棉浆 ≥	66.0	—		
		木浆	60.0			

注　采用棉浆、木浆混纺时,干断裂强度、湿断裂强度、白度按混纺比例大的一方指标考核。

表7-9　毛型和卷曲毛型黏胶短纤维质量指标

序号	项　目			优等品	一等品	二等品	三等品
1	干断裂强度(cN/dtex)	棉浆	≥	2.00	1.85	1.75	1.70
		木浆		1.95	1.80	1.70	1.65
2	湿断裂强度(cN/dtex)	棉浆	≥	1.10	1.00	0.90	0.85
		木浆		1.05	0.95	0.85	0.80
3	干断裂伸长率(%)		≥	17.0	16.0	15.0	14.0
4	线密度偏差率(%)		±	4.00	7.00	9.00	11.00
5	长度偏差率(%)		±	7.0	9.0	11.0	13.0
6	倍长纤维含量(mg/100g)		≤	8.0	60.0	130.0	210.0
7	残硫量(mg/100g)		≤	16.0	20.0	30.0	40.0
8	疵点含量(mg/100g)		≤	4.0	12.0	30.0	60.0
9	油污黄纤维含量(mg/100g)		≤	0.0	5.0	20.0	40.0
10	干强变异系数 CV 值(%)		≤	16.0	—		
11	白度(%)	棉浆	≥	63.0	—		
		木浆		58.0			
12	卷曲数(个/cm)		≥	3.0		2.8	2.6

注　卷曲数只考核卷曲毛型黏胶短纤维;采用棉浆、木浆混纺时,干断裂强度、湿断裂强度、白度按混纺比例大的一方指标考核。

表7-10　维纶短纤维质量指标

序　号	项　目	优等品	一等品	二等品
1	线密度偏差率(%)	±5		±6
2	长度偏差率(%)	±4		±6
3	干断裂强度(cN/dtex)	≥4.4		≥4.2
4	干断裂伸长率(%)	17±2.0	17±3.0	17±4.0
5	湿断裂强度(cN/dtex)	≥3.4		≥3.3
6	缩甲醛化度(mol%)	33±2.0		33±3.5
7	水中软化点(℃)	≥115	≥113	≥112
8	异状纤维(mg/100g)	≤2.0	≤8.0	≤15.0
9	卷曲数(个/25mm)	≥3.5	—	

表7-11 氯纶短纤维质量指标

序号	项目	1.70~3.20dtex (1.5~2.9旦) 优等品	一等品	二等品	三等品	3.30~4.30dtex (3.0~3.9旦) 优等品	一等品	二等品	三等品	4.40~6.60dtex (4.0~5.9旦) 优等品	一等品	二等品	三等品	6.70~8.90dtex (6.0~8.0旦) 优等品	一等品	二等品	三等品
1	线密度偏差率 (%)	±7.0	±8.0	±10.0	±11.0	±10.0	±12.0	±14.0	±18.0	±12.0	±14.0	±16.0	±18.0	±14.0	±16.0	±16.0	±20.0
2	平均长度偏差率 (%)	±7.0	±8.0	±10.0	±11.0	±9.0	±10.0	±11.0	±13.0	±9.0	±10.0	±11.0	±13.0	±10.0	±12.0	±12.0	±15.0
3	断裂强度 [cN/dtex] (gf/旦)	≥2.30 (≥2.61)	≥2.10 (≥2.38)	≥1.90 (≥2.15)	≥1.80 (≥2.04)	≥1.90 (≥2.15)	≥1.80 (≥2.04)	≥1.70 (≥1.93)	≥1.60 (≥1.81)	≥1.70 (≥1.93)	≥1.60 (≥1.81)	≥1.50 (≥1.70)	≥1.50 (≥1.70)	≥1.70 (≥1.93)	≥1.60 (≥1.81)	≥1.50 (≥1.70)	≥1.40 (≥1.59)
4	断裂伸长率 (%)	≤30.0	≤35.0	≤40.0	≤45.0	≤47.0	≤52.0	≤57.0	≤60.0	≤47.0	≤52.0	≤57.0	≤60.0	≤47.0	≤52.0	≤57.0	≤62.0
5	色差 (灰卡) (级)	≥4.0	≥3.5	≥3.0	≥2.5	≥4.0	≥3.5	≥3.0	≥2.5	≥4.0	≥3.5	≥3.0	≥2.5	≥4.0	≥3.5	≥3.0	≥2.5
6	倍长纤维含量 (mg/100g)	≤20.0	≤40.0	≤50.0	≤60.0	≤50.0	≤80.0	≤120.0	≤200.0	≤80.0	≤150.0	≤200.0	≤300.0	≤100.0	≤200.0	≤300.0	≤400.0
7	卷曲数 (个/25cm)	≥4.0	≥3.5	≥3.0	≥3.0	≥4.0	≥3.5	≥3.0	≥3.0	≥3.5	≥3.5	≥3.0	≥3.0	≥3.5	≥3.5	≥3.0	≥2.5
8	超长纤维率 (%)	≤3.0	≤4.0	≤5.0	≤6.0	—	—	—	—	—	—	—	—	—	—	—	—
9	疵点含量 (mg/100g)	≤30.0	≤40.0	≤50.0	≤70.0	—	—	—	—	—	—	—	—	—	—	—	—

表 7-12　锦纶 6 毛型短纤维质量指标

序号	规格 / 等级 / 项目	3.0~5.6dtex(2.7~5.0旦)				5.7~14.0dtex(5.1~12.6旦)			
		优等品	一等品	二等品	三等品	优等品	一等品	二等品	三等品
1	线密度偏差率(%)	±6.0	±8.0	±10.0	±12.0	±6.0	±8.0	±10.0	±12.0
2	长度偏差率(%)	±6.0	±8.0	±10.0	±12.0	±6.0	±9.0	±11.0	±12.0
3	断裂强度 [cN/dtex] (gf/旦)	≥3.80 (≥4.30)	≥3.60 (≥4.08)	≥3.40 (≥3.85)	≥3.20 (≥3.63)	≥4.00 (≥4.53)	≥3.60 (≥4.08)	≥3.40 (≥3.85)	≥3.20 (≥3.63)
4	断裂伸长率(%)	≤60.0	≤65.0	≤70.0	≤75.0	≤60.0	≤65.0	≤70.0	≤75.0
5	疵点含量(mg/100g)	≤10.0	≤20.0	≤40.0	≤60.0	≤10.0	≤20.0	≤40.0	≤60.0
6	倍长纤维含量 (mg/100g)	≤15.0	≤50.0	≤70.0	≤100.0	≤20.0	≤60.0	≤80.0	≤100.0
7	卷曲数(个/25cm)	M±2.0	M±2.5	M±3.0	M±3.0	M±2.0	M±2.5	M±3.0	M±3.0

注　M 为卷曲数中心值,由供需双方协商确定。

表 7-13　纺织用丙纶短纤维质量指标

序号	项目	1.7~3.3dtex				3.4~7.8dtex			
		优等品	一等品	二等品	三等品	优等品	一等品	二等品	三等品
1	断裂强度 (cN/dtex)	≥4.0	≥3.5	≥3.2	≥2.9	≥3.5	≥3.0	≥2.7	≥2.4
2	断裂伸长率(%)	≤60.0	≤70.0	≤80.0	≤90.0	≤70.0	≤80.0	≤90.0	≤100.0
3	线密度偏差率(%)	±3.0	±8.0	±8.0	±10.0	±4.0	±8.0	±10.0	±12.0
4	长度偏差率(%)	±3.0	±5.0	±7.0	±9.0	—	—	—	—
5	疵点(mg/100g)	≤5.0	≤20.0	≤40.0	≤60.0	≤5.0	≤25.0	≤50.0	≤70.0
6	倍长纤维含量 (mg/100g)	≤5.0	≤20.0	≤40.0	≤60.0	≤5.0	≤20.0	≤40.0	≤60.0
7	超长纤维率(%)	≤0.5	≤1.0	≤2.0	≤3.0	—	—	—	—
8	卷曲数 (个/25mm)	M_1±2.5	M_1±3.0	M_1±3.5	M_1±4.0	M_1±2.5	M_1±3.0	M_1±3.5	M_1±4.0
9	卷曲率(%)	M_2±2.5	M_2±3.0	M_2±3.5	M_2±4.0	M_2±2.5	M_2±3.0	M_2±3.5	M_2±4.0
10	比电阻(Ω·cm)	≤k×10^7	≤k×10^9	≤k×10^9	≤k×10^9	≤k×10^8	≤k×10^9	≤k×10^9	≤k×10^9
11	含油率(%)	M_3±0.10	—	—	—	M_3±0.10	—	—	—
12	断裂强度变异系数 CV 值(%)	≤10.0	—	—	—	—	—	—	—

注　1. M_1 为卷曲数中心值,在 12~15 范围内选定,一旦确定不得任意改变。

　　2. M_2 为卷曲率中心值,在 11~14 范围内选定,一旦确定不得任意改变。

　　3. M_3 为含油率中心值,由各企业自定,但不得低于 0.3%。

　　4. k 为比电阻系数。

表 7-14　非纺织用丙纶短纤维质量指标

序号	项　目	1.7~7.8dtex				7.9~22.2dtex			
		优等品	一等品	二等品	三等品	优等品	一等品	二等品	三等品
1	线密度偏差率(%)	±5.0	±10.0	±15.0	±20.0	±5.0	±10.0	±15.0	±20.0
2	断裂强度(cN/dtex)	≥3.5	≥3.0	≥2.5	≥2.0	≥2.7	≥2.5	≥2.3	≥2.0
3	断裂伸长率(%)	$M±15$	$M±25$	$M±35$	$M±45$	$M±20$	$M±30$	$M±40$	$M±50$
4	疵点(mg/100g)	≤10.0	≤50.0	≤75.0	≤100.0	≤50.0	≤100.0	≤150.0	≤200.0
5	倍长纤维含量 (mg/100g)	≤20.0	≤40.0	≤60.0	≤80.0	≤20.0	≤50.0	≤75.0	≤100.0
6	卷曲弹性回复率(%)	≥80.0	≥70.0	≥65.0	≥55.0	≥75.0	≥70.0	≥65.0	≥55.0
7	比电阻(Ω·cm)	$\leq k×10^7$	$\leq k×10^9$	$\leq k×10^{11}$	$\leq k×10^{13}$	$\leq k×10^7$	$\leq k×10^9$	$\leq k×10^{10}$	$\leq k×10^{11}$
8	长度偏差率(%)	±3.0	—	—	—	±3.0	—	—	—

注　M 为伸长率中心值,由各厂家自行决定,亦可根据用户需要确定,一旦确定后,不得任意更改;k 为比电阻系数。

思 考 题

1. 名词解释:主体品级,异性纤维,危害性杂物,粗毛,腔毛,粗腔毛率,卷曲数中心值。
2. 简述原棉品质检验的指标。
3. 简述羊毛品质检验的指标及其试验方法。
4. 说明化学短纤维产品的主要类型和黏胶、涤纶、腈纶短纤维品质检验指标。

第八章　纱线品质检验

第一节　棉本色纱线的品质评定

棉本色纱线产品标准 GB/T 398—2008 各项技术指标参照了乌斯特统计值公报,质量指标按单纱断裂强力变异系数、百米重量变异系数、黑板条干或乌斯特条干均匀度变异系数、1g 内棉结数和 1g 内棉结杂质总粒数五项定等。优等纱除上面各项指标外,另考核 10 万米纱疵控制指标,优等品相当于国际先进水平,一等品接近国际一般水平。

一、棉本色纱线产品品种规格的有关规定

棉本色纱线产品国家标准 GB/T 398—2008 对棉本色纱线产品的品种规格作如下规定。

(1)棉纱线线密度以 1000m 纱线在公定回潮率时的重量(g)表示,单位为特克斯(tex)。

(2)棉纱线的公定回潮为 8.5%。

(3)棉纱线的标准重量和标准干燥重量可以按以下公式计算:

$$100m \text{ 纱线在公定回潮率8.5\%时的标准重量} = \frac{特数}{10}$$

$$100m \text{ 纱线的标准干燥重量} = \frac{特数}{10.85}$$

(4)单纱和股线的最后成品设计特数必须与其公称特数相等,纺股线用的单纱设计特数应保证股线的设计特数与其公称特数相等。

(5)棉纱线的公称特数系列与其 100m 的标准重量规定按 GB/T 398—2008 执行。

二、棉本色纱的技术要求

普通棉纱(梳棉纱)和精梳棉纱的产品质量等级可分为优等品、一等品和二等品三个等级,各等级的技术要求分列于表 8-1 和表 8-2 中。

表8-1　梳棉纱的技术要求

线密度 (tex)	等别	单纱断裂强力变异系数CV值 (%) ≤	100m重量变异系数CV值 (%) ≤	单纱断裂强度 [cN/dtex] (gf/旦) ≥	100m重量偏差 (%) ≤	黑板条干均匀度10块板比例 (优:一:二:三) ≥	条干均匀度变异系数CV值 (%) ≤	1g内棉结粒数 ≤	1g内棉结杂质总粒数 ≤	实际捻系数 经纱	实际捻系数 纬纱	纱疵优等纱控制数 (个/10万米) ≤
8~10 (70~56 英支)	优	12.0	2.5	10.6		7:3:0:0	18.0	35	50	340~430	310~380	
	一	16.5	3.7	(10.8)		0:7:3:0	21.0	80	110			
	二	21.0	5.0			0:0:7:3	24.0	125	165			
11~13 (55~44 英支)	优	11.5	2.5	10.8		7:3:0:0	18.0	35	60	340~430	310~380	
	一	16.0	3.7	(11.0)		0:7:3:0	21.0	80	120			
	二	20.5	5.0			0:0:7:3	24.0	140	185			
14~15 (43~37 英支)	优	11.0	2.5	11.0		7:3:0:0	17.5	35	60	330~420	300~370	
	一	15.5	3.7	(11.2)	±2.5	0:7:3:0	20.5	80	120			40
	二	20.0	5.0			0:0:7:3	23.5	140	185			
16~20 (36~29 英支)	优	10.5	2.5	11.2		7:3:0:0	17.0	35	60	330~420	300~370	
	一	15.0	3.7	(11.4)		0:7:3:0	20.0	80	120			
	二	19.5	5.0			0:0:7:3	23.0	140	185			
21~30 (28~19 英支)	优	10.0	2.5	11.4		7:3:0:0	16.5	35	60	330~420	300~370	
	一	14.5	3.7	(11.6)		0:7:3:0	19.5	80	120			
	二	19.0	5.0			0:0:7:3	22.5	140	185			
32~34 (18~17 英支)	优	9.5	2.5	11.2		7:3:0:0	16.0	40	75	320~410	290~360	
	一	14.0	3.7	(11.4)		0:7:3:0	19.0	80	145			
	二	18.5	5.0			0:0:7:3	22.0	130	225			

续表

线密度 (tex)	等别	单纱断裂强力变异系数CV值 (%) ≤	100m重量变异系数CV值 (%) ≤	单纱断裂强度 [cN/dtex (gf/旦)] ≥	100m重量偏差 (%) ≤	黑板条干均匀度10块板比例 (优:一:二:三) ≥	条干均匀度变异系数CV值 (%) ≤	1g内棉结粒数 ≤	1g内棉结杂质总粒数 ≤	实际捻系数 经纱	实际捻系数 纬纱	纱疵优等纱控制数 (个/10万米) ≤
36~60 (16~10英支)	优	9.0	2.5	11.0	±2.8	7:3:0:0	15.0	40	75	320~410	290~360	40
	一	13.5	3.7	(11.2)		0:7:3:0	18.0	80	145			
	二	18.0	5.0			0:0:7:3	21.0	130	225			
64~80 (9~7英支)	优	8.5	2.5	10.8		7:3:0:0	14.0	40	75	320~410	290~360	
	一	13.0	3.7	(11.0)		0:7:3:0	17.0	80	145			
	二	17.5	5.0			0:0:7:3	20.0	130	225			
88~192 (6~3英支)	优	8.5	2.5	10.6		7:3:0:0	13.5	40	75	320~410	290~360	
	一	13.0	3.7	(10.8)		0:7:3:0	16.5	80	145			
	二	17.5	5.0			0:0:7:3	19.5	130	225			

注 10万米纱疵为 GB 4145 中规定的纱疵 A3+B3+C3+D2 之和(以下同此)。

表 8-2 精梳棉纱的技术要求

线密度 (tex)	等别	单纱断裂强力变异系数CV值 (%) ≤	100m重量变异系数CV值 (%) ≤	单纱断裂强度 [cN/dtex (gf/旦)] ≥	100m重量偏差 (%) ≤	黑板条干均匀度10块板比例 (优:一:二:三) ≥	条干均匀度变异系数CV值 (%) ≤	1g内棉结粒数 ≤	1g内棉结杂质总粒数 ≤	实际捻系数 经纱	实际捻系数 纬纱	纱疵优等纱控制数 (个/10万米) ≤
4~4.5 (150~131英支)	优	13.0	2.5	12.0	±2.5	7:3:0:0	19.5	25	30	340~430	310~360	30
	一	17.5	3.7	(12.2)		0:7:3:0	22.5	55	65			
	二	22.0	5.0			0:0:7:3	25.5	85	95			

续表

线密度 (tex)	等别	单纱断裂强力变异系数 CV 值 (%) ≤	100m 重量变异系数 CV 值 (%) ≤	单纱断裂强度 [cN/dtex] (gf/旦) ≥	100m 重量偏差 (%) ≤	黑板条干均匀度 10 块板比例 (优：一：二：三) ≥	条干均匀度变异系数 CV 值 (%) ≤	1g 内棉结粒数 ≤	1g 内棉结杂质总粒数 ≤	实际捻系数 经纱	实际捻系数 纬纱	纱疵优等 纱栓制数 (个/10 万米) ≤
5~5.5 (130~111) 英支	优	12.5	2.5	12.0		7：3：0：0	18.5	25	30	340~430	310~380	
	一	17.0	3.7	(12.2)	±2.5	0：7：3：0	21.5	55	65			
	二	21.5	5.0			0：0：7：3	24.5	85	95			
6~6.5 (110~91) 英支	优	12.0	2.5	12.2		7：3：0：0	17.5	25	30	330~400	300~350	
	一	16.5	3.7	(12.4)		0：7：3：0	20.5	55	65			
	二	21.0	5.0			0：0：7：3	23.5	85	95			
7~7.5 (90~71) 英支	优	11.5	2.5	12.2		7：3：0：0	16.5	25	30	330~400	300~350	30
	一	16.0	3.7	(12.4)		0：7：3：0	19.5	55	65			
	二	20.5	5.0			0：0：7：3	22.5	85	95			
8~10 (70~56) 英支	优	11.0	2.5	12.4		7：3：0：0	15.5	25	30	330~400	300~350	
	一	15.5	3.7	(12.6)		0：7：3：0	18.5	55	65			
	二	20.0	5.0			0：0：7：3	21.5	85	95			
11~13 (55~44) 英支	优	10.5	2.5	12.4		7：3：0：0	15.0	20	25	330~400	300~350	
	一	15.0	3.7	(12.6)		0：7：3：0	18.0	45	55			
	二	19.5	5.0			0：0：7：3	21.0	65	80			
14~15 (43~37) 英支	优	10.0	2.5	12.4		7：3：0：0	14.5	20	25	330~400	300~350	
	一	14.5	3.7	(12.6)		0：7：3：0	17.5	45	55			
	二	19.0	5.0			0：0：7：3	20.5	65	80			

续表

线密度 (tex)	等别	单纱断裂强力变异系数CV值(%) ≤	100m重量变异系数CV值(%) ≤	单纱断裂强度[cN/dtex](gf/旦)] ≥	100m重量偏差(%) ≤	条干均匀度 黑板条干均匀度10块板比例(优:一:二:三) ≥	条干均匀度变异系数CV值(%) ≤	1g内棉结粒数 ≤	1g内棉结杂质总粒数 ≤	实际捻系数 经纱	实际捻系数 纬纱	纱疵优等制数/纱控制数(个/10万米) ≤
16~20 (36~29英支)	优	9.5	2.5	12.4 (12.6)	±2.5	7:3:0:0	14.0	20	25	320~390	290~340	30
	一	14.0	3.7			0:7:3:0	17.0	45	55			
	二	18.5	5.0			0:0:7:3	20.0	65	80			
21~30 (28~19英支)	优	9.0	2.5	12.6 (12.8)		7:3:0:0	12.5	20	25	320~390	290~340	
	一	13.5	3.7			0:7:3:0	15.5	45	55			
	二	18.0	5.0			0:0:7:3	18.5	65	80			
32~36 (18~16英支)	优	8.5	2.5	12.6 (12.8)		7:3:0:0	12.0	20	25	320~390	290~340	
	一	13.0	3.7			0:7:3:0	15.0	45	55			
	二	17.5	5.0			0:0:7:3	18.0	65	80			

三、棉本色纱线试验方法

(一)棉本色纱线捻度测定

纱线捻度测定方法有两种:一种是直接计数法,即在一定张力下,夹住已知长度纱线的两端,通过试样的一端对另一端向退捻方向回转,直至纱线中的纤维或单纱完全平行为止,退去的捻数即为该试样长度的捻数;另一种是退捻加捻法,即在一定张力下,夹住已知长度纱线的两端,经退捻和反向加捻后回复到起始长度所需的捻回数的一半即为该长度下的纱线捻数。

针对不同类型的纱线可选择与其相适应的试验方法进行测定,包括棉本色纱线在内的各类纱线捻度测定必须按表8-3和表8-4的规定选择合适的试验参数。纱线捻度试样按采样规定抽取,并在标准大气中调湿平衡,根据试验结果按下面公式计算有关捻度指标。

$$平均捻度(捻/m) = \frac{全部试样捻数总和 \times 1000}{试样长度(mm) \times 试验次数}$$

$$捻度差异率 = \frac{平均捻度 - 设计捻度}{设计捻度} \times 100\%$$

$$捻度不匀率 = \frac{2 \times (平均捻度 - 平均以下平均值) \times 平均以下次数}{平均捻度 \times 试验次数} \times 100\%$$

$$退捻度后伸长或收缩百分率 = \frac{试样退捻后长度 - 试样退捻前长度}{试样退捻前长度} \times 100\%$$

$$实际捻系数(特数制) = \frac{\sqrt{试样设计特数} \times 平均捻度}{10}$$

表8-3　各类纱线捻度测定参数(直接计数法)

纱线类别		试验长度(mm)	预加张力(cN/tex)
短纤维单纱	棉　纱	10 或 25	0.5±0.1;如果被测纱线在规定张力下伸长达到或超过0.5%,则应调整预加张力,使伸长不超过0.1%,经有关各方同意后在试验报告中注明
	精梳毛纱	25 或 50	
	粗梳毛纱	25 或 50	
	韧皮纤维	100 及 250	
复　丝	名义捻度≥1250 捻/m	250±0.5	
	名义捻度<1250 捻/m	500±0.5	
股线及缆线	名义捻度≥1250 捻/m	250±0.5	
	名义捻度<1250 捻/m	500±0.5	

表8-4　各类纱线捻度测定参数（退捻加捻法）

纱线类别		试样长度(mm)	预加张力 （cN/tex）	允许伸长(mm)
精纺毛纱	捻系数 α<80	500±1	0.10±0.02	设置隔距长度500mm,预加张力(0.50±0.10)cN/tex,夹钳转速800r/min或更慢,读取纱线中纤维产生明显滑移时的伸长率,试验5次,计算平均伸长率,平均伸长率的25%为允许伸长
	捻系数 α=80~150	500±1	0.25±0.05	
	捻系数 α>150	500±1	0.50±0.05	
	其他纱线	500±1	0.50±0.10	

(二)棉本色纱线线密度(或支数)测定方法——绞纱法

绞纱法是测定各类纱线线密度的主要试验方法,其测试原理是:纱线的线密度是由试样的长度和重量计算出的,长度合适的试样在规定条件下从已调湿的样品中摇出,绞纱重量是在表8-5所示的各种不同条件中的一种条件下测定的。试验绞纱的长度、卷绕张力应符合表8-6之规定。摇纱前,试验样品应在标准大气中调湿,时间不少于24h。

表8-5　纱线线密度绞纱试样重量的测定条件

以未洗净纱线为基础	任选程序1:与试验用标准大气相平衡的已调湿纱线重量
	任选程序2:烘干纱线的重量
	任选程序3:烘干纱线的重量加商业回潮率
以洗净纱线为基础	任选程序4:与试验用标准大气相平衡的洗净纱线的重量
	任选程序5:洗净烘干纱线的重量
	任选程序6:洗净烘干纱线的重量加商业回潮率
	任选程序7:洗净烘干纱线的重量加商业允贴

表8-6　试验绞纱长度和卷绕张力

试验绞纱长度	卷绕张力
1. 名义线密度低于12.5tex的纱线,推荐用200m,允许用100m 2. 名义线密度从12.5~100tex的纱线,推荐用100m,允许用50m 3. 名义线密度大于100tex的短纤纱,推荐用50m,允许用25m或20m 4. 名义线密度大于100tex的复丝纱应用10m	1. 对非变形纱及膨体纱为(0.5±0.1)cN/tex,其中针织绒和粗纺毛纱为(0.25±0.05)cN/tex 2. 对其他变形纱为(1.0±0.2)cN/tex **注**　预加张力以名义线密度计算,如果测长器不装备积极喂入控制张力装置,应用缕纱圈长计校验预试绞纱长度,并调整卷绕张力至摇出的绞纱长度在正确长度±0.25%内

洗净(或萃取)或未洗净(或萃取)的试验绞纱重量测定分两种情况:一种是用天平称出与试验用标准大气相平衡的已调湿纱线的重量;另一种是用天平称出烘干纱线的重量。洗净或萃取方法可参照GB/T 4743附录D的规定,试验绞纱的调湿周期和烘干条件见表8-7。

表 8-7 试验绞纱调湿周期和烘干条件

调湿周期		烘干条件			说明
在相对湿度65%、温度20℃的回潮率(%)	最小调湿周期(h)	材料	烘干温度(℃)	烘干时间(h)	如果未规定烘干时间,则连续烘干直到时间间隔10min逐次称重(箱内称重)的重量递减变化不大于0.05%为止
>11(如羊毛、丝、黏胶、麻)	8	腈纶	110±3	2	
≥7~11(如棉)	6	丝	140±5	2	
≥5~7(如醋酸纤维)	4	氯纶	70±2	2	
<5(如锦纶、涤纶)	2	其他所有材料	105±3	2	

各项线密度指标计算公式如下:

$$已调湿纱线线密度(tex) = \frac{已调湿绞纱的重量(g)}{试样长度(m)} \times 1000$$

$$烘干纱线线密度(tex) = \frac{烘干绞纱的重量(g)}{试样长度(m)} \times 1000$$

$$指定回潮率的纱线线密度(tex) = \frac{烘干纱线线密度 \times (100 + R)}{100}$$

式中:R——被试验纱线的纤维商业回潮率,%。

如果试样是由两种或两种以上具有不同商业回潮率的纤维类型组成的,则按下式计算试验绞纱的混合商业回潮率。

$$R_{混} = \frac{A\% \times R_A}{100} + \frac{B\% \times R_B}{100} + \cdots$$

式中:$R_{混}$——混合商业回潮率,%;

R_A 和 R_B ——纤维 A 和纤维 B 的商业回潮率,%;

$A\%$ 和 $B\%$ ——以干燥重量为基础的纤维 A 和纤维 B 的含量。

$$加商业允贴的洗净烘干纱线线密度(tex) = \frac{洗净烘干纱线线密度 \times (100 + K)}{100}$$

式中:K——商业允贴,即为了求得某种限定材料的商业重量(公量),线密度或每单位面积内的重量,而在该材料用指定方法洗净(或萃取)和烘干后的重量(质量)所加的约定值,此约定值由标准规定或贸易双方互相商定,它等于商业回潮率与对油脂、浆料、整理剂或其他物质认可的补贴之和。

$$纱线线密度变异系数 CV 值(\%) = \frac{100}{\overline{X}} \times \sqrt{\frac{\sum X^2 - \frac{(\sum X)^2}{N}}{N - 1}}$$

式中:X ——个体试验绞纱的重量;

$\overline{X}$ ——X 的平均数;

N ——试验绞纱数,计算变异系数至少要以 20 个试样为基础。

(三)棉本色纱线断裂强力和伸长率检验

棉本色纱线断裂强力和伸长率测定采用单根纱线法,其试验原理是:用强力试验机拉伸单根纱线试样,直至断脱,并指示出断裂强力和伸长,强力试验机工作速度必须使一份试样的平均断裂时间落在指定的时间范围以内。此试验方法也适用于麻纺、毛纺、丝绢纺和各类化纤长丝纱线。强力试验机目前主要采用电子式等速牵引型(CRT)强力试验机,并将试样断裂时间控制在(20±3)s内。

检验时,实验室样品按标准规定取出,并在预调湿大气中进行预调湿(时间至少4h),然后在标准大气中调湿(时间不少于24h),也可以把实验室样品卷装暴露48h,使试样达到试验用含湿平衡。试验次数按产品标准所要求的试验次数试验,如果产品标准中无要求时,可以按概率水平90%和精密度(即平均值最大允许误差)±4%的要求,试验次数由$0.17V^2$算出,其中V为单根纱线断裂强力试验值的变异系数。当V值未知时,可按表8-8规定的试验次数进行试验。

表8-8　V未知时,试验次数的规定

纱线类型	试验次数	V%(≤)
单根细纱 单丝	60	18.5
合股细纱 单根复丝	30	13
缆线(多股细纱) 合股复丝	20	11

纱线断裂强力和伸长率试验必须在标准大气中进行。棉纺、麻纺、丝绢纺纱线,以及化纤长丝纱的预加张力值为(0.5±0.1)cN/tex,毛纺纱线和湿态试验的预加张力值应为(0.25±0.025)cN/tex。如果纱线的断裂伸长率在50%以内,试样名义夹持长度为(500±1)mm;当断裂伸长率超过50%时,可使用(250±0.5)mm夹持长度。单根纱线断裂强力、断裂强度和伸长率指标计算方法如下:

$$平均断裂强力 = \frac{强力观测值总和(cN)}{观测次数}$$

$$平均断裂强度 = \frac{平均断裂强力(cN)}{名义线密度(tex)}$$

$$平均伸长率 = \frac{伸长观测值总和(mm)}{观测次数 \times 名义隔距长度(mm)} \times 100\%$$

$$断裂强力和伸长率变异系数 CV 值 = \frac{S}{\bar{X}} \times 100\%$$

式中:S——均方差;

$\bar{X}$——平均值,其中S按公式$\sqrt{\dfrac{\sum (\bar{X} - X_i)^2}{n - 1}}$计算;

X_i —— 观测值；

n —— 试验次数。

(四)棉本色纱线疵点分级检验——纱疵仪法

纱疵按其截面大小和长度分为短粗节、长粗节(或称双纱)和长细节三种,共分为23级,各级纱疵的截面和长度分级界限如图8-1所示。

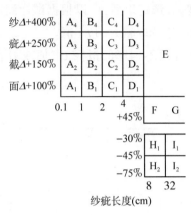

图8-1 各级纱疵的截面与
长度分级界限

1. 短粗节 纱疵截面比正常纱线粗100%以上,长度在8cm以下者称短粗节,按短粗节截面大小与长度不同又将其分成16级:即 A_1、A_2、A_3、A_4、B_1、B_2、B_3、B_4、C_1、C_2、C_3、C_4、D_1、D_2、D_3 和 D_4。

2. 长粗节 纱疵截面比正常纱线粗45%以上,长度在8cm以上者称长粗节,长粗节按其截面大小与长度不同分成3级,即 E、F 和 G。

3. 长细节 纱疵截面比正常纱线细30%~75%,长度在8cm以上者称长细节,长细节按其截面大小和长度不同分成4级,即 H_1、H_2、I_1 和 I_2。

纱疵仪是自动化程度很高、数据处理能力很强的纱疵检测仪器,它可以测出纱疵的级别、数量,同时能将测出的分级纱疵数折算成10万米纱线的相当纱疵数,以便于在不同试样间做比较,并可作为优等棉纱分等指标进行考核的依据。正式试验前,必须对仪器进行功能调试与功能校验,以保证测试数据的准确性。仪器试验条件的设定包括如下内容。

(1)络纱速度——推荐络纱速度为600m/min。

(2)线密度——按试样名义线密度(tex)设定。

(3)测试长度——根据纱线线密度(tex)及输入试样重量(g)设定测试长度。

(4)材料值——纯纺纱线根据纤维种类确定其材料值;混纺纱线根据混纺比及各成分纤维的材料值,用加权平均方法算出材料值。

(5)对于长疵点(E、G、I_1 和 I_2)的检测,可根据试验要求决定是否采用切除纱疵的方法。

用纱疵仪按试验规程要求进行试验之后,可以测得各级纱疵数,并折算出10万米的相应分级纱疵数,同时可根据不同产品要求,统计出平均每十万米应清除纱疵总数。

(五)电子均匀度仪检验纱条短片段不匀率

目前,电子均匀度仪在检验机构和生产企业都已普遍使用,测定纱条短片段不匀率的均匀度仪(如乌斯特条干均匀度仪)是应用电容检测原理制成的,它能将纱条短片段重量变化转换成为相应的电信号变化,即当纱条通过检测电容极板之间时,便产生电容量的变化,而电容量的相对变化率与检测电容极板间的纱条重量变化率呈线性关系。检验时,按标准规定选取试样,并进行调湿平衡,试验在标准大气中进行。测试前,按操作规程要求将仪器调整至正常工作状态,并设定试验参数和测试类型,其中包括:

(1)张力调节——用张力调节器调节纱线张力,使纱线不产生抖动或异常情况。

(2)测试槽的选择——根据不同的极板长度和宽度,测试槽共分五档,可分别测试不同规格的细纱、粗纱和条子。

(3)选定试验类型——试验类型分正常试验、迟缓试验和L-试验三种,可提供三种不同的试验方式,其中正常试验是测定纱线片段长度,相当于极板长度的不匀率,近似反映纱条总不匀率。

(4)测定速度和时间的选择——当实际测定纱条长度 L_w 选定以后,可以根据试样测定速度和时间两者的乘积在仪器上设定(表8-9),实际试验时应选取较大的 L_w 值。

按规定操作程序进行试验之后,可以测得表示纱条短片段不匀率的指标 CV 值或 U 值(平均差不匀率)。

表8-9 测定速度及时间选择表

速度(m/min)	试验材料	时间(min)
400	细纱	1,5
200	细纱	1,2.5,5
100	细纱	2.5,5
50	细纱、粗纱	5
25	细纱、粗纱、条子	5,10
8	条子、粗纱	5,10
4	条子	5,10

(六)棉结、杂质、条干均匀度试验方法——目光检验法

1. 棉结、杂质试验方法(目光检验法)   棉结、杂质目光检验是将纱线试样均匀地摇在黑板上,摇黑板机上除游动导纱钩及保证均匀卷绕的装置外,一律不得采取任何除杂措施。

棉结、杂质目光检验在自然北光条件下进行,并保证足够的照度,检验面的安放角度与水平成45°±5°(图8-2)。检验时,先将浅蓝色底板插入试样与黑板之间,然后用图8-3所示的黑色压片压在试样上,进行正反两面的每格内的棉结杂质检验。根据棉纱分级规定:棉结、杂质应分别记录,合并计算。全部纱样检验完毕之后,算出10块黑板的棉结杂质总数,并按下面公式计算出1g棉纱线内的棉结杂质粒数。

$$1\text{g 棉纱线内的棉结杂质粒数} = \frac{\text{棉结杂质总粒数}}{\text{棉纱线公称号数}} \times 10$$

国际上也有以条干仪测得的棉结数作为衡量纱线质量优劣的习惯,虽然仪器检测棉结杂质具有检测数量多、代表性强、正确性高等优点,但要订入产品标准中作为技术条件进行考核,一方面受到仪器设备数量的限制,另一方面还要有一个认识过程。目光检验棉结杂质存在变异性,其差异主要来自两个方面,即人际目光差异和自身目光稳定性,且目光检验受环境因素的影响程度比仪器检验要大。

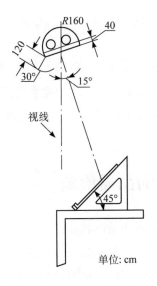

图 8-2　检验面安放角度与
水平成 45°±5°

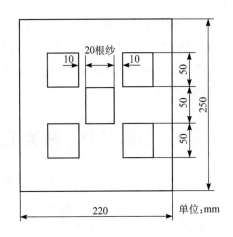

图 8-3　黑色压片示意图

2. 条干均匀度试验方法（目光检验法）　棉纱条干均匀度检验也可以采用目光检验法，即以黑板对比标准样照作为评定条干均匀度评等的主要依据。定等方法是：与标准样照对比，好于或等于优等样照的，按优等评定；好于或等于一等样照的，按一等评定；差于一等样照的评为二等。检验时，黑板上的阴影、粗节不可相互抵消，以最低一项评定；黑板上的棉结杂质和条干均匀度不可相互抵消，以最低一项评定。如有严重疵点、阴阳板、一般规律性不匀，评为二等；严重规律性不匀评为三等。

现行棉纱产品标准将条干变异系数和黑板条干同时作为质量要求进行考核，既体现出仪器检验条干均匀度和目光检验条干均匀度的优点，也可以克服单一检验方法的不足，同时也体现了这两种检验方法的相关性。

四、棉本色纱线分等规定

（1）棉纱线规定以同品种一昼夜三个班的产量为一批，按规定的试验周期和各项试验方法进行试验，并按其结果评定棉纱线的品等。

（2）棉纱线的品等分为优等品、一等品、二等品，低于二等指标者为三等品。

（3）棉纱的品等由单纱断裂强力变异系数 CV 值、百米重量变异系数 CV 值、条干均匀度、1g 内棉结粒数和 1g 内棉结杂质总粒数评定，当这五项的品等不同时，按五项中最低的一项品等评定。

（4）棉线的品等由单线断裂强力变异系数 CV 值、百米重量变异系数 CV 值、1g 内棉结粒数和 1g 内棉结杂质总粒数评定，当这四项的品等不同时，按四项中最低的一项品等评定。

（5）单纱（线）的断裂强度或百米重量偏差超出允许范围时，在单纱（线）断裂强力变异

系数 CV 值和百米重量变异系数 CV 值原评等的基础上顺降一个等处理,如果两项都超出范围时,亦只顺降一次,降至二等为止。

(6)优等棉纱另加 10 万米纱疵一项亦作为分等指标。

(7)检验条干均匀度可以由生产厂选用黑板条干均匀度或条干均匀度变异系数 CV 值两者中的任何一种,但一经确定,不得任意变更。发生质量争议时,以条干均匀度变异系数 CV 值为准。

第二节　精梳毛针织绒线的品质检验

精梳毛针织绒线的品等以批为单位,按内在质量和外观质量的检验结果综合评定,并以其中最低一项定等。精梳毛针织绒线分为优等品、一等品、二等品,低于二等品者为等外品。内在质量评等以批为单位,按物理指标和染色牢度综合评定,并以其中最低项定等。外观质量的评等包括实物质量和外观疵点的评等。

一、精梳毛针织绒线的实物质量评等

实物质量系指外观、手感、条干和色泽,实物质量评等以批为单位,检验时逐批比照封样进行评定,符合优等品封样者为优等品;符合一等品封样者为一等品;明显差于一等品封样者为二等品;严重差于一等品封样者为等外品。

二、精梳毛针织绒线的外观疵点评等

精梳毛针织绒线外观疵点的评等分为绞纱、筒子纱外观疵点评等和织片外观疵点评等。绞纱外观疵点评等以 250g 为单位,逐绞检验。绞纱外观疵点包括结头、断头、大肚纱、小辫纱、羽毛纱、异形纱、异色纤维混入、毛片、草屑、杂质、斑疵、轧毛、毡并、异形卷曲、杆印、段松纱(逃捻)、露底、膨体不匀等。筒子纱外观疵点评等以每个筒子为单位,逐筒检验,各品等均不允许成形不良、斑疵、色差、色花、错纱等疵点出现。织片外观疵点评等以批为单位,每批抽取 10 大绞(筒),每绞(筒)用单根纬平针织成长 20cm、宽 30cm 的织片,10 绞(筒)连织成一片,其检验项目包括粗细节、紧捻纱、条干不匀、厚薄档、色花、色档、混色不匀、毛粒等。优等品中疵点限度为 10 块均不允许低于标样,一等品中疵点限度为较明显低于标样的不得超过三块。

三、精梳毛针织绒线的物理指标评等

精梳毛针织绒线物理指标包括含毛量(纯毛产品)、纤维含量允许偏差(混纺产品)、大绞重量偏差率、线密度偏差率、线密度变异系数 CV 值、捻度变异系数 CV 值、单纱断裂强度、强力变异系数 CV 值、起球级数和条干均匀度变异系数 CV 值等指标,评等按表8-10规定。

表 8-10　精梳毛针织绒线物理指标的评等规定

项　目		限度	优等品	一等品	二等品
纤维含量	纯毛产品含毛量	—	100%（详见 FZ/T 71001—2003 附录 A）		
	混纺产品纤维含量允许偏差（绝对百分比）	—	±3，成品中某一纤维含量低于10%时，其含量偏差绝对值应不高于标注含量的30%		
大绞重量偏差率（%）		—	−2.0	—	
线密度偏差率（%）		—	±2.0	±3.5	±5.0
线密度变异系数 CV 值（%）		≤	2.5	—	
捻度变异系数 CV 值（%）		≤	10.0	12.0	15.0
单纱断裂强度（cN/tex）		≥	4.5　27.8tex×2 及以下为 4.0		
强力变异系数 CV 值（%）		≤	10.0	—	
起球（级）		≥	3~4	3	2~3
条干均匀度变异系数 CV 值（%）		≤	详见 FZ/T 71001—2003 附录 A		

注　表中线密度、捻度、强力均为股线考核指标。

四、精梳毛针织绒线的染色牢度评等

精梳毛针织绒线染色牢度根据耐光、耐洗、耐汗渍、耐水和耐摩擦色牢度试验结果进行评等。染色牢度评等按表 8-11 规定，一等品允许有一项低半级，有两项低于半级或一项低于一级者降为二等品，凡低于二等品者降为等外品。

表 8-11　精梳毛针织绒线染色牢度的评等规定

项　目		限度	优等品	一等品
耐光（级）	>1/12 标准深度（深色）	≥	4	3~4
	≤1/12 标准深度（浅色）	≥	3	3
耐洗（级）	色泽变化	≥	3~4	3
	毛布沾色		4	3
	棉布沾色		3~4	3
耐汗渍（级）	色泽变化	≥	3~4	3~4
	毛布沾色		4	3
	棉布沾色		3~4	3
耐水（级）	色泽变化	≥	3~4	3
	毛布沾色		4	3
	棉布沾色		3~4	3
耐摩擦（级）	干摩擦	≥	4	3~4(深色 3)
	湿摩擦		3	2~3

注　毛混纺产品，棉布沾色应改为与混纺产品中主要非毛纤维同类的纤维布沾色；非毛纤维纯纺或混纺产品毛布沾色应改为其他主要非毛纤维布沾色。

五、精梳毛针织绒线试验方法

精梳毛针织绒线各单项试验方法按 FZ/T 70001《针织和编结绒线试验方法》规定执行。

第三节　生丝品质检验

一、生丝品质指标

生丝的品质,根据受检生丝的品质技术指标和外观质量的综合成绩,可分为6A、5A、4A、3A、2A、A、B、C 和级外品。生丝的品质技术指标规定见表 8-12。生丝公定回潮率为11.0%,实测回潮率不得低于8.0%、不得超过13.0%。生丝的均匀、清洁、洁净对照样照,外观对照标样和样卡,按有关规定评定。

表 8-12　生丝的品质技术指标规定

主要检验项目	级别 指标水平 名义纤度	6A	5A	4A	3A	2A	A	B	C
纤度偏差	12旦(13.3dtex)及以下	0.90	1.00	1.15	1.30	1.45	1.65	1.90	2.15
	13~15旦(14.4~16.7dtex)	1.00	1.10	1.25	1.40	1.55	1.75	1.95	2.20
	16~18旦(17.8~20.0dtex)	1.05	1.20	1.35	1.55	1.80	2.05	2.35	2.70
	19~22旦(21.1~24.4dtex)	1.15	1.30	1.50	1.70	1.95	2.20	2.45	2.80
	23~25旦(25.6~27.8dtex)	1.30	1.45	1.65	1.85	2.05	2.30	2.60	2.95
	26~29旦(28.9~32.2dtex)	1.40	1.55	1.75	1.95	2.15	2.40	2.70	3.00
	30~33旦(33.3~36.7dtex)	1.45	1.65	1.85	2.10	2.40	2.70	3.05	3.50
	34~49旦(37.8~54.4dtex)	1.70	1.90	2.15	2.40	2.70	3.00	3.35	3.75
	50~69旦(55.6~76.7dtex)	1.95	2.25	2.55	2.90	3.30	3.75	4.25	4.85
纤度最大偏差	12旦(13.3dtex)及以下	2.60	2.95	3.35	3.75	4.25	4.80	5.45	6.15
	13~15旦(14.4~16.7dtex)	2.90	3.25	3.60	4.05	4.55	5.10	5.70	6.40
	16~18旦(17.8~20.0dtex)	3.00	3.40	3.90	4.50	5.15	5.90	6.80	7.80
	19~22旦(21.1~24.4dtex)	3.35	3.80	4.35	4.95	5.60	6.35	7.15	8.15
	23~25旦(25.6~27.8dtex)	3.80	4.25	4.80	5.35	6.00	6.75	7.55	8.50
	26~29旦(28.9~32.2dtex)	4.05	4.55	5.05	5.65	6.30	7.00	7.80	8.70
	30~33旦(33.3~36.7dtex)	4.15	4.70	5.35	6.10	6.90	7.85	8.90	10.10
	34~49旦(37.8~54.4dtex)	5.00	5.60	6.25	6.95	7.75	8.65	9.70	10.80
	50~69旦(55.6~76.7dtex)	5.70	6.50	7.40	8.40	9.55	10.85	12.35	14.05

续表

主要检验项目 \\ 级别 \\ 指标水平 \\ 名义纤度		6A	5A	4A	3A	2A	A	B	C
均匀二度变化(条)	18旦(20.0dtex)及以下	4	8	14	22	32	44	58	74
	19~33旦(21.1~36.7dtex)	2	4	8	14	22	32	44	58
	34~69旦(37.8~76.7dtex)	0	2	4	8	14	22	32	44
清洁(分)		98.0	97.5	96.5	95.0	93.0	90.0	87.0	84.0
洁净(分)		95.00	94.00	92.00	90.00	88.00	86.00	84.00	82.00

补助检验项目 \\ 附级	(一)	(二)	(三)	(四)
均匀三度变化(条)	0	2	4	4以上

补助检验项目 \\ 附级		(一)	(二)	(三)	(四)
切断次数	12旦(13.3dtex)及以下	12	18	24	24以上
	13~18旦(14.4~20.0dtex)	8	14	20	20以上
	19~33旦(21.1~36.7dtex)	6	10	16	16以上
	34~69旦(37.8~76.7dtex)	2	4	8	8以上

补助检验项目 \\ 附级		(一)	(二)	(三)
断裂强度[cN/dtex(gf/旦)]	CRE(等速伸长)	3.44(3.90)	3.35(3.80)	3.35以下(3.80以下)
	CRT(等速牵引)	3.26(3.70)	3.18(3.60)	3.18以下(3.60以下)
断裂伸长率(%)	CRE(等速伸长)	21.0	20.0	20.0以下
	CRT(等速牵引)	19.0	18.0	18.0以下
抱合(次)	18旦(20.0dtex)及以下	60	50	50以下
	19~33旦(21.1~36.7dtex)	90 80	70	70以下

二、生丝分级规定

(一)基本级的评定

生丝分级根据纤度偏差、纤度最大偏差、均匀二度变化、清洁及洁净五项主要检验项目中的最低一项成绩确定基本级。主要检验项目中的任何一项低于最低级时,定为级外品。在黑板卷绕过程中,出现有 10 只及以上丝锭不能正常卷取者,一律定为最低级,并在检验证书的备注栏上注明"丝条脆弱"。

(二)补助检验的降级规定

生丝补助检验项目中任何一项低于基本级所属的附级允许范围者,应予降级。按各项补助检验成绩的附级低于基本级所属附级的级差数降级。附级相差一级者,基本级降一级;相差二级者,降二级,以此类推。补助检验项目中有两项以上低于基本级者,以最低一项降级。切断次数超过表 8-13 者,一律降为最低级。

表 8-13　切断次数的降级规定

名义纤度(旦)	切断(次)
12 旦(13.3dtex)及以下	60
13~18 旦(14.4~20.0dtex)	50
19~33 旦(21.1~36.7dtex)	40
34~69 旦(37.8~76.7dtex)	20

(三)外观检验的降级规定

外观检验成绩评为"稍劣"者,按上述规定评定的等级再降低一级。如果已经定为最低级时,则作为级外品。外观检验评为"级外品"者,一律作级外品。

三、生丝检验方法

根据我国生丝检验国家标准的规定,生丝各检验项目的检验仪器、设备以及有关指标列于表 8-14 之中。

表 8-14　生丝检验项目、仪器设备、质量指标

检验项目	仪 器 设 备	质 量 指 标
重量检验	电子秤:量程 150kg,最小分度值≤0.05kg 电子秤:量程 500g,最小分度值≤1g 天平:量程 1000g,最小分度值≤0.01g 带有天平的烘箱	净重,湿重(原重),干重,回潮率,公量

检验项目	仪 器 设 备	质 量 指 标
外观检验	检验台:内装日光荧光灯的平面组合灯罩或集光灯罩。要求光线以一定的距离柔和均匀地照射于丝把的端面上,丝把端面的照度为450~500lx	生丝外观评等分为良、普通、稍劣和级外品 外观性状颜色种类分白色、乳色、微绿色三种,颜色程度以淡、中、深表示 光泽程度以明、中、暗表示 手感程度以软、中、硬表示
切断检验	切断机、丝络、丝锭	切断次数
纤度检验	纤度机、生丝纤度仪、天平、带有天平的烘箱	平均纤度、纤度偏差、纤度最大偏差、平均公量纤度
均匀检验	黑板机、黑板、均匀标准样照、检验室	均匀一度变化(条) 均匀二度变化(条) 均匀三度变化(条)
清洁及洁净检验	清洁标准样照,洁净标准样照,检验室	清洁(分),洁净(分)
断裂强度及断裂伸长率检验	等速伸长试验仪(CRE) 等速牵引试验仪(CRT) 天平:量程200g,最小分度值≤0.01g	断裂强度,cN/dtex(gf/旦) 断裂伸长率,%
抱合检验	杜波浪式抱合机	抱合次数

第四节　苎麻纱品质检验

一、苎麻纱分等规定

苎麻纱规定以同品种一昼夜三个班的生产量为一批,经常两班或单班生产者则以两班生产量为一批,如遇临时单班生产,可并入相邻批内。按规定的试验周期和各项试验方法进行试验,并按其结果评定苎麻纱的品等。苎麻纱品等分为优等品、一等品和二等品,低于二等指标者为三等品,苎麻纱的技术要求见表8-15。

苎麻纱的品等以单纱断裂强力变异系数 CV 值、重量变异系数 CV 值、条干均匀度、大节、小节及麻粒评定,当此六项的品等不同时,按六项中最低的一项品等评定。

单纱断裂强度或重量偏差超出允许范围时,在单纱断裂强力变异系数 CV 值和重量变异系数 CV 值两项指标原评等的基础上顺降一个等;如两项都超出范围时,亦只顺降一次,降至二等为止。

表 8-15 苎麻纱技术要求

公称线密度(tex)	等别	质量指标										
		单纱强力变异系数CV值(%)≤	重量变异系数CV值(%)≤	条干均匀度		大节(个/800m)≤	小节(个/800m)≤	麻粒(个/400m)≤	单纱断裂强度(cN/dtex)≥	重量偏差(%)
				黑板条干均匀度(分)≥	条干均匀度变异系数CV值(%)≤					
8~16.5 (125~61公支)	优	21	3.5	100	23	0	10	20	16.0	±2.5
	一	25	4.8	70	26	6	25	50	16.0	±2.5
	二	28	5.8	50	29	12	40	70	—	—
17~24 (60~41公支)	优	20	3.5	100	22	0	10	20	17.5	±2.5
	一	24	4.8	70	25	6	25	50	17.5	±2.5
	二	27	5.8	50	28	12	40	70	—	—
25~32 (40~31公支)	优	19	3.5	100	21	0	10	20	19.0	±2.8
	一	23	4.8	70	24	6	25	50	19.0	±2.8
	二	26	5.8	50	26	12	40	70	—	—
34~48 (30~21公支)	优	16	3.5	100	20	2	10	20	21.0	±2.8
	一	20	4.8	70	23	8	25	50	21.0	±2.8
	二	23	5.8	50	25	16	40	70	—	—
50~90 (20~11公支)	优	13	3.5	100	18	2	10	20	23.0	±2.8
	一	17	4.8	70	21	8	25	50	23.0	±2.8
	二	20	5.8	50	23	16	40	70	—	—
90以上 (10公支以下)	优	10	3.5	—	—	2	10	20	24.0	±2.8
	一	14	4.8	—	—	8	25	50	24.0	±2.8
	二	17	5.8	—	—	16	40	70	—	—

检验条干均匀度可以由生产企业选用黑板条干均匀度或条干均匀度变异系数 *CV* 值两者中的任何一种,但一经确定,不得任意变更。发生质量争议时,以条干均匀度变异系数 *CV* 值为准。

二、苎麻纱大节、小节和麻粒的确定

大节——长 4cm 及以上,粗为原纱直径三倍及以上的粗节;长 4cm 以下至 0.6cm 及以上,粗为原纱直径六倍及以上的粗节。

小节——长 0.6cm 及以上,粗为原纱直径三倍及以上的粗节。

麻粒——纱中纤维扭结呈明显粒状者,直径起点达到麻粒标准样照。

三、苎麻纱试验方法

苎麻纱单纱断裂强度及单纱断裂强力变异系数试验方法按 GB/T 3916《纺织品　卷装纱 单根纱线断裂强力和断裂伸长的测定》执行,对于单纱强力的快速试验结果,按 FZ/T 32002《苎麻本色纱》附录 B(规范性附录)《苎麻单纱强力回潮率修正系数表》进行修正。苎麻纱重量变异系数、重量偏差及回潮率试验按 GB/T 4743《纱线线密度的测定——绞纱法》执行。苎麻纱条干均匀度变异系数 *CV* 值试验方法按 GB/T 3292《纺织品　纱条条干不匀试验方法　电容法》规定执行。苎麻纱捻度试验按 GB/T 2543.1《纺织品　纱线捻度的测定　直接计数法》和 GB/T 2543.2《纺织品　纱线捻度的测定　退捻加捻法》执行。苎麻纱黑板条干均匀度和大节、小节、麻粒试验方法按 FZ/T 32002《苎麻本色纱》附录 C(规范性附录)《黑板条干均匀度和大节、小节、麻粒试验方法》规定执行。

第五节　化纤长丝品质检验

一、黏胶长丝品质检验

黏胶长丝产品分有光丝、无光丝和漂白丝三种,黏胶长丝品质检验包括物理机械性能检验、染化性能检验和外观疵点检验,其技术要求见表 8-16。黏胶长丝产品的分等规定如下:

黏胶长丝产品,筒装丝、绞装丝和饼装丝分为优等品、一等品、二等品、三等品和等外品;一批产品的物理机械性能和染化性能的分等是按表 8-17 中的规定逐项评定,以最低的等定等,低于三等者为等外品;一批产品中每只丝筒(或丝绞、丝饼)的外观质量是根据表 8-17 中规定逐项评定,以最低的等作为外观的等,低于三等者为等外品;一批产品中每只丝筒(绞、饼)出厂的分等,按物理机械性能和染化性能及外观疵点所评定结果中最低的等定等。

黏胶长丝的实验室样品按 GB/T 13758 的取样规定从一批产品中随机抽出,调湿和试验用标准大气按 GB 6529 规定,预调湿温度小于 50℃,相对湿度 10%~25%,调湿和试验用标准大气的温度为(20±2)℃,相对湿度 62%~68%。试样按有关试验方法标准的规定进行准备后,进行正式试验。黏胶长丝品质检验的仪器设备、试剂、技术条件和测试指标见表 8-17。

二、涤纶牵伸丝品质检验

涤纶牵伸丝质量检验包括物理指标和外观项目两部分。涤纶牵伸丝物理指标按单丝线密度(dpf)大小分为两组:第一组,1.0<dpf≤1.7;第二组,1.7<dpf≤5.6。涤纶牵伸丝产品等级分为优等品、一等品和合格品三个等级,低于合格品为等外品。物理指标考核项目有线

表8-16 黏胶长丝的技术要求

项 目	等 级	优等品	一等品	二等品	三等品
物理机械性能和染化性能	干断裂强度 (cN/dtex) ≥	1.52	1.47	1.42	1.37
	湿断裂强度 (cN/dtex) ≥	0.69	0.67	0.64	0.62
	干断裂伸长率 (%)	17.0~22.0	16.0~25.0	15.5~26.0	15.0~27.0
	干断裂伸长变异系数 CV 值 (%) ≤	7.00	9.0	10.00	11.0
	线密度偏差 (%)	±2.0	±2.5	±3.0	±3.5
	线密度变异系数 CV 值 (%) ≤	2.50	3.50	4.50	5.50
	捻度变异系数 CV 值 (%)	13.00	16.00	19.00	22.00
	单丝根数偏差 (%) ≤	1.0	2.0	3.0	4.0
	残硫量 (mg/100g) ≤	10.0	12.0	14.0	16.0
	染色均匀度 (灰卡)级 ≥	4	3.5	3	2.5
外观疵点(筒装丝)	色泽 (对照标样)	轻微不匀	轻微不匀	稍不匀	较不匀
	毛丝 (个/万米) ≤	0.5	1	2	3
	结头 (个/万米) ≤	1	1.5	2	2.5
	污染	无	无	稍明显	较明显
	成型	好	较好	稍差	较差
	跳丝 (个/筒) ≤	0	0	1	2

表8-17　黏胶长丝质量检验项目、仪器设备、试剂、技术条件、指标

试验项目	仪器、设备、试剂	技术条件	指　标
干、湿断裂强度和伸长率试验（按GB 3916）	等速牵引型强力试验机，浸湿容器，蒸馏水[（20±2）℃]	单根试样，夹持长度（500±1）mm，试样平均断裂时间（20±3）s，预加张力（0.05±0.01）cN/dtex（湿态试验减半），每个实验室样品中取5个试样	干断裂强度，湿断裂强度，干断裂伸长，干断裂伸长变异系数 CV 值
线密度试验（按GB 4743）	测长机[附有调解预加张力装置，周长（1000±2）mm]，天平（最小分度值0.001g）	试样长度200m或100m，摇取丝绞时预加张力（0.05±0.01）cN/dtex，每个实验室样品取2个试样	平均线密度，线密度偏差
捻度试验（按GB 2543.1）	电动捻度机，挑针	预加张力（0.05±0.01）cN/dtex，夹持长度（500±1）mm，每个实验室样品取5个试样	平均捻度，捻度变异系数 CV 值
单丝根数试验	黑绒板或黑色玻璃板，挑针，压板	每个实验室样品取2个试样	根数偏差
回潮率试验（按GB 9995）	八篮热风式自动烘箱（附有最小分度值为0.01g天平的箱内称重设备和恒温控制装置）	试样约重50g，烘箱温度应保持105~110℃，每隔10min连续称重	实际回潮率
残硫量试验	加热设备，抽滤设备，滴定设备，分析天平（最小分度值0.001g），亚硫酸钠（分析纯），硫代硫酸钠（分析纯），碘（分析纯），甲醛（分析纯），乙酸（分析纯），淀粉		残硫量
染色均匀度试验（按GB/T 13758第10.8款）	略		（灰卡）级
外观疵点检验（按GB/T 13758第10.9款）	分级台，分级架，各类型标样	分级照度400lx，检测距离30~40cm（检验丝筒毛丝时为20~25cm），观察角度40~60°（检验丝筒毛丝时与目光平行）	—

密度偏差率、线密度变异系数 CV 值、断裂强度、断裂强度变异系数、断裂伸长率、断裂伸长率变异系数 CV 值、沸水收缩率、染色均匀度、含油率、网络度和筒重。外观项目与指标由利益双方根据后道产品的要求协商确定，并纳入商业合同。涤纶牵伸丝物理指标见表8-18。

表 8-18 涤纶牵伸丝物理指标

项目序号	指标名称 \ 单丝线密度(dtex)	$1.0<dpf≤1.7$			$1.7<dpf≤5.6$		
		优等品	一等品	合格品	优等品	一等品	合格品
1	线密度偏差率(%)	±2.0	±2.5	3.5	±2.0	±2.5	3.5
2	线密度变异系数 CV 值(%) ≤	1.00	1.30	2.00	0.80	1.30	2.00
3	断裂强度(cN/dtex) ≥	3.7	3.5	3.1	3.7	3.5	3.1
4	断裂强度变异系数 CV 值(%) ≤	5.00	9.00	12.00	5.00	8.00	11.00
5	断裂伸长率(%)	$M_1±3.0$	$M_1±5.0$	$M_1±7.0$	$M_1±3.0$	$M_1±5.0$	$M_1±7.0$
6	断裂伸长变异系数 CV 值(%) ≤	10.0	16.0	19.0	9.0	15.0	18.0
7	沸水收缩率(%)	$M_2±0.8$	$M_2±1.2$	$M_2±1.5$	$M_2±0.8$	$M_2±1.2$	$M_2±1.5$
8	染色均匀度/(灰卡)级 ≥	4	4	3~4	4	4	3~4
9	含油率(%)	$M_3±0.2$	$M_3±0.3$	$M_3±0.3$	$M_3±0.2$	$M_3±0.3$	$M_3±0.3$
10	网络度(个/m)	$M_4±4$	$M_4±6$	$M_4±8$	$M_4±4$	$M_4±6$	$M_4±8$
11	筒重(kg)	定重或定长	—	—	定重或定长	—	—

注　1. M_1 为断裂伸长率中心值,由供需双方确定。

　　2. M_2 为沸水收缩率中心值,由供需双方确定。

　　3. M_3 为含油率中心值,由供需双方确定。

　　4. M_4 为网络度中心值,由供需双方确定。

涤纶牵伸丝物理指标检验的试验方法如下:线密度试验按 GB/T 14343《合成纤维长丝及变形丝线密度试验方法》规定执行,由于涤纶牵伸丝的含油率和回潮率较低,计算线密度时可忽略不计;断裂强度和断裂伸长率试验按 GB/T 14344《合成纤维长丝及变形丝断裂强力及断裂伸长试验方法》规定执行;沸水收缩率试验按 GB/T 6505《合成纤维长丝热收缩率试验方法》的规定执行;染色均匀度试验按 GB/T 6508《涤纶长丝染色均匀度试验方法》规定执行;含油率试验按 GB/T 6504《合成纤维长丝含油率试验方法》规定执行,仲裁采用中性皂液洗涤法;网络度试验按 FZ/T 50001《合成纤维网络丝网络度试验方法》规定执行,仲裁采用移针计数法。

三、涤纶低弹丝品质检验

涤纶低弹丝质量检验包括物理指标和外观项目两部分。涤纶低弹丝物理指标按单丝线密度大小分为三组:第一组(细旦),$1.0≤dpf<1.7$;第二组(普通),$1.7≤dpf<2.8$;第三组(粗旦),$2.8≤dpf<5.6$。

涤纶低弹丝产品分优等品、一等品和合格品三个等级,低于合格品为等外品。物理指标考核项目有线密度偏差率、线密度变异系数 CV 值、断裂强度、断裂强度变异系数 CV 值、断裂伸长率、断裂伸长率变异系数 CV 值、卷曲收缩率、卷曲收缩率变异系数 CV 值、卷曲稳定度、沸水收缩率、染色均匀度(灰卡)、含油率、网络度、网络度变异系数 CV 值和筒重。外观项目与指标由利益双方根据后道产品的要求协商确定,并纳入商业合同。涤纶低弹丝物理指标见表 8-19。

表 8-19 涤纶低弹丝物理质量指标

序号	项目	细目:1.0≤dpf<1.7 优等品	一等品	合格品	普通:1.7≤dpf<2.8 优等品	一等品	合格品	粗目:2.8≤dpf<5.6 优等品	一等品	合格品
1	线密度偏差率(%)	±2.5	±3.0	±3.5	±2.5	±3.0	±3.5	±2.5	±3.0	±3.5
2	线密度变异系数 CV 值(%) ≤	1.00	1.60	2.00	0.90	1.50	1.90	0.80	1.40	1.80
3	断裂强度(cN/dtex) ≥	3.3	2.9	2.8	3.3	3.0	2.6	3.3	3.0	2.6
4	断裂强度变异系数 CV 值(%) ≤	6.00	10.00	14.00	6.00	9.00	13.00	4.00	8.00	12.00
5	断裂伸长率(%)	M_1±3.0	M_1±5.0	M_1±7.0	M_1±3.0	M_1±5.0	M_1±7.0	M_1±3.0	M_1±5.0	M_1±7.0
6	断裂伸长率变异系数 CV 值(%) ≤	10.0	14.0	18.0	9.0	13.0	17.0	8.0	12.0	16.0
7	卷曲收缩率(%)	M_2±3.0	M_2±4.0	M_2±5.0	M_2±3.0	M_2±4.0	M_2±5.0	M_2±3.0	M_2±4.0	M_2±5.0
8	卷曲收缩率变异系数 CV 值(%) ≤	7.00	16.00	18.00	7.00	15.00	17.00	7.00	14.00	16.00
9	卷曲稳定度(%) ≥	78.0	70.0	65.0	78.0	70.0	65.0	78.0	70.0	65.0
10	沸水收缩率(%)	M_3±0.5	M_3±0.8	M_3±0.9	M_3±0.5	M_3±0.8	M_3±0.9	M_3±0.5	M_3±0.8	M_3±0.9
11	染色均匀度(灰卡)(级) ≥	4	4	3	4	4	3	4	4	3
12	含油率(%)	M_4±0.8	M_4±1.0	M_4±1.2	M_4±0.8	M_4±1.0	M_4±1.2	M_4±0.8	M_4±1.0	M_4±1.2
13	网络度(个/m)	M_5±10	M_5±15	M_5±20	M_5±10	M_5±15	M_5±20	M_5±10	M_5±15	M_5±20
14	网络度变异系数 CV 值(%) ≤	8.0	—	—	8.0	—	—	8.0	—	—
15	筒重(kg)	满卷	—	—	满卷	—	—	满卷	—	—

注:1. M_1 为断裂伸长率中心值,由供需双方确定。

2. M_2 为卷曲收缩率中心值,由供需双方确定。

3. M_3 为沸水收缩率中心值,由供需双方确定。

4. M_4 为含油率中心值,由供需双方确定。

5. M_5 为网络度中心值,由供需双方确定。

涤纶低弹丝现行国家标准为 GB/T 14460《涤纶低弹丝》,质量检验的试验方法与涤纶牵伸丝试验方法基本相同,卷曲收缩率和卷曲稳定度试验按 GB/T 6506《合成纤维变形丝卷曲性能试验方法》规定执行。

四、锦纶长丝品质检验

锦纶6或锦纶66长丝产品分民用复丝、工业用复丝和单孔丝三种类型,适用于不同产品类型的锦纶长丝的质量考核项目及试验方法并不完全相同。国家标准对民用锦纶复丝物理机械性能和外观质量指标的规定见表8-20和表8-21。

表8-20　33.3~166.7dtex 锦纶民用复丝物理机械性能指标

序号	项　　目		优等品		一等品		合格品	
			有捻定型丝	无捻定型丝	有捻定型丝	无捻定型丝	有捻定型丝	无捻定型丝
1	线密度偏差(%)		±2.5		±3.0		±5.0	
2	线密度变异系数 CV 值(%) ≤		1.5	2.0	2.5		5.0	
3	断裂强度 [cN/dtex(gf/旦)] ≥		3.9 (4.4)		3.7 (4.2)		3.5 (4.0)	
4	断裂强度变异系数 CV 值(%) ≤		6.0	7.0	8.0	10.0	13.0	
5	断裂伸长率(%)		$m_1 \pm 4.0$		$m_1 \pm 6.0$		$m_1 \pm 8.0$	
6	断裂伸长率变异系数 CV 值(%) <		14.0	15.0	18.0	19.0	22.0	
7	捻度(捻/m)		$m_2 \pm 18$		$m_2 \pm 20$		$m_2 \pm 25$	
8	捻度变异系数 CV 值(%) ≤	A	8		11		14	
		B	9		12		15	
		C	10		13		16	
9	沸水收缩率(%)		$m_3 \pm 1.0$	$m_3 \pm 2.0$	$m_3 \pm 1.5$	$m_3 \pm 3.0$	$m_3 \pm 2.0$	$m_3 \pm 4.0$
10	染色均匀率(级) ≥		3.5		3.0		—	

注　1. m_1 为断裂伸长率中心值,其范围为 25.0%~40.0%。

　　2. m_2 为捻度中心值。

　　3. m_3 为沸水收缩率中心值。

　　4. m_2 及 m_3 由各生产厂及用户视用途与实际情况制订,经确定后不得变动,并向各地方主管部门备案。

　　5. 第8项捻度变异系数只考核复捻者。其中,A、B、C 为复丝的捻度范围,A 大于等于150捻/m,B 小于150捻/m大于110捻/m,C 小于等于110捻/m大于等于80捻/m。

表 8-21　33.3~166.7dtex 锦纶民用复丝外观质量指标

序号	项　目		优等品	一等品	合格品
1	结头（个/10m²）　<	A	0	1.0	2.0
		B		2.0	4.0
2	毛丝（只/筒）　<		3	5	15
3	毛丝团（只/筒）　<		0	1	5
4	小辫子丝（只/筒）　<		0	0	4
5	拉伸不足丝（只/筒）　<		0	0	1
6	硬头丝（只/筒）　<		0	0	7
7	珠子丝（标样）		不允许	轻微	较明显
8	白斑（标样）		不允许	轻微	较明显
9	色差（标样）		轻微	轻	较明显
10	油污（标样）		轻微	轻	较明显
11	成型（标样）		良好	轻微	一般
12	筒重（净重）（%）　> （占满筒名义重量的百分数）	A	85	50	—
		B		60	
		C		85	

注　1. 第1项中 A、B 为线密度范围，A 小于等于 100dtex，B 大于 100dtex。

2. 第 2~6 项的指标基准为筒重（净重）小于等于 1000g，若筒重（净重）大于 1000g 小于等于 2000g，其指标数值增加一倍，大于 2000g 者增加二倍。

3. 第 9 项"色差"标准参照 GB 250《评定变色用灰色样卡》级别定等。其中，"轻微"相当于 4 级，"轻"相当于 3 级，"较明显"相当于 2~3 级。

4. 第 12 项中 A、B、C 为满筒名义重量，A 大于 2000g，B 小于等于 2000g 大于等于 600g，C 小于 600g。

思 考 题

1. 名词解释：短粗节，长粗节，长细节，大节，小节，麻粒，商业允贴。
2. 简述棉本色纱线的品质检验指标、主要试验方法和评等方法。
3. 简述精梳毛针织绒线、苎麻纱品质检验指标和等级评定方法。
4. 说明生丝品质的检验指标和等级评定方法。
5. 化纤长丝主要包括哪些产品？简述化纤长丝产品的品质检验指标。

第九章 织物的品质检验

> ● **本章知识点** ●
>
> 1. 棉本色布、精梳毛织品、桑蚕丝织物品质检验指标和分等规定。
> 2. 苎麻印染布品质检验指标和分等规定。
> 3. 针织物品质检验指标和分等规定。

第一节 棉本色布的品质评定

一、棉本色布质量检验项目与分等规定

棉本色布的品种大类可分为平布、府绸、斜纹、哔叽、华达呢、卡其、直贡、横贡、麻纱、绒布坯等。棉本色布的组织规格可根据产品的不同用途或用户要求进行设计，其质量检验项目有织物组织、幅宽、密度、断裂强力、棉结杂质疵点格率、棉结疵点格率和布面疵点共七项。按照国家标准对棉本色布质量的技术要求，分等规定如下。

（1）棉本色布的品等分为优等品、一等品、二等品和三等品，低于三等品者为等外品。

（2）棉本色布的评等以匹为单位，织物组织、幅宽、布面疵点按匹评等，密度、断裂强力、棉结杂质疵点格率、棉结疵点格率按批评等，以其中最低的一项品等作为该匹布品等。

（3）分等规定见表9-1~表9-3。

（4）布面疵点评等规定：每匹布允许总评分=每米允许评分数（分/m）×匹长（m），计算至一位小数，四舍五入成整数；一匹布中所有疵点评分加合累计超过允许总评分为降等品；0.5m内同名称疵点或连续性疵点评10分为降等品；0.5m内半幅以上的不明显横档、双纬加合满4条评10分为降等品。布面疵点的评分见表9-4。

表9-1 织物组织、幅宽、密度和断裂强力分等规定

项 目	标 准	允 许 偏 差		
		优等品	一等品	二等品
织物组织	设计规定要求	符合设计要求	符合设计要求	不符合设计要求
幅宽（cm）	产品规格	+1.2% -1.0%	+1.5% -1.0%	+2.0% -1.5%

续表

项 目	标 准	允 许 偏 差		
		优等品	一等品	二等品
密度(根/10cm)	产品规格	经密 −1.2% 纬密 −1.0%	经密 −1.5% 纬密 −1.0%	经密超过 −1.5% 纬密超过 −1.0%
断裂强力(N)	按断裂强力 公式计算	经向 −6% 纬向 −6%	经向 −8% 纬向 −8%	经向超过 −8% 纬向超过 −8%

注 当幅宽偏差超过 1.0%时,经密允许偏差范围为−2.0%。

表9-2 织物紧度、棉结杂质疵点合格率和棉结疵点合格率分等规定

织物分类		织物总紧度(%)	棉结杂质疵点格率/% 不大于		棉结疵点格率/% 不大于	
			优等品	一等品	优等品	一等品
精梳织物		70 以下	14	16	3	8
		70~85 以下	15	18	4	10
		85~95 以下	16	20	4	11
		95 及以上	18	22	6	12
半精梳织物		—	24	30	6	15
非精梳织物	细织物	65 以下	22	30	6	15
		65~75 以下	25	35	6	18
		75 及以上	28	38	7	20
	中粗织物	70 以下	28	38	7	20
		70~80 以下	30	42	8	21
		80 及以上	32	45	9	23
	粗织物	70 以下	32	45	9	23
		70~80 以上	36	50	10	25
		80 及以上	40	52	10	27
	全线或 半线织物	90 以下	28	36	6	19
		90 及以上	30	40	7	20

注 1.棉结杂质疵点格率、棉结疵点格率超过表 2 规定降到二等为止。

2.棉本色布按经、纬纱平均线密度分类:特细织物:10tex 以下(60 英支以上);细织物:10~20tex(60~29 英支);
中粗织物:21~29tex(28~19 英支);粗织物:32tex 及以上(18 英支及以下)。

表9-3 布面疵点评分限度   单位:平均分每平方米

优 等	一 等	二 等
0.2	0.3	0.6

表 9-4　棉本色布布面疵点的评分

疵点分类		评分数			
		1	2	3	4
经向明显疵点(cm)		8 及以下	8~16	16~50	50~100
纬向明显疵点(cm)		8 及以下	8~16	16~50	50 以上
横档		—	—	半幅及以下	半幅以上
严重疵点	根数评分(根)	—	—	3	4 及以上
	长度评分(cm)	—	—	1 以下	1 及以上

二、棉本色布检验方法

棉本色布断裂强力测定按 GB/T 3923.1《纺织品　织物拉伸性能　第 1 部分:断裂强力和断裂伸长率的测定　条样法》、GB/T　3923.2《纺织品　织物拉伸性能　第 2 部分:断裂强力的测定　抓样法》执行,长度测定按 GB/T 4666《机织物长度的测定》执行,幅宽测定按 GB/T 4667《机织物幅宽的测定》执行,密度测定按 GB/T 4668《机织物密度的测定》执行,棉结杂质检验按 FZ/T 10006《棉及化纤纯纺、混纺本色布棉结杂质疵点格率检验》,布面疵点检验与评分按 GB/T 406《棉本色布》第 5 款有关规定执行。

第二节　精梳毛织品品质检验

精梳毛织品的技术要求包括安全性要求、实物质量、内在质量和外观质量。精梳毛织品安全性应符合 GB 18401《国家纺织产品基本安全技术规范》的规定;实物质量包括呢面、手感和光泽三项;内在质量包括物理指标和染色牢度两项;外观质量包括局部性疵点和散布性疵点两项。

一、精梳毛织品分等规定

(1)精梳毛织品的质量等级分为优等品、一等品和二等品,低于二等品者降为等外品。

(2)精梳毛织品的品等以匹为单位,按实物质量、内在质量和外观质量三项检验结果评定,并以其中最低一项定等。三项中最低品等有两项及以上同时降为二等品者,直接降为等外品。

精梳毛织品净长每匹不短于 12m,净长 17m 及以上的可由两段组成,但最短的一段不短于 6m。拼匹时,两段织物应品等相同,色泽一致。

二、精梳毛织品实物质量评等

精梳毛织品实物质量指织品的呢面、手感和光泽,凡正式投产的不同规格产品,应分别以优等品和一等品封样。对于来样加工,生产方应根据来样方要求,建立封样,并经双方确认,检验时逐匹比照封样评等,符合优等品封样者为优等品,符合或基本符合一等品封样者为一等品,明显差于一等品封样者为二等品,严重差于一等品封样者为三等品。

三、精梳毛织品内在质量的评等

精梳毛织品内在质量的评等由物理指标和染色牢度综合评定,并以其中最低一项定等。物理指标按表9-5规定评等,染色牢度按表9-6规定评等,"可机洗"类产品水洗尺寸变化率考核指标按表9-7规定评等。

表 9-5　精梳毛织品物理指标要求

项　　　目		优等品	一等品	二等品
幅宽偏差(cm)　≤		2	2	5
平方米重量允差(%)		−4.0~+7.0	−5.0~+7.0	−14.0~+10.0
静态尺寸变化率(%)　≥		−2.5	−3.0	−4.0
纤维含量(%)	毛混纺产品中羊毛纤维含量的允差	−3.0~+3.0	−3.0~+3.0	−3.0~+3.0
起球(级)　≥	绒面	3~4	3	3
	光面	4	3~4	3
断裂强力(N)　≥	(7.3tex×2)×(7.3tex×2)(80英支/2×80英支/2)及单纬纱高于等于14.5tex(40英支)	147	147	147
	其他	196	196	196
撕破强力(N)　≥	一般精梳毛织品	15.0	10.0	10.0
	(8.3tex×2)×(8.3tex×2)(70英支/2×70英支/2)及单纬纱高于等于16.7tex(35英支)	12.0	10.0	10.0
汽蒸尺寸变化率(%)		−1.0~+0.5	−1.0~+0.5	—
落水变形(级)　≥		4	3	3
脱缝程度(mm)　≤		6.0	6.0	8.0

注　1. 纯毛产品中,为改善纺纱性能、提高耐用程度,成品允许加入5%合成纤维;含有装饰纤维的成品(装饰纤维必须是可见的、有装饰作用的),非毛纤维含量不超过7%;但改善性能和装饰纤维两者之和不得超过7%。

　　2. 成品中功能性纤维和羊绒等的含量低于10%时,其含量的减少应不高于标注含量的30%。

　　3. 双层织物连接线的纤维含量不考核。

　　4. 嵌条线含量低于5%及以下时不考核。

　　5. 休闲类服装面料的脱缝程度为10mm。

表9-6 精梳毛织品染色牢度指标要求 单位:级

项目		优等品	一等品	二等品
耐光色牢度 ≥	≤1/12标准深度(浅色)	4	3	2
	>1/12标准深度(深色)	4	4	3
耐水色牢度 ≥	色泽变化	4	3~4	3
	毛布沾色	3~4	3	3
	其他贴衬沾色	3~4	3	3
耐汗渍色牢度 ≥	色泽变化(酸性)	4	3~4	3
	毛布沾色(酸性)	4	4	3
	其他贴衬沾色(酸性)	4	3~4	3
	色泽变化(碱性)	4	3~4	3
	毛布沾色(碱性)	4	4	3
	其他贴衬沾色(碱性)	4	3~4	3
耐熨烫色牢度 ≥	色泽变化	4	4	3~4
	棉布沾色	4	3~4	3
耐摩擦色牢度 ≥	干摩擦	4	3~4	3
	湿摩擦	3~4	3	2~3
耐洗色牢度 ≥	色泽变化	4	3~4	3~4
	毛布沾色	4	4	3
	其他贴衬沾色	4	3~4	3
耐干洗色牢度 ≥	色泽变化	4	4	3~4
	溶剂变化	4	4	3~4

注 1. "只可干洗"类产品不考核耐洗色牢度和湿摩擦色牢度。

2. "小心手洗"和"可机洗"类产品可不考核耐干洗色牢度。

表9-7 精梳毛织品"可机洗"类产品水洗尺寸变化率要求

项目		优等品、一等品、二等品	
		西服、裤子、服装外套、大衣、连衣裙、上衣、裙子	衬衣、晚装
松弛尺寸变化率(%)	宽度	-3	-3
	长度	-3	-3
	洗涤程序	1×7A	1×7A
总尺寸变化率(%)	宽度	-3	-3
	长度	-3	-3
	边沿	-1	-1
	洗涤程序	3×5A	3×5A

四、精梳毛织品外观质量的评等

精梳毛织品外观疵点按其对服用的影响程度与出现状态的不同,可分为局部性外观疵点与散布性外观疵点两种,分别予以结辫和评等。

精梳毛织品局部性外观疵点,按其规定范围结辫,每辫放尺 10cm,在经向 10cm 范围内不论疵点多少仅结辫一只。

精梳毛织品散布性外观疵点,刺毛痕、边撑痕、剪毛痕、折痕、磨白纱、经档、纬档、厚段、薄段、斑疵、缺纱、稀缝、小跳花、严重小弓纱和边深浅中有两项及以上最低品等同时为二等品时,则降为等外品。

精梳毛织品降等品结辫规定:二等品中除薄段、纬档、轧梭痕、边撑痕、刺毛痕、剪毛痕、蛛网、斑疵、破洞、吊经条、补洞痕、缺纱、死折痕、严重的厚段、严重稀缝、严重织稀、严重纬停弓纱和磨损按规定范围结辫外,其余疵点不结辫。等外品中除破洞、严重的薄段、蛛网、补洞痕和轧梭痕按规定范围结辫外,其余疵点不结辫。

精梳毛织品局部性外观疵点基本上不开剪,但大于2cm的破洞、严重的磨损和破损性轧梭、严重影响服用的纬档、大于10cm的严重斑疵、净长5m的连续性疵点和1m内结辫5只者,应在工厂内剪除。平均净长 2m 结辫 1 只时,按散布性外观疵点规定降等。外观疵点结辫、评等规定见表9-8。

表9-8　精梳毛织品外观疵点结辫、评等要求

疵点名称		疵点程度	局部性结辫	散布性降等	备注
经向	1. 粗纱、细纱、双纱、松纱、紧纱、错纱、呢面局部狭窄	明显 10~100cm	1		—
		大于100cm,每100cm	1		
		明显散布全匹		二等品	
		严重散布全匹		等外品	
	2. 油纱、污纱、异色纱、磨白纱、边撑痕、剪毛痕	明显 5~50cm	1		—
		大于50cm,每50cm	1		
		散布全匹		二等品	
		明显散布全匹		等外品	
	3. 缺经、死折痕	明显经向 5~20cm	1		—
		大于20cm,每20cm	1		
		明显散布全匹		等外品	
	4. 经档(包括绞经档)、折痕(包括横折痕)、条痕水印(水花)、经向换纱印、边深浅、呢批两端深浅	明显经向 40~100cm	1		边深浅色差4级为二等品,3~4级及以下为等外品
		大于100cm,每100cm	1		
		明显散布全匹		二等品	
		严重散布全匹		等外品	
	5. 条花、色花	明显经向 20~100cm	1		—
		大于100cm,每100cm	1		
		明显散布全匹		二等品	
		严重散布全匹		等外品	

疵点名称	疵点程度	局部性结辫	散布性降等	备注
经向 6. 刺毛痕	明显经向 20cm 及以内 大于 20cm,每 20cm 明显散布全匹	1 1	 等外品	—
7. 边上破洞、破边	2~100cm 大于 100cm,每 100cm 明显散布全匹 严重散布全匹	1 1	 二等品 等外品	不到结辫起点的边上破洞、破边 1cm 以内累计超过 5cm 者仍结辫 1 只
8. 刺毛边、边上磨损、边字发毛、边字残缺、边字严重沾色、漂白织品的边上针锈、自边缘深入 1.5cm 以上的针眼、针锈、荷叶边、边上稀密	明显 0~100cm 大于 100cm,每 100cm 散布全匹	1 1	 二等品	—
纬向 9. 粗纱、细纱、双纱、松纱、紧纱、错纱、换纱印	明显 10cm~全幅 明显散布全匹 严重散布全匹	1	 二等品 等外品	—
10. 缺纱、油纱、污纱、异色纱、小辫子纱、稀缝	明显 5cm~全幅 散布全匹 明显散布全匹	1	 二等品 等外品	—
经纬向 11. 厚段、纬影、严重搭头印、严重电压印、条干不匀	明显经向 20cm 以内 大于 20cm,每 20cm 明显散布全匹 严重散布全匹	1 1	 二等品 等外品	—
12. 薄段、纬档、织纹错误、蛛网、织稀、斑疵、补洞痕、轧梭痕、大肚纱、吊经条	明显经向 10cm 以内 大于 10cm,每 10cm 明显散布全匹	1 1	 等外品	大肚纱 1cm 为起点;0.5cm 的小斑疵按注 2 规定
13. 破洞、严重磨损	2cm 以内(包括 2cm) 散布全匹	1	 等外品	—
14. 毛粒、小粗节、草屑、死毛、小跳花、稀隙	明显散布全匹 严重散布全匹		二等品 等外品	

续表

疵点名称		疵点程度	局部性结辫	散布性降等	备注
经纬向	15. 呢面歪斜	素色织物4cm起,格子织物3cm起,40~100cm	1 1		优等品格子织物2cm起;素色织物3cm起
		大于100cm,每100cm			
		素色织物:4~6cm 散布全匹		二等品	
		大于6cm 散布全匹		等外品	
		格子织物:3~5cm 散布全匹		二等品	
		大于5cm 散布全匹		等外品	

注 1. 自边缘起1.5cm及以内的疵点(有边线的指边线内缘深入布面0.5cm内的边上疵点)在鉴别品等时不予考核,但边上破洞、破边、边上毛刺、边上磨损、漂白织物的针锈及边字疵点都应考核。若疵点长度延伸到边内时,应连边内部分一起量计。

2. 严重小跳花和不到结辫起点的小缺纱、小弓纱(包括纬停弓纱)、小辫子纱、小粗节、稀缝、接头洞0.5cm以内的小斑疵明显影响外观者,在经向20cm范围内综合达4只,结辫一只。小缺纱、小弓纱、接头洞严重散布全匹应降为等外品。

3. 外观疵点中,如遇超出上述规定的特殊情况,可按其对服用的影响程度参考类似疵点的结辫评等规定酌情处理。

4. 散布性外观疵点中,特别严重影响服用性能者,按质论价。

5. 优等品不得有1cm及以上的破洞、蛛网、轧梭,不得有严重纬档。

五、精梳毛织品检验方法

1. 取样和检验结果的数值修约 精梳毛织品物理检验采样按FZ/T 24002《精梳毛织品》第4.1款规定执行,检验结果按GB/T 8170《数值修约规则》进行修约。

2. 纤维含量检验 纤维含量检验需根据产品的纤维组成类别,按GB/T 2910《纺织品 二组分纤维混纺产品定量化学分析方法》、GB/T 2911《纺织品 三组分纤维混纺产品定量化学分析方法》、GB/T 16988《特种动物纤维与绵羊毛混合物含量的测定》、FZ/T 01026《四组分纤维混纺产品定量化学分析方法》、FZ/T 01048《蚕丝/羊绒混纺产品混纺比的测定》执行,纤维含量折合公定回潮率计算,公定回潮率检验按GB 9994《纺织材料公定回潮率》执行。

3. 幅宽和平方米重量允差检验 幅宽检验按GB/T 4667《机织物幅宽的测定》方法1执行,平方米重量允差检验按FZ/T 20008《毛织物单位面积重量的测定》执行。

4. 尺寸变化率检验 静态尺寸变化率检验按FZ/T 20009《毛织物缩水率的测定 静态浸水法》执行,水洗尺寸变化率检验按GB/T 8628《纺织品 测定尺寸变化的检验中织物试样和服装的准备、标记及测量》、GB/T 8629《纺织品 试验用家庭洗涤和干燥程序》和GB/T 8630《纺织品 洗涤和干燥后尺寸变化的测定》执行,汽蒸尺寸变化率检验按FZ/T 20021《织物经汽蒸后尺寸变化试验方法》执行。

5. 起球检验 按GB/T 4802.1《纺织品 织物起球试验 圆轨迹法》执行,精梳毛织品(绒面)起球次数为400次,对照精梳毛织品(光面)或精梳毛织品(绒面)起球样照评级。

6. 力学性能检验 断裂强力检验按 GB/T 3923.1《纺织品 织物拉伸性能 第1部分:断裂强力和断裂伸长率的测定 条样法》执行,撕破强力测定按 GB 3917.2《纺织品 织物撕破性能 第2部分 舌形试样撕破强力的测定》单舌法执行。

7. 落水变形检验 按 FZ/T 24002《精梳毛织品》附录 B 执行。

8. 脱缝程度检验 按 FZ/T 20019《毛机织物脱缝程度试验方法》执行。

9. 色牢度检验 色牢度检验分别按 GB/T 8427《纺织品 色牢度试验 耐人造光色牢度:氙弧》、GB/T 12490《纺织品 耐家庭和商业洗涤色牢度试验方法》(试验条件 B1S,不加钢珠)、GB 5713《纺织品 色牢度试验 耐水洗色牢度试验方法》、GB/T 3922《纺织品耐汗渍色牢度试验方法》、GB/T 6152《纺织品 色牢度试验 耐热压色牢度》(附录 A.9)、GB/T 3920《纺织品 色牢度试验 耐摩擦色牢度》和 GB/T 5711《纺织品 色牢度试验 耐干洗色牢度》执行。

第三节 桑蚕丝织物品质检验

桑蚕丝织物分为 AA 级品、A 级品和合格品,低于合格品的为不合格品。GB/T 10108《出口桑蚕丝织品》国际标准规定了出口桑蚕丝织物的要求、试验方法、检验规则、包装和标志,适用于评定出口练白、染色、印花和色织物的纯桑蚕丝、桑蚕丝与其他纤维交织的服用丝织物的品质。

出口桑蚕丝织物质量要求包括长度、质量、密度、幅宽、色牢度、断裂强力、纤维含量偏差、抗滑移性能、拉伸弹性、水洗尺寸变化率、甲醛含量、pH、可分解芳香胺染料、异味、外观疵点及色差。出口桑蚕丝织物的评定以匹为单位。质量偏差率、色牢度、断裂强力、纤维含量偏差、抗滑移性能、拉伸弹性、水洗尺寸变化率、甲醛含量、pH、可分解芳香胺染料、异味按批评定。长度、密度(纬向)、幅宽、外观质量按匹评定。出口桑蚕丝织物的等级由内在质量和外观质量的最低等级评定。其等级分为 AA 级品、A 级品、合格品,低于合格品的为不合格品。

一、桑蚕丝织物的内在质量等级评定

桑蚕丝织物的内在质量等级评定见表9-9。

表9-9 桑蚕丝织物的内在质量指标和分级规定

项　目	指　　标		
	AA 级品	A 级品	合格品
质量偏差率(%)	±3	±4	±6
长度偏差率(%)	0~+5	0~+5	0~+5

续表

项 目			指 标		
			AA 级品	A 级品	合格品
密度偏差率(%)			±3	±4	±6
幅宽偏差率(%)			±1.5	±3.0	±4.5
纤维含量偏差ᵃ(%)		纯织	0		
		交织	±5		
甲醛含量(mg/kg)			≤75		
pH			4.0~7.5		
异味			无		
可分解芳香胺染料			禁用		
色牢度ᵇ(级) ≥	耐水 耐汗渍	变色	4	3~4	3~4
		沾色	3~4	3	2~3
	耐洗	变色	4	3~4	3
		沾色	3~4	3	2~3
	耐摩擦	干摩擦	4	3~4	3
		湿摩擦	3~4(深色#2)	3(深色#2)	2~3(深色#2)
	耐光		3		
水洗尺寸变化率ᵈ (%)	练白	绸类 经向	+2.0~−10.0		
		纬向	+2.0~−5.0		
		其他 经向	+2.0~−5.0		
		纬向	+2.0~−3.0		
	染色印花	经向	+2.0~−5.0		
		纬向	+2.0~−5.0		
断裂强力(N)			≥200		
抗滑移性能ᶠ (mm)	52g/m² 以上,定负荷 67N		≤6		
	52g/m² 及以下或缎类织物, 定负荷 48N				
拉伸弹性ᵍ(%)	伸长率	经向	≥12		
	变形率	纬向	≤6		

注 ᵃ当某种纤维含量为 10% 及以下时,其含量允许偏差为不低于该纤维标注值的 70%。

ᵇ锦缎类织物不考核耐洗色牢度、耐湿摩擦色牢度。

ᶜ大于 GB/T 1801.1—2006 中 1/1 标准深度为深色。

ᵈ纺类织物中成品质量(重量)大于 60g/m² 者,绉类和绫类织物中成品质量(重量)大于 80g/m² 者,经、纬均加强捻的绉织物(每米 1500 捻及以上),不按本表考核。每米 1000 捻以上的织物按绉类织物考核。锦缎类织物和纱绡类织物不考核。

ᵉ纱绡类织物和经特殊处理后整理工艺处理的桑蚕丝织物不考核。

ᶠ纱绡类织物、经特殊处理后整理工艺处理的桑蚕丝织物、52g/m² 及以下缎类织物和丝绵交织物不考核。

ᵍ仅考核含氨纶的丝织物。

二、桑蚕丝织物的外观质量的评定

桑蚕丝织物的外观质量定等规定见表9-10，桑蚕丝织物的外观疵点评分见表9-11。

表 9-10　桑蚕丝织物的外观质量分等规定

项　　目		AA 级品	A 级品	合格品
色差（级）	与标准样色差 ≥	4	3~4	3
	匹与匹色差 ≥	4	3~4	3
外观疵点评分限度（分/100m²） ≤		15	30	80

表 9-11　桑蚕丝织物的外观疵点评分表

序号	疵　　点	分　　数			
		1	2	3	4
1	经向疵点	8cm 及以下	8cm 以上~16cm	16cm 以上~24cm	24cm 以上~100cm
2	纬向疵点	8cm 及以下	8cm 以上~半幅	—	半幅以上
	纬档	—	普通	—	明显
3	印花疵	8cm 及以下	8cm 以上~16cm	16cm 以上~24cm	24cm 以上~100cm
4	污渍、油渍、破损等疵点	—	2cm 及以下	—	2cm 以上
5	边疵、松板印、撬小	经向每 100cm 及以下	—	—	—
6	斜纬、格斜、花斜	—	—	—	100cm 及以内 大于 3%
7	色泽不均	—	—	—	4级及以下 100cm 及以内

第四节　苎麻印染布品质检验

经漂白、染色、印花及一般印染整理的纯苎麻长麻布的产品品种规格，可以根据用户需要及苎麻坯布产品品种规格标准结合印染工艺设计分别制订。苎麻印染布内在质量检验包括甲醛含量、经纬密度、断裂强力、撕破强力、水洗尺寸变化率、染色牢度六项指标，外观质量检验包括局部性疵点检验和散布性疵点检验。

苎麻印染布的分等规定如下。

（1）内在质量按批评等，外观质量按段评等，成品的等级按内在质量与外观质量中最低一项等级评定，分为优等品、一等品、二等品和三等品，低于三等品者为等外品。

（2）在同一段布内，内在质量以最低一项评等，局部性疵点采用有限度的每米允许评分的办法评定等级，散布性疵点按严重一项评等。

（3）在同一段布内，先评定局部性疵点的等级，再与散布性疵点的等级结合定等，作为该段布外观质量的等级。结合定等的办法按表9-12规定。

（4）内在质量评等规定见表9-13。

（5）外观质量评等规定见表9-14。不同品等的布段局部性疵点允许总分计算，以该布段的长度（不满1m者不计）乘以外观质量评等规定中相应的每米允许评分数所得的积，按GB/T 8170修约为整数。

（6）染色牢度技术要求见表9-15。

表9-12　苎麻印染布外观质量结合定等办法

散布性疵点等级	局部性疵点等级			
	优等品	一等品	二等品	三等品
优等品	优等品	一等品	二等品	三等品
一等品	一等品	一等品	二等品	三等品
二等品	二等品	二等品	三等品	等外品
三等品	三等品	三等品	等外品	等外品

注　1. 连续破损降为等外品者，按实际使用价值由供需双方协商处理。

　　2. 等外品中外观疵点严重而失去服用价值者，作为疵零布处理。

表9-13　苎麻印染布内在质量评等规定

项　目	标　准	优等品	一等品	二等品	三等品
纬纱密度（根/cm）	按品种规定	-2.5%及以内	-2.5%及以内	超过-2.5%	—
水洗尺寸变化率（%）	-3.5~+1.5	-3.0~+1.5	符合标准	超过一等品考核指标	—
染色牢度（级）	见表9-15	耐洗色牢度：3~4 耐摩擦色牢度（湿摩）：3	符合标准		
甲醛含量（mg/kg）≤	75	符合标准			
断裂强力（N）≥	176	符合标准			
撕破强力（N）≥	11.2	符合标准			

注　断裂强力、撕破强力、染色牢度低于考核指标的织物为等外品。甲醛含量超出限定值的织物为等外品。水洗尺寸变化率结果以负号（-）表示尺寸减少（收缩），以正号（+）表示尺寸增大（伸长）。

表9-14　苎麻印染布外观质量评等规定

项　目		各品等允许范围			
		优等品	一等品	二等品	三等品
局部性疵点每米允许评分数（分/m）	幅宽在100cm及以内	0.4	0.5	1.0	2.0
	幅宽100~135cm	0.5	0.6	1.2	2.4
	幅宽135~150cm	0.6	0.7	1.4	2.8
	幅宽150cm以上	0.7	0.8	1.6	3.2

项　　目				各品等允许范围			
				优等品	一等品	二等品	三等品
散布性疵点	幅宽偏差（cm）	幅宽在 100cm 及以内		+1.5 -0.5	+2.0 -1.0	+3.5 -2.5	+3.5 以上 -2.5 以下
		幅宽 100~135cm		+2.0 -1.0	+2.5 -1.5	+4.0 -3.0	+4.0 以上 -3.0 以下
		幅宽 135~150cm		+2.5 -1.5	+3.0 -2.0	+4.5 -3.5	+4.5 以上 -3.5 以下
		幅宽 150cm 以上		+3.0 -2.0	+3.5 -2.5	+5.0 -4.0	+5.0 以上 -4.0 以下
	色差（级）	原样	漂色布 同类布样	3~4	3	<3	—
			漂色布 参考样	2~3	2~3	<2~3	—
			花布 同类布样	2~3	2~3	<2~3	—
			花布 参考样	2	2	<2	—
		左中右	漂色布	4~5	4	3~4	2~3
			花布	4	3~4	3	2~3
		前后		4	3~4	3	2~3
		正反面		3	3	<3	—
	歪斜（%）（格斜、花斜或纬斜）			4.0 及以下	4.0~5.0	5.1~9.0	9.0 以上
	花纹不符或染色不匀（标样）			不影响外观	不影响外观	影响外观	明显影响外观
	纬移（标样）			不影响外观	不影响外观	影响外观	明显影响外观
	条花（标样）			不影响外观	影响外观	明显影响外观	严重影响外观
	烧毛不良			不影响外观	不影响外观	影响外观	—
	麻粒或深浅细点			不影响外观	不影响外观	影响外观	—
	红根、斑麻、麻皮			不影响外观	明显影响外观	严重影响外观	—

注　左中右色差、前后色差、纬移、花纹不符或染色不匀低于三等品为等外品。色差按 GB 250 评定。

表 9-15　苎麻印染布染色色牢度技术要求　　　　　　　　　　单位:级

项　　目		指　标
耐洗色牢度	原样变色	3
	白布沾色	3

续表

项 目		指 标
耐水色牢度	原样变色	3
	白布沾色	3
耐汗渍色牢度	原样变色	3
	白布沾色	3
耐摩擦色牢度	干 摩 擦	3
	湿 摩 擦	2~3
耐熨烫色牢度	湿烫沾色	3

第五节　针织物品质检验

现行国家标准和行业标准中,针织物的产品标准有 GB/T 8878《棉针织内衣》、FZ/T 43004《桑蚕丝纬编针织绸》、FZ/T 73018《毛针织品》、FZ/T 73005《低含毛混纺及仿毛针织品》、FZ/T 73006《腈纶针织内衣》、FZ/T 73007《针织运动服》、FZ/T 73008《针织 T 恤衫》、FZ/T 73009《羊绒针织品》、FZ/T 72001《涤纶针织面料》、FZ/T 72002《毛条喂入式针织人造毛皮》、FZ/T 72006《割圈法针织人造毛皮》、FZ/T 72005《羊毛针织人造毛皮》等。针织物一般根据物理指标、染色牢度和外观质量的检验结果综合定等,产品一般分优等品、一等品、二等品和三等品四个等级,低于三等品者为等外品。

一、针织物物理指标检验

由于不同类型针织品在原料组成、加工工艺、用途和使用性能要求等方面存在较大差异,故各种针织产品的物理指标考核项目和相应的试验方法不尽相同,检验时应加以区别。

(一)毛针织品物理指标及其检验方法

毛针织品是指精、粗梳纯毛针织品和含毛 30% 及以上的毛混纺针织品。毛针织品按品种分为开衫、套衫、背心类,裤子、裙子类,内衣类,袜子类,小件服饰类(包括帽子、围巾、手套等);按洗涤方式分为干洗类、小心手洗类、可机洗类。毛针织品的安全性应符合相关强制性国家标准的要求。

毛针织品的品等以件为单位,按内在质量和外观质量的检验结果评定,并以其中最低一项定等。产品分为优等品、一等品和二等品,低于二等品者为等外品。内在质量的评等以批为单位(同一产品的每一交货单元为一批)。内在质量的评等由物理指标和染色牢度综合评定,并以其中最低一项定等。毛针织品考核的物理指标及其检验方法如下:

1. 纤维含量(%)　纯毛产品考核毛纤维含量指标,混纺产品考核毛纤维含量的减少(绝对百分率)指标,检验方法按 GB/T 2910《纺织品　二组分纤维混纺产品定量化学分析方法》和 GB/T 2911《纺织品　三组分纤维混纺产品定量化学分析方法》执行。

2. 单件重量偏差率(%) 按供需双方合约规定。

3. 顶破强度(kPa 或 kgf/cm²) 只考核平针产品,背心及小件服饰类不考核。检验方法按 GB/T 7742《纺织品 胀破强度和胀破扩张度的测定 弹性膜片法》执行。

4. 起球级数 检验方法按 GB/T 4802.3《纺织品 织物起球试验 起球箱法》执行。

5. 二氯甲烷可溶性物质(%) 只考核粗梳产品,检验方法按 FZ/T 20018《毛纺织品中二氯甲烷可溶性物质的测定》执行。

6. 编织密度系数(mm·tex) 只考核粗梳平针产品,检验方法按 FZ/T 70008《毛针织物编织密度系数试验方法》执行。

(二)羊绒针织品物理指标及其检验方法

根据 FZ/T 73009《羊绒针织品》规定,羊绒针织品质量考核的物理指标及其检验方法如下:

1. 纤维含量(%) 纯羊绒产品考核羊绒纤维含量,混纺产品考核羊绒纤维含量的减少(绝对百分比),检验方法按 GB/T 2910《纺织品 二组分纤维混纺产品定量化学分析方法》、GB/T 2911《纺织品 三组分纤维混纺产品定量化学分析方法》、FZ/T 01048《蚕丝/羊绒混纺产品混纺比的测定》执行。

2. 单件重量偏差率(%) 按供需双方合约规定。

3. 顶破强度(kPa 或 kgf/cm²) 顶破强度采用最低控制指标,检验方法按 GB/T 7742《纺织品 胀破强度和胀破扩张度的测定 弹性膜片法》执行。

4. 编织密度系数(mm·tex) 只考核粗梳单面平针织物,检验方法按 FZ/T 70008《毛针织物编织密度系数试验方法》执行。

5. 起球级数 为强制性指标,检验方法按 GB/T 4802.3《纺织品 织物起球试验 起球箱法》执行。

6. 二氯甲烷可溶性物质 优等品、一等品为强制性指标,检验方法按 FZ/T 20018《毛纺织品中二氯甲烷可溶性物质的测定》执行。

7. 松弛收缩(%) 优等品、一等品增加松弛收缩率指标的考核,包括长度收缩和宽度收缩,检验方法按 FZ/T 70009《毛针织产品经机洗后的松弛及毡化收缩试验方法》执行。

8. 其他指标的检验 方法同毛针织品。

(三)棉针织内衣物理指标及其检验方法

棉针织内衣物理指标包括弹子顶破强力、纤维含量、甲醛含量、pH、水洗尺寸变化率五项,其考核指标及检验方法如下:

1. 纤维含量(%) 棉针织内衣的纤维含量采用"净干含量百分率"指标,按 FZ/T 01053《纺织品 纤维含量的标识》规定执行,检验方法按 GB/T 2910《纺织品 二组分纤维混纺产品定量化学分析方法》和 GB/T 2911《纺织品 三组分纤维混纺产品定量化学分析方法》执行。

2. 顶破强力(N) 采用弹子顶破强力检验方法,按 GB/T 8878《棉针织内衣》中检验方法的有关规定执行。

3. 甲醛含量(mg/kg)　采用水萃取法,检验方法按 GB/T 2912.1《纺织品　甲醛的测定　第 1 部分:游离水解的甲醛(水萃取法)》规定执行。

4. pH　采用水萃取法,检验方法按 GB/T 7573《纺织品　水萃取液 pH 的测定》规定执行。

5. 水洗尺寸变化率(%)　检验方法按 GB/T 8629《纺织品　试验用家庭洗涤和干燥程序》规定执行,采用 5A 程序,检验件数为 3 件。

(四)桑蚕丝纬编针织绸物理指标及其检验方法

1. 纤维含量(%)　桑蚕丝纬编针织绸的纤维含量采用"净干含量百分率"指标,按 FZ/T 01053《纺织品　纤维含量的标识》规定执行。检验方法按 GB/T 2910《纺织品　二组分纤维混纺产品定量化学分析方法》和 GB/T 2911《纺织品　三组分纤维混纺产品定量化学分析方法》执行。

2. 平方米重量偏差率(%)　检验方法按 FZ/T 43004《桑蚕丝纬编针织绸》中检验方法的有关规定执行。

3. 顶破强力(N)　采用弹子顶破强力检验方法,按 FZ/T 43004《桑蚕丝纬编针织绸》中检验方法的有关规定执行。

4. 甲醛含量(mg/kg)　采用水萃取法,检验方法按 GB/T 2912.1《纺织品　甲醛的测定　第 1 部分:游离水解的甲醛(水萃取法)》规定执行。

5. pH　采用水萃取法,检验方法按 GB/T 7573《纺织品　水萃取液 pH 的测定》规定执行。

6. 水洗尺寸变化率(%)　检验方法按 GB/T 8628《纺织品　测定尺寸变化的试验中织物试样和服装的准备、标记及测量》、GB/T 8629《纺织品　试验用家庭洗涤和干燥程序》、GB/T 8630《纺织品　洗涤和干燥后尺寸变化的测定》规定执行。洗涤程序为仿手洗,干燥程序采用 A 法(悬挂晾干)。

二、针织物染色牢度检验

各种针织品染色牢度的考核指标及检验方法有所不同,如表 9-16 所示。

表 9-16　各种针织品染色牢度的考核指标及检验方法

针织品	毛针织品	羊绒针织品	棉针织内衣 腈纶针织内衣	桑蚕丝纬 编针织绸	涤纶针织面料
耐光	GB/T 8427 方法 3	GB/T 8427 方法 3	—	GB/T 8427 方法 3	GB/T 8427
耐洗	GB/T 12490 小心手洗类产品按 A1S 试验条件 可机洗类产品按 B2S 试验条件	GB/T 12490 A1S 条件	GB/T 3921.3	GB/T 3921.1	GB/T 3921 试液 1 配方 试验条件方法 3

针织品	毛针织品	羊绒针织品	棉针织内衣 腈纶针织内衣	桑蚕丝纬 编针织绸	涤纶针织面料
耐水	GB/T 5713	GB/T 5713	—	GB/T 5713	—
耐汗渍	GB/T 3922 碱液法	GB/T 3922 碱液法	GB/T 3922	GB/T 3922	GB/T 3922
耐摩擦	GB/T 3920	GB/T 3920	GB/T 3920	GB/T 3920	GB/T 3920

三、针织品外观质量检验

针织品外观质量检验包括两方面内容:一是针织品表面疵点(外观疵点),二是针织成形产品如上衣、裤子等的规格尺寸公差、本身尺寸差异等指标。

(一)针织品表面疵点检验

针织品表面疵点检验通常在规定的灯光条件下比照标样进行。

1. 毛针织品外观疵点的类型及名称　毛针织品表面疵点按其产生原因可归纳为原料疵点、编织疵点和裁缝整理疵点三种类型。

原料疵点包括条干不匀、粗细节、紧捻纱、厚薄档、色花、色档、纱线接头、草屑、毛粒和毛片等。编织疵点包括毛针、单毛、花针、瘪针、三角针、针圈不匀、里面漏纱、混色不匀、花纹错乱、漏针、脱散和破洞等。裁缝整理疵点包括拷缝及绣缝不良、锁眼钉扣不良、修补痕、斑疵、色差、染色不良和烫焦痕等。

2. 棉针织内衣外观疵点分类和名称　棉针织内衣外观疵点包括粗纱、大肚纱、油纱、色纱、面子跳纱、里子纱露面、长花针、油棉飞花、油针、色差、纹路歪斜、起毛露底、脱绒、起毛不匀、极光印、色花、风渍、折印、印花疵点(缺花、露底、搭色、套版不正等)、缝纫油污线、缝纫曲折高低、底边脱针、底边明针、重针(单针机除外)、浅淡油污色渍、较深油污色渍、细纱、断里子纱、断面子纱、单纱、修疤、锈斑、烫黄、针洞和破洞等。

(二)针织品规格尺寸公差和本身尺寸差异等指标的检验

针织品规格尺寸公差和本身尺寸差异等指标的考核已涉及服装规格尺寸检验的内容。对于针织成形产品(如上衣、裤子等),有关的针织品标准对各品等产品的规格尺寸公差和本身尺寸差异等指标均作出明确规定,同时对测量项目和测量方法也作出具体规定,部分针织成形产品如毛针织品需要检验缝迹伸长率、毛衫领圈拉开尺寸、成衣扭斜角(只考核平针产品)等指标。

第六节　非织造土工布品质检验

土工合成材料是指用于岩土工程和土木工程的聚合物材料或聚合物工程材料,广泛应用于水利、堤坝、筑路、机场、建筑、环保等许多领域。短纤针刺非织造土工布是土工合成材料中的主要产品之一,在工程中可起过滤、排水、隔离、防护、加强等作用。短纤针刺非织造土工布按原料分为涤纶、丙纶、维纶、乙纶等针刺非织造土工布,按结构分为普通型和复合型等。短纤针刺非织造土工布的质量以卷(段)为单位评定,内在质量和外观质量均达要求的为合格,否则为不合格。

一、短纤针刺非织造土工布要求及评定

1. 内在质量评定　内在质量指标分批试验,按批评定。内在质量分为基本项和选择项。基本项包含的项目都是考核项,选择项包含的项目为可选项,可根据合同需要而定,但一经选定,则也成为考核项,不得随意更改。基本项和选择项中的选定项全部达到要求的,内在质量为合格,否则为不合格。基本项的要求列于表9-17,其标准值为生产控制性指标,对于合同另有要求的,则以合同规定作为考核指标。

表 9-17　基本项技术要求

序号	指标 项目		单位面积质量										备注
			100	150	200	250	300	350	400	450	500	600	800	
1	单位面积质量偏差(%)		−8	−8	−8	−8	−7	−7	−7	−7	−6	−6	−6	
2	厚度(mm)	≥	0.9	1.3	1.7	2.1	2.4	2.7	3.0	3.3	3.6	4.1	5.0	
3	幅宽偏差(%)		−0.5											
4	断裂强力(kN/m)	≥	2.5	4.5	6.5	8.0	9.5	11.0	12.5	14.0	16.0	19.0	25.0	纵横向
5	断裂伸长率(%)		25~100											
6	CBR 顶破强力(kN)	≥	0.3	0.6	0.9	1.2	1.5	1.8	2.1	2.4	2.7	3.2	4.0	
7	等效孔径 $O_{90}(O_{95})$(mm)		0.07~0.2											
8	垂直渗透系数(cm/s)		$K \times (10^{-1} \sim 10^{-3})$											$K=1.0 \sim 9.9$
9	撕破强力(kN)	≥	0.08	0.12	0.16	0.20	0.24	0.28	0.33	0.38	0.42	0.46	0.60	纵横向

选择项包括动态穿孔(mm)、顶破强力(N)、纵横向强力比、拼接强度、平面内水流量(m^2/s)、湿筛孔径(mm)、摩擦系数、抗紫外线性能、抗酸碱性能、抗氧化性能、抗磨损性能、蠕变性能等。选择项的标准值由供需合同规定。当需方要求的某些指标不能同时满足时,可由供需双方协商,以满足工程应用中的主要指标为原则,并兼顾其他指标。对于根据需要采用加筋复合等特殊结构的产品,考核指标由供需双方参照表9-17协商确定。

2. 外观质量评定　外观质量逐卷(段)检验,按卷(段)评定。外观疵点分为轻缺陷和重缺陷,要求见表9-18。在一卷土工布上不允许存在重缺陷,轻缺陷每200 m^2 应不超过5个,否则外观质量为不合格。

表 9-18　外观疵点的评定

序号	疵点名称	轻缺陷	重缺陷	备　注
1	布面不匀、折痕	轻微	严重	
2	杂物	软质,粗≤5mm	硬质;软质;粗>5mm	
3	边不良	≤300cm 时,每 50cm 计一处	>300cm	
4	破损	≤0.5cm	>0.5cm;破洞	以疵点最大长度计
5	其他	参照相似疵点评定		

　　一般检验产品正面,疵点延及两面时以严重一面为准。幅宽超过 4m 至少 2 人检验。外观质量检验应在水平检验台或检验机上进行,生产部门内部可在生产线上检验。检验光线以正常北光为准,如用日光灯照明,照度不低于 400Lx。检验速度不超过 20m/min。

二、短纤针刺非织造土工布检验方法

1. 幅宽测定　参照 GB/T 4667《机织物幅宽的测定》执行。

2. 厚度测定　按 GB/T 13761《土工合成材料　规定压力下厚度的测定》执行。

3. 单位面积质量测定　按 GB/T 13762《土工合成材料　土工布及土工布有关产品单位面积质量的测定方法》执行。

4. 断裂强伸度测定　按 GB/T 15788《土工布及其有关产品　宽条拉伸试验》执行,工厂内部检验可参照 GB/T 3923.1《纺织品　织物拉伸性能　第 1 部分:断裂强力和断裂伸长率的测定(条样法)》进行。

5. 撕破强力测定　按 GB/T 13763《土工合成材料　梯形法撕破强力的测定》执行。

6. CBR 顶破强力测定　按 GB/T 14800《土工布顶破强力试验方法》执行。

7. 等效孔径测定　按 GB/T 14799《土工布及其有关产品　有效孔径的测定》执行,湿筛法孔径按 GB/T 17634《土工布及其有关产品　有效孔径的测定湿筛法》测定。

8. 垂直渗透系数测定　分别按 GB/T 15789《土工布及其有关产品无负荷时垂直渗透特性的测定》和 GB/T 13761《土工合成材料　规定压力下厚度的测定》测定透水率和 2kPa 时的厚度,按下式计算渗透系数。

渗透系数(cm/s)＝透水率(1/s)×厚度(cm)

平面内水流量按 GB/T 17633《土工布及其有关产品　平面内水流量的测定》进行。

9. 动态穿孔(落锥)性能测定　按 GB/T 17630《土工布及其有关产品　动态穿孔试验落锥法》执行。

10. 摩擦系数测定　按 GB/T 17635.1《土工布及其有关产品　摩擦特性的测定》执行。

11. 抗磨损性能测定　按 GB/T 17636《土工布及其有关产品　抗磨损性能的测定》执行。

12. 抗氧化性能测定　按 GB/T 17631《土工布及其有关产品抗氧化性能的试验方法》执行。

13. 抗酸碱性能测定　按 GB/T 17632《土工布及其有关产品　抗酸、碱液性能的试验方法》执行。

14. 刺破强力测定　参照 GB/T 14800《土工布顶破强力试验方法》进行,但技术条件为自顶杆(平头)直径 8mm,夹祥环内径 45mm,试验速度 300mm/min。

15. 蠕变性能测定　按 GB/T 17637《土工布及其有关产品　拉伸蠕变和拉伸蠕变断裂性能的测定》执行。

16. 接头/接缝断裂强度测定　按 GB/T 16989《土工合成材料　接头/接缝宽条拉伸试验方法》执行。

17. 抗紫外线测定　参照 ISO 4892.2《塑料　实验室光源曝晒方法　第 2 部分　氙灯光源》测定,通常测定光照前后强力保持率,试验时间可根据需要选定,如 150h、300h、500h。

思 考 题

1. 简述棉本色布质量检验项目与分等规定。
2. 简述精梳毛织品的技术要求、分等规定。
3. 简述桑蚕丝织物质量检验项目与分等规定。
4. 简述苎麻印染布的分等规定。
5. 说明羊绒针织品、毛针织品质量考核的物理指标。
6. 简述棉针织内衣、桑蚕丝纬编针织绸质量考核的物理指标。
7. 说明针织品外观质量检验和染色牢度的考核指标。

第十章 纺织品功能性检验

> ● **本章知识点** ●
>
> 1. 产业用纺织品功能性(如抗静电性能、防水透湿性能、阻燃性能、防污性能、防紫外线性能、耐气候老化性能、反光遮光性能、抗菌性能等)的检验方法。
> 2. 土工织物性能(如机械性能、渗透性能、剪切摩擦、拉拔摩擦等)的检验方法。

第一节 纺织品抗静电性能检验

纺织品的抗静电性功能检验可采用 GB/T 12703《纺织品静电测试方法》,该标准规定了纺织品静电性能的检验方法,适用于各类纺织品。按该标准检验分两个部分进行:一部分为织物静电性能检验,包括半衰期、摩擦带电电压和电荷面密度;另一部分为工作服静电性能检验,包括脱衣时的衣物带电、工作服的摩擦带电和极间等效电阻。

一、织物的静电性能检验

(一)半衰期(感应法)测试

用感应法测量半衰期的测试原理:试样在高压静电场中带电至稳定后,断开高压电源,使其电压通过接地金属台自然衰减,测定其电压衰减至初始值一半所需的时间,即为半衰期。测试装置示意图如图 10-1 所示。

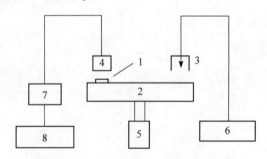

图 10-1 半衰期测试装置示意图

1—样品 2—转动平台 3—针电极 4—圆板状感应电极 5—电动机
6—高压直流电源 7—放大器 8—示波器具或记录仪

测试方法:将样品夹于样品夹中,使针电极与样品表面相距(20±1)mm,感应电极与样品相距(15±1)mm,对样品进行消电处理,启动"转动平台",转速在1000r/min以上,在针电极上施加+10kV高电压(静电压),30s后,断开高电压,根据示波器或记录仪输出的衰减曲线,测出样品的半衰期。

(二)摩擦带电的电压测试

用摩擦法可以测量样品的带电电压,其测试原理:在一定的张力条件下,使样品与标准布相互摩擦,以此时产生的最高电压及平均电压对着装者与外衣的摩擦带电关系进行评价。摩擦带电的测试装置如图10-2所示。

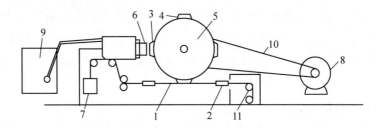

图10-2　摩擦带电测试装置示意图

1—标准布　2—标准布夹　3—样品框　4—样品夹框　5—金属转鼓　6—测量电极

7—负载　8—电动机　9—放大器及记录仪　10—皮带　11—立柱导轮

测试方法:使测量电极板与样品框平面相距(15±1)mm,将样品置于转鼓的样品夹里,转鼓转速400r/min,再对标准布施加500g的负载,以确保标准基布能与样品进行切线方向的摩擦,启动电动机,测量并记录1min内样品的最高带电电压和平均带电电压。

(三)电荷面密度测试

测试原理:将经过摩擦装置摩擦后的样品投入到法拉第筒,以测量样品的电荷密度。电荷面密度测试装置如图10-3所示。

测试方法:将样品缝制成套状,把绝缘棒投入套中,水平放置,双手握持绝缘棒,由前端向体侧一方摩擦样品,约1s摩擦一次,连续5次,握住绝缘棒一端,使棒与垫板保持平行方向揭离,1s内迅速将其投入法拉第筒中,读取电压值。电荷面密度α计算公式为:

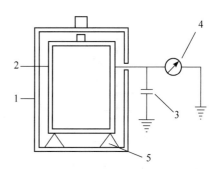

$$\alpha = \frac{CV}{A}$$

式中:C——法拉第系统总电容,F;

　　　V——电压值,V;

　　　A——样品摩擦面积,m²。

图10-3　电荷面密度测试装置示意图

1—外观　2—内筒　3—电容器

4—静电电压表　5—绝缘支架

二、工作服静电性能检验

(一) 脱衣时衣物带电的测试

脱衣时衣物带电测试是将脱下的工作服投入法拉第筒,测量其电量,即求得工作服对内衣摩擦的起电量。测试时,测试者站在绝缘台上,将工作服与化纤内衣摩擦10次后,迅速脱下工作服,投入到法拉第筒中,读取电压,按公式 $\alpha = CV$ 求得工作服的电量。

(二) 工作服的摩擦带电测试

工作服摩擦带电测试是用滚筒烘干装置模拟工作服的摩擦带电情况,测试装置示意图见图10-4。测试时,将样品在模拟穿用状态下(扣上纽扣或拉链)放入摩擦装置,运转30min,保持转鼓温度在(60±10)℃,运转完毕后,将测试装置倾斜使样品自动进入法拉第筒中,根据测量的电压,计算工作服的带电量。

(三) 极间等效电阻测试

极间等效电阻测试采用伏安法,即在定电压下测出流过样品的电流,以求得极间等效电阻,其测试装置示意图见图10-5。测试时,随机取6块样品(3经3纬),将样品的一面贴上导电胶版,再将样品夹于两电极之间,先使电极间断路3min,然后施加电压10V(1min),若电流大于 10^{-5}A,则读取该值,若不大于 10^{-5}A,则将电压加大到1000V(1min),然后读取电流值。极间等效电阻的计算公式为:

$$R = \frac{U}{I}$$

式中:R ——极间等效电阻;

$\quad\quad U$ ——外加电压;

$\quad\quad I$ ——电流计读数。

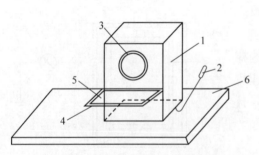

图10-4　摩擦带电测试装置示意图

1—转鼓　2—手柄　3—绝缘胶带

4—盖子　5—标准布　6—底座

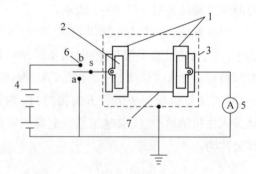

图10-5　极间等效电阻测试装置示意图

1—电极　2—金属夹　3—屏蔽箱　4—直流稳压电源

(输出电压0~1000V)　5—直流微安表(0.1级)

6—单刀双掷开关　7—试样

第二节　纺织品生理舒适性检验

一、热阻

试样两面的温差与垂直通过试样的单位面积热流量之比。该干热流量可能由传导、对流、辐射中的一种或多种形式传递。

热阻 R_{et} 以 $(m^2 \cdot K)/W$ 为单位,它表示纺织品处于稳定的温度梯度的条件下,通过规定面积的干热流量。

试样覆盖于电热试验板上,试验板及其周围和底部的热护环(保护板)都能保持相同的恒温,以使电热试验板的热量只能通过试样散失;调湿的空气可平行于试样上表面流动。

在试验条件达到稳态后,测定通过试样的热流量来计算试样的热阻。

调节试验板表面温度 T_m 为 35℃,气候室空气温度 T_a 为 20℃,相对湿度为 65%,空气流速为 1m/s,在试验板上放置试样后,待 T_m,T_a,R. H. ,H 达到稳定后,记录它们的值。

热阻的计算式如下,计算所测试样热阻 R_{et} 的算术平均值作为样品的检验结果,结果保留 3 位有效数字。

$$R_{et} = \frac{(T_m - T_a) \cdot A}{H - \Delta H_c} - R_{et0}$$

式中:R_{et0}——为热阻 R_{et} 的测定而确定的仪器常数,$(m^2 \cdot K)/W$;

　　　A——试验板的面积,m^2;

　　　T_a——气候室中空气的温度,℃;

　　　T_m——试验板的温度,℃;

　　　H——提供给测试面板的加热功率,W;

　　ΔH_c——热阻 R_{et} 测定中加热功率的修正量。

二、湿阻

试样两面的水蒸气压力差与垂直通过试样的单位面积蒸发热流量之比。蒸发热流量可能由扩散和对流的一种或多种形式传递。

湿阻 R_{et} 以 $(m^2 \cdot Pa)/W$ 为单位,它表示纺织品处于稳定的水蒸气压力梯度的条件下,通过一定面积的蒸发热流量。

对于湿阻的测定,需在多孔电热试验板上覆盖透气但不透水的薄膜,进入电热板的水蒸发后以水蒸气的形式通过薄膜,所以没有液态水接触试样。试样放在薄膜上后,在一定水分蒸发率下保持试验板恒温所需热流量,与通过试样的水蒸气压力一起计算试样湿阻。

调节试验板表面温度 T_m 和空气温度 T_a 为 35℃,相对湿度为 40%,空气流速为 1m/s。

在试验板上放置试样后,待测定值 T_m,T_a,R. H. ,H 达到稳定后,再记录它们的值。

根据下式计算湿阻,计算所测试样湿阻 R_{et} 的算术平均值作为样品的检验结果,结果保留 3 位有效数字。

$$R_{et} = \frac{(P_m - P_a) \cdot A}{H - \Delta H_e} - R_{et0}$$

式中:R_{et0}——为湿阻 R_{et} 的测定而确定的仪器常数,$(m^2 \cdot Pa)/W$;

$\quad A$——试验板的面积,m^2;

$\quad P_a$——水蒸气压力(在气候室中的温度为 T_a 时),Pa;

$\quad P_m$——饱和水蒸气压力(当试验板的表面温度为 T_m 时),Pa;

$\quad H$——提供给测试面板的加热功率,W;

$\quad \Delta H_e$——湿阻 R_{et} 测定中加热功率的修正量。

三、其他舒适性指标

1. 透湿指标　热阻与湿阻的比值。i_{mt} 无量纲,其值介于 0 和 1 之间。$i_{mt}=0$ 意味着材料完全不透湿,有极大的湿阻;$i_{mt}=1$ 意味着材料与同样厚度的空气层具有相同的热阻和湿阻。计算式如下:

$$i_{mt} = S \cdot R_{et}/R_{et}$$

式中:$S=60Pa/K$。

2. 透湿率　由材料的湿阻和温度所决定的特性,以 $g/(m^2 \cdot h \cdot Pa)$ 为单位,计算式如下:

$$W_d = \frac{1}{R_{et} \cdot \Phi_{T_m}}$$

式中:Φ_{T_m}——试验板表面温度为 T_m 时的饱和水蒸气潜热。当 $T_m = 35℃$ 时,$\Phi_{T_m} = 0.627$ $(W \cdot h)/g$。

3. 克罗值(clo)　热阻的一个表示单位。在温度为 21℃、气流不超过 0.1m/s 的环境条件下,静坐者(其基础代谢为 $58W/m^2$)感觉舒适时,其所穿服装的隔热值为 1 克罗(clo)值。

4. 热导率　试样两面存在单位温差时,通过单位面积单位厚度的热流量,以瓦每米开尔文 $[W/(m \cdot K)]$ 为单位。

热导率为热传导,热辐射、热对流的总和,等于单位厚度热阻的倒数。

第三节　纺织品阻燃性能检验

一、纺织品阻燃性能检验

纺织品的可燃性可以从两个方面加以评价:一是易点燃性能,即着火点高低,它反映纺织品着火的难易程度;二是纺织品的燃烧性能,即阻燃性能。

纺织品的阻燃性能可以通过燃烧试验进行检验。测试时,将被测样品按规定测试方法与火焰接触一定的时间,然后移去火焰,测定样品继续有焰燃烧时间、无焰燃烧时间以及样品被损毁程度(如损毁长度)。有焰燃烧时间和无焰燃烧时间越短,被损毁程度越低,表示样品的阻燃性能越好。纺织品的阻燃性能也可以用极限氧指数高低进行评判。极限氧指数(LOI)为样品在氮、氧混合气体中保持烛状燃烧所需氧气的最小体积百分数,极限氧指数越高,则维持燃烧所需的氧气浓度越高,表示越难燃烧。不燃纤维的极限氧指数在 35 及以上,难燃纤维为 26~34,可燃纤维为 20~26,易燃纤维的极限氧指数低于 20。

纺织品阻燃性能测试方法我国采用 GB/T 5455《纺织品 燃烧性能试验 垂直法》,它规定了测定各种阻燃纺织品阻燃性能的测试方法,其测试原理是:将一定尺寸的试样置于规定的燃烧器下点燃,测试在达到规定的点燃时间后,试样的续燃时间、阴燃时间和损毁长度,测试装置如图 10-6 和图 10-7 所示。续燃指在规定的测试条件下,移开(点)火源后材料持续的有焰燃烧。续燃时间指在规定的测试条件下,移开(点)火源后材料持续有焰燃烧的时间。阴燃时间指在规定的测试条件下,当有焰燃烧终止后或者移开(点)火源后,材料持续无焰燃烧的时间。损毁长度指在规定的测试条件下,在规定的方向上材料损毁面积的最大距离。

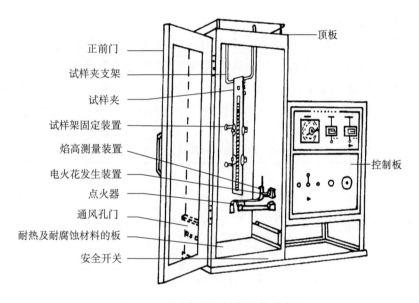

图 10-6 垂直燃烧测试仪结构示意图

测试时,分别沿织物经、纬方向裁取 300mm×80mm 试样各 5 块,并将试样放在温度(20±2)℃,湿度(65±3)% 的大气中平衡 8~24h;调节点火器火焰高度,控制火焰高度在(40±2)mm;设定点燃时间为 12s,将阴燃时间和续燃时间调零;将试样放入试样夹中,把试样夹连同试样一起置于试验箱内,打开点火器,点燃试样;12s 后,点火器回复原位,续燃计时器开始计时,续燃停止以后,开始阴燃计时,阴燃结束以后,关闭计时器,整个燃烧过程结束,记录续燃

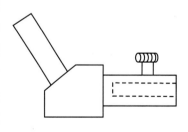

图 10-7 点火器示意图

时间和阴燃时间(精确到 0.1s);打开试验箱,取出试样,先沿其长度方向对折一下,然后在试样的下端一侧,距其底边及侧边各约 6mm 处,挂上重锤,重锤质量与试样单位面积质量关

系见表10-1,再用手缓缓提起试样下端的另一边,让重锤悬空,再放下,测量试样撕裂的长度,即为损毁长度,结果精确到1mm;分别计算经向和纬向5个试样的续燃时间、阴燃时间和损毁长度的平均值,以此作为被测样品阻燃性最终测试结果。

表 10-1 织物重量与选用重锤重量的关系

织物单位面积质量(g/m^2)	重锤质量(g)
101 以下	54.5
101~207 以下	113.4
207~338 以下	236.8
338~650 以下	340.2
650 及以上	453.6

二、阻燃性纺织品法规

当人们越来越关注自身和周围环境安全的时候,纺织品的阻燃性能已成为重要的安全性指标,特别是针对某些特殊服用对象和使用场合,其重要性更是涉及人身安全和财产保全。因此,世界各国都非常重视服装面料的阻燃性能,有些国家将其纳入国民消防安全法规,制定了严格的阻燃法规,对纺织品的阻燃性能作出明确规定(表10-2和表10-3)。

表 10-2 部分国家对服装阻燃性的法规

国　　家	法　　规	适 用 范 围
美国	可燃性织物法 CS 191 联邦试验方法标准 191 方法	衣料
	儿童睡衣可燃性标准 DOC FF3	儿童睡衣
	消费者保护法	睡衣
德国	DIN 53908(草案),53907,54330	纤维制品
瑞典	SIS—650082	一般纺织品
瑞士	SVN 198896	纺织品
中国	GB 8965	阻燃防护服
	GB 17951	阻燃机织物
	FZ 77001	阻燃涤纶针织面料

表 10-3 中国和美国对阻燃性能的技术规定

国家	执行标准	技 术 要 求	备　注
中国	GB 8965 防护服装	续燃时间 ≤5s;阴燃时间 ≤5s;损毁长度≤150mm;接焰次数≥3;无熔融,无凋落	洗前和洗涤 12 次后达到
	GB 17591 阻燃机织物	续燃时间 ≤5s;阴燃时间 ≤5s;损毁长度≤150mm	产品经耐洗试验后仍应达到标准
	FZ 77001	续燃时间 ≤15s;损毁长度 ≤200mm	低于该指标不可作为阻燃产品

国家	执行标准	技 术 要 求	备　注
美国	CFR 1610/CFR 1615/CFR 1616	光面织物燃烧时间不超过 3s;起毛织物燃烧时间不超过 7s;平均损毁长度不超过 17.8cm(7 英寸),任一块试样损毁长度不超过 25.4cm(10 英寸);儿童睡衣在接触中等火焰 3s 后,移开,火焰必须熄灭	—
	针对进口服装	服装标注上标有棉、麻、毛等动物和植物成分的必须进行测试。方法是脱水衣料在 16mm 高火焰上接触 1s 后,计算燃烧时间,超过 7s 为一级,超过 7s 为不安全产品,作退货处理	—

第四节　纺织品防水、透湿性能检验

一、防水性能检验

(一)静水压测试

静水压指水通过织物时所遇到的阻力。

静水压测试原理:在标准大气压条件下,织物涂层或拒水层面接触水面,承受持续上升的水压,直到织物背面渗出水珠为止,此时测得水的压力值即为静水压。静水压测试方法适用于防水涂层或层压复合织物的防水性能评定,织物所能承受的静水压越大,表明其防水性或抗渗漏性越好。

根据测试指标,静水压测试分动态法和静态法两种检测方法:动态法是在织物的一面不断增加水压,测定直至织物另一面出现规定数量的水滴时,织物所能承受的静水压的大小;静态法是在织物的一面维持一定水压,测定水从一面渗透到另一面所需要的时间。

(二)喷淋或喷射测试

一种是表面抗湿性能测试方法。测试原理:从一定高度和角度以一定的流量向织物连续喷水或者滴水,观察试样在一定时间后表面的水渍特征,并与具有各种润湿程度的标准样照进行对比,用文字描述及图片表示的级别来评定其等级,该测试方法用以判定织物的拒水效果。

另一种是模拟淋雨测试方法。测试原理:从一定的高度和角度将一定量水喷淋到有一定张力的待测织物表面,测定经过一段时间后试样吸收的水量或水从织物受淋雨一面渗透到另一面所需要的时间,也可观察试样表面的水渍形态。

(三)吸水性测试

吸水性测试是测量试样在水中浸渍一段时间后的增重率。测试时,样品称重后被浸没在水中一段时间,再次称重,样品两次重量之差与原重之比的百分率即为增重率,并以增重率高低判定织物的拒水性。这种测试方法主要是针对那些有水渗入却没有通过织物的情况,操作简便,能够判定织物表面抗湿性能。

二、透湿性能检验

织物透湿性能检验包括织物水蒸气传递速率测试和织物对蒸发热转移阻抗测试两大类。通常,人们用一定温度、一定湿度和一定风速下单位时间内透过织物单位面积的水蒸气质量$[g/(m^2 \cdot 24h)$ 或 $g/(m^2 \cdot h)]$,即人们所熟悉的透湿量来评价织物的透湿性。控制杯法是测量织物透量的常用测试方法。测试原理:把盛有吸湿剂或水及织物试样的控制杯放置于规定温度、湿度和气流等的环境下,根据一定时间内控制杯质量的变化计算出透湿量。

(一)水蒸气透过法

水蒸气透过法也叫蒸发法或水法,它有正杯法和倒杯法之分。

正杯法——测试时杯口向上,织物与水面有一段距离,模拟人在静止或少量运动时,出汗量较少、皮肤和织物有一段距离情况下,织物的透湿性能。

倒杯法——测试时杯口向下,织物紧贴着水面,模拟人在剧烈运动时,出汗量较大、皮肤与织物紧贴在一起情况下,织物的透湿量。

(二)干燥剂法

干燥剂法又称吸湿法,它是在一定条件下测试一定时间内干燥剂所吸收的水蒸气量,获得此条件下单位时间内透过试样单位面积内的水气量,以此评价织物透湿性能。干燥剂法同样可以分为干燥剂正杯法和干燥剂倒杯法两大类。

干燥剂正杯法——测试时,将织物覆于装有吸湿剂(无水氯化钙)的透湿杯子上;然后将其放入温度38℃、相对湿度90%、气流速度 0.3~0.5m/s 的试验箱内,0.5h 后取出;盖上杯盖放入干燥箱内,0.5h 后取出,称重;再除去杯盖,放入试验箱内,经过 1h 后取出;加盖后放入干燥箱内,0.5h 后取出,称重;计算透湿量。

干燥剂倒杯法——测试时,将装有干燥剂(醋酸钾)的测试杯倒置,用 PTPE 薄膜封口,再将试验包裹在薄膜外层,然后用 PTPE 薄膜再包裹一层,将组合试验置于一定温度和湿度条件的试验环境下,测定织物的透湿量。

第五节　土工织物的性能检验

土工织物的功能和影响参数如表 10-4 所示,土工织物的测试内容包括机械性能测试、水力学性能测试、对外界环境忍耐性能试验、土壤与土工布之间相互作用的性能测试等,土工织物的术语定义、自身性能测试及测试指标、方法的国内外标准如表 10-5 所示。

表 10-4　土工织物的功能和影响参数

土工织物的功能	土工织物的重要影响参数
排水	渗透性、孔径、厚度、压缩性
过滤	渗透性、孔隙率
隔离	顶破强力、撕裂强力、孔径、抗冲击力
加固	抗蠕变、抗张强度、界面抗剪强力、顶破强力、韧性、摩擦性能
控制侵蚀	界面抗剪强力、厚度、渗透性、孔径、摩擦性能
防护	顶破强力、抗蠕变、厚度、压缩性
容装成形	抗张强力、弯曲性顶破强力、孔径、耐磨性能

表 10-5　土工织物性能检验

测试项目	测试方法或名称	试验标准	技术指标	说　明
土工布术语	土工布术语	GB/T 13759	术　语	国家标准
取样和试验准备	土工布的取样和试验准备	GB/T 13760	取样方法	等效采用 ISO 9862
厚　度	土工布厚度测定方法	GB/T 13761	厚　度	等效采 ISO 9863
单位面积质量	土工布单位面积质量测定方法	GB/T 13762	单位面积质量	等效采用 ISO 9864
撕破强力	梯形法撕破强力试验	GB/T 13763	最大撕破强力值	国家标准
	土工布抗撕裂性测定	NFG 38—015	撕破强力，撕裂功	法国纺织标准
透气性	土工布透气性试验方法	GB/T 13764	透气率平均值	国家标准
拉伸强力	土工布—宽条拉伸强力	GB/T 15788	拉伸强度	国家标准
接头/接缝强力	土工布—接头/接缝拉伸试验（宽条法）	ISO 10321 GB/T 16989	接头/接缝强力 接头/接缝效率	国际标准 国家标准
鉴别标志	土工布鉴别标志	GB/T 14798	鉴别标志	等效采用 ISO 10320
孔径	土工布孔径测定方法（干筛法）	GB/T 14799	等效孔径、过筛率、孔隙率	国家标准
顶破强力	土工布顶破强力试验方法	GB/T 14800	顶破强力	国家标准
透水性	土工布试验—透水性的测定	NFG 38—016 GB/T 16988	渗透系数（垂直）	法国标准 国家标准
	恒定水头下测定垂直于土工布表面的水流量	BS 6906—P_0	水流率	英国标准

测试项目	测试方法或名称	试验标准	技术指标	说　明
导水性	土工布试验—导水性的测定	NFG 38—017	渗透系数(平面)	法国标准
	平面内水流量的测定	BS 6906—Pt7	水流率	英国标准
抗冲压	土工布试验—抗冲压的测定	NFG 38—019	等效孔眼直径	法国标准
	抗穿孔的测定	BS 6906—Pt6	等效孔眼直径	英国标准
摩擦性能	直接剪切法测定砂与土工布之间的摩擦性能	BS 6906—Pt8 GB/T 17635.1	摩擦系数	英国标准 国家标准

一、土工织物机械性能检验

(一)拉伸性能测试

抗拉强度和断裂伸长率是表征土工织物机械性能的重要指标,抗拉强度一般用 5cm 或 1m 宽试样所能承受的抗拉强力表示。在实际使用过程中,土工织物将受到多个方向的拉伸变形,必要时可以进行双轴向拉伸测试,以了解土工布损坏前的变形性能。在国际标准 ISO 10319 宽条拉伸测试中,试样尺寸规定为宽 200mm、长 100mm,为了测得湿态抗拉强度,试样置于(20±2)℃水中浸泡时间至少 2h,试样从水中取出后 3min 内测量,伸长速率控制在每分钟(20±5)%。抗拉强度的计算公式为:

$$S = F \cdot C$$

式中:S——抗拉强度,N/m;

F——抗拉强力,N;

C——对于非织造土工织物或紧密型机织布或类似小孔结构材料,$C = \dfrac{1}{B}$,B 为试样宽度(m);对于粗梳机织土工织物、土工网、土工格栅或类似材料,$C = \dfrac{M}{N}$,M 是所测试样品 1m 宽内的最小拉伸单元数,N 是试样内拉伸单元数。

(二)接头/接缝强度

土工织物幅宽因受到加工设备限制而有一定限度,使用时需要采取接头/接缝方法将幅宽按要求扩大,因此接合部的强度有所降低。接头/接缝强度指由缝合或接合两块或多块平面结构土工材料所形成的连接处的最大抗拉伸力,以 N/km 为单位。接头/接缝强度与同方向上所测定的土工织物强度之比的百分率为接头/接缝效率。

(三)刺穿测试

刺穿测试是模拟土工织物抵抗具有尖角的石块或其他锐利物体掉落后的承受能力。测试时,用 1000g 重的 45℃锥形黄铜锤从 500mm 高度落到夹紧的试样上,试样受到点载荷的作用,被刺穿一个小洞,用小洞孔眼直径的大小来判定试样抵御穿刺的能力。

(四)蠕变测试

土工织物在实际使用过程中发生蠕变和松弛,这对于工程的稳定性和使用寿命影响很大。蠕变测试时,通常对土工织物施加20%～60%的断裂负荷,并定期记录土工织物的变形量,绘出时间与变形量之间的对应关系曲线,即获得土工织物的蠕变曲线。

二、土工织物水力学性能检验

(一)土工织物孔径尺寸测试

土工织物孔径的测试方法分为直接法和间接法。直接法包括光学显微镜法、扫描电镜(SEM)法,一般用于土工织物表面孔径的测试与分析,根据孔隙形状和面积,计算等效面积和等效直径,特征孔径取 O_{90} 或 O_{95}。间接法包括干筛法、湿筛法、水银压入法、吸引法和渗透法等。国家标准 GB/T 14799 采用干筛测试方法测试土工织物的孔径尺寸。

(二)土工织物渗透系数测试

渗透系数测试方法包括平面排水性能测试和垂直排水性能测试。在土工织物平面渗透性能的测试过程中,土工织物加上压力后,使土工织物与管壁之间没有缝隙,按照达西(Darcy)定律,土工织物某截面上单位时间内通过的总水量 Q 等于土工织物渗透系数、截面积和水力梯度的乘积,其表达式为:

$$\frac{Q}{t} = kIS = k \cdot \frac{H}{L} \cdot S$$

$$k = \frac{Q \cdot L}{t \cdot H \cdot S}$$

式中:Q ——渗透水量,cm^3;

S ——试样过水面积,cm^2;

H ——水位差,cm;

I ——水力梯度;

t ——通过水量 Q 的历时,s;

L ——试样厚度,cm;

k ——渗透系数,cm/s。

考虑到不同试验水温时水的动力黏滞系数不同,测试需在 20℃ 的水中进行。土工织物垂直渗透系数测试与平面排水性能测试方法基本相同,只需将土壤去掉即可。

三、土壤与土工织物之间相互作用检验

(一)土工布—土壤系统的渗透性能测试

土工布—土壤系统垂直渗透系数的测定采用定水头和变水头两种方法,即定水头法和变水头法。

定水头法适用于测试渗水性能较好的粗、中砂土壤,土工织物被压紧后,在厚度为 L 的土壤中,土壤的密实度和含水保持恒定,向圆筒内不断注水,但水头高度 H 不变,水渗过土壤和土工织物,从底部排出并被测量。根据达西定律,同样可以测量单位时间内流过单位面积试样的水流量。

变水头法适用于渗水性能较差的黏土、细砂土等。将水灌入至一定高度后停止注水,然后将水经土壤和试样后流出,在测试过程中,水头是变化的,记下从时间 t_1 到 t_2 时水头的高度 H_1 和 H_2。对达西定律进行微积分后得到下面的公式:

$$k = \frac{S_1 L}{S(t_2 - t_1) \ln \frac{H_1}{H_2}}$$

式中:k —— 单位时间内流过单位面积试样的水流量,cm/s;

$\quad S_1$ —— 细注水器的截面积,cm^2;

$\quad L$ —— 试样厚度,cm;

$\quad S$ —— 试样面积,cm^2。

(二)直接剪切摩擦、拉拔摩擦和淤堵测试

直接剪切摩擦测试和拉拔摩擦测试是模拟材料在土体内可能发生位移的两种情况。用直接剪切实验可以测得土工织物和土壤间的摩擦系数。测试时,将土样放在钢环中,钢环分成上下两段,下段固定而上段可以顺分界面滑动;土样上下放透水石以利于排水;在土样上施加压力,然后在上钢环上逐渐增加水平推力,土样顺分界面被切断;在分界面上的法向应力为 $\sigma = N/F$,剪应力为 $\tau = T/F$。在法向应力 σ 不变条件下,逐渐增加 τ 值(连续剪切),可以得到矿土的抗剪切强度 $\tau_f = \tau_{max}$。

根据库仑强度公式:

$$\tau_f = C + \sigma \tan \phi$$

土的内摩擦角计算公式为:

$$\phi = arcot \left(\frac{\tau_f - C}{\sigma} \right)$$

式中:τ_f——土体中沿某截面上的抗剪强度,kgf/cm^2;

$\quad \sigma$——土体面上的法向压应力,kgf/cm^2;

$\quad C$——土的内聚力,kgf/cm^2;

$\quad \phi$——土的内摩擦角,°;

$\quad F$——土样截面积,cm^2。

土工织物过滤时,由于经受长期的水土作用,土壤颗粒积聚在织物表面的孔隙上,或沉淀到孔隙内部,或由于微生物的繁殖增多而发生堵塞,使渗透流量减少。根据淤堵测试结果,可以衡量土工织物发生淤堵的难易程度。测试原理:采用梯度比方法测定一定水流条件下土工织物—土壤系统及其交界面上的渗透系数和渗透比,并测定土工织物的含泥量。

第六节　纺织品防污性能检验

一、抗液体污染物检验

为了评定纺织品服装抗液体污染物的性能,可以将配置好的液体或油类物质滴在织物上,

观察并评定测试液对织物的润湿和渗透情况。拒水拒油标准测试液组成与评价等级见表10-6。

表 10-6　拒水拒油标准测试液组成与评价等级

拒水标准测试液			拒油标准测试液		
成　　分		拒水级别	成　　分		拒油级别
水	异丙醇		白矿物油	其他油类	
10	0	0	10	0	1
9	1	1	6.5	正十六烷 3.5	2
8	2	2	0	正十六烷 10	3
7	3	3	0	正十四烷 10	4
6	4	4	0	正十二烷 10	5
5	5	5	0	正葵烷 10	6
4	6	6	0	正辛烷 10	7
3	7	7	0	正庚烷 10	8
2	8	8	—	—	—
1	9	9	—	—	—
0	10	10	—	—	—

（一）防污拒水等级测试

按照 3M—Ⅱ织物拒水度测试方法,用异丙醇与水按不同比例混合(分为 10 级)建立标准测试液体系,织物拒水度分为 0~10 级,0 级为最差,10 级为最好。测试时,由低级数试剂开始,逐一将液体滴至织物表面,如果在 10s 内未润湿织物,则表示通过,再取高一级的测试液进行通过测试,直至不能通过为止,并用最后通过的级别作为最终测试级别。

（二）防污拒油等级测试

按照 AATCC 118 标准,将织物拒油标准分为 8 级,1 级为最差,8 级为最好。测试时,首先用最低标号的测试液体,将 0.05mL 液体小心滴在织物上,如果在 30s 内无渗透和润湿现象出现,则表示通过,再将高一级标号的测试液体滴于织物上,以此类推,直至测试液体在 30s 内润湿与液体接触的织物表面为止,织物拒油的测试级别为前一级的级数。

二、抗颗粒状污染物测试

为了评定纺织品服装抗颗粒状污染物的性能,可以采用球磨机法进行测试。球磨机测试方法:采用圆柱形球磨测试机,在圆筒内放置钢球和颗粒状污物,将试样固定在圆筒里的开口处,开动球磨测试机,使钢球和颗粒状污物随圆筒一起转动,当达到规定的测试次数后,关闭球磨测试机,取下试样,观察和评定试样的沾污等级。

第七节　纺织品防紫外线性能检验

纺织品服装防紫外线辐射的检验方法分为两类:一类是自然光直接照射法,如变色褪色法、照射人体法(红斑试验)等;另一类是仪器法。测试原理:采用光谱辐射,由紫外线辐射源提供充足和稳定的紫外线辐射能量,通过单色仪将紫外线辐射能量色散后照射试样,用积分球收集整理透过试样的各个方向的反射、漫反射紫外线辐射能量,探测器将它们转换成电信号,再通过计算转化为各种特征数值。评价纺织品服装的防紫外线性能指标主要有紫外线透射比、紫外线遮挡率、紫外线防护系数和紫外线穿透力。

紫外线透射比——有试样时的紫外线透射辐射能量与无试样时的紫外线透射能量之比。

紫外线遮挡率——紫外线遮挡率=1-透射比。

紫外线防护系数(UPF)——不使用防护品时紫外线的辐射效应与使用防护品时紫外线的辐射效应之比值。

紫外线穿透力——紫外线穿透力为紫外线防护系数(UPF)的倒数。

我国国家标准GB/T 17032《纺织品 织物紫外线透过率的试验方法》规定用紫外线强度计检测面料的紫外线透过率,其测试原理是:采用辐射波长为中波段紫外线的紫外光源(主峰波长为297nm)及相应的紫外接收传感器,将被测试面料置于光源与接收传感器之间,分别检测有面料和没有面料时紫外线的辐射强度,计算面料阻挡紫外线的能力。测试时,检验程序包括:

(1)仪器、试样准备。紫外性能测试仪包括紫外光源(主峰波长297nm,辐射强度≥60W/m²),紫外传感器(响应波长范围290~320nm,检测量程0~300 W/m²),仪器准确度≤0.5%。织物试样可以不裁剪,如需要可以剪取直径大于20mm的样片。

(2)操作程序。试验前,将测试仪器预热30min以上,调零;在没有试样情况下,记录所示的紫外辐射强度I_0;将试样置于测试仪上,测出放置试样时的紫外透过辐射强度I_1;在试样的不同位置重复上述测试10次以上。

(3)计算。试样的紫外线透过率按下面公式计算:

$$T = \frac{I_0}{I_1} \times 100\%$$

国内外关于纺织品服装防紫外性能测试方法如表10-7所示。美国标准AATCC 183和英国标准BS 7914为试样方法标准,对纺织品服装的防紫外线性能没有具体的评定标准。澳大利亚/新西兰标准AS/NZS 4399和欧盟标准PrEN 13758对纺织品服装的防紫外线性能曾提出评价标准,我国国家标准对纺织品服装的防紫外线性能作出具体的技术规定。各国对服装防紫外线性能的评价标准见表10-8。

表10-7 国内外纺织品服装防紫外线性能的试验标准

国家和地区	标 准 号	标 准 名 称
澳大利亚/新西兰	AS/NZS 4399	日光防护服 评定和分级
美国	AATCC 183	紫外线透过织物的透射比和阻截率的试验方法
英国	BS 7914	紫外线透过织物的穿透性试验方法
欧盟	PrEN 13758	纺织品 日光紫外线防护性能
中国	GB/T 17032	纺织品 织物紫外线透过率的试验方法

表 10-8　各国对纺织品服装防紫外线性能的评价标准

国家和地区	UPF 范围	紫外线透射比(%)	紫外线防护评价
澳大利亚/新西兰	15~24	6.7~4.2	较好
	25~39	4.1~2.6	好
	40~50.50	≤2.5	很好
欧盟	≥30	≤5	合格
中国	≥30	≤5	合格

第八节　纺织品耐气候老化性能检验

一、湿热空气加速老化检验

我国行业标准 FZ/T 75007 规定了织物在湿热空气中加速老化的测试方法,主要测试织物在受热、潮湿、光照等因素影响下试样的老化情况,该测试方法通过强化温度和湿度等环境条件,加速涂层织物老化,评价产品的耐湿热空气老化性能。测试时,将样品置于湿热老化箱内,箱体温度为 70℃、相对湿度控制在 95%,测试结果用变质系数表示。变质系数(CD)的表达式为:

$$CD = \frac{A - A_0}{A_0} \times 100\%$$

式中:A ——试样在老化测试前的性能值;

A_0——试样在老化测试后的性能值。

二、光加速老化检验

我国行业标准 FZ/T 75002 规定了织物光加速老化测试方法。该测试方法以氙弧灯为辐射光源,用人工方式模拟和强化光、温度、湿度等老化因素的环境。测试时,将试样暴露在规定的环境中,持续作用一定时间,加速试样老化过程,最终以变质系数评定试样耐光老化的性能。

三、烘箱法——抗热老化检验

烘箱法是评价织物抗热老化性能的常用测试方法。测试时,将试样垂直悬挂在空气循环烘箱中,试样与试样之间、试样与烘箱内壁之间留有一定空隙,加热温度控制为 100~105℃,加热时间 48h,测试结束后取出试样进行冷却,然后将试样移至标准大气条件下进行调湿,测试其断裂强度或其他性能,最终以变质系数评定抗热老化性能。

四、氧化法——抗氧气老化检验

氧化法是模拟空气中的氧气对织物老化性能影响的测试方法,用金属容器制成氧气压力老化测试仓。测试时,温度保持在 70℃,持续时间为 24h。测试前,试样在 70℃下放置 7d

后再移入老化测试仓,充入压力为(205±10)kPa 的氧气。测试结束后,将试样移至标准大气条件下进行调湿,检测并计算试样的特性变化百分率。

第九节　纺织品反光、遮光性能检验

一、纺织品反光性检验

纺织品的反光性能可以通过色度性能、逆反射性能、耐气候性能、耐盐雾性能、耐溶剂性能、抗冲击性能、耐弯曲性能、耐高低温性能、收缩性能、附着性能、防沾纸的可剥离性能等测试结果进行评价。

(一)色度性能测试

方法一:选用尺寸为 150mm×150mm 的单色反光织物试样,以 GB/T 3978 规定的标准照明体 D_{65}、视角为 2° 及 45lx 的照明条件,按 GB/T 3979 规定的方法测出样品光谱的反射比,然后计算出该颜色的色品坐标或直接测得各种颜色的色品坐标。在同样的照明观测条件下,分别测出试样和标准漫反射白板的光亮度,两者的比值即为亮度因数,或直接测得各种颜色的亮度因数。

方法二:选用尺寸为 150mm×150mm 的单色反光织物试样,以 GB/T 3978 规定的标准照明体 A、视角为 0.1° 及入射角为 0°、观测角为 0.2° 的照明观测条件,按照 GB/T 3979 规定的方法测出该颜色的色品坐标或直接测得各种颜色的色品坐标。

(二)逆反射系数的测试

逆反射系数的测试方法是:将尺寸为 150mm×150mm 的试样置于如图 10-8 所示测试装置中,把光源放在试样的参考中心位置,正对着光源,测量出垂直于试样表面的照度值 $E_\perp$;把光探测器置于如图所示位置上,移动光探测器使观测视角为 0.2°,光的入射角分别为 -4°、15° 或 30°;测出在每个入射角时,试样反射光照产生的照度值 E_r;重复前面的操作,改变观测视角分别为 0.33° 和 1° 时,测得照度值;用下列公式计算出不同观测角、入射角下的发光强度系数 R 和逆反射系数 R'。

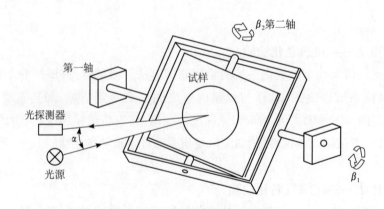

图 10-8　逆反射性能测量装置示意图

$$R = \frac{I}{E_\perp} = \frac{E_r \cdot d^2}{E_\perp}$$

$$R' = \frac{I}{E_\perp \cdot A} = \frac{E_r \cdot d^2}{E_\perp \cdot A}$$

式中:R ——试样的发光强度系数,$cd \cdot lx^{-1}$;

　　R'——试样的逆反射系数,$cd \cdot lx^{-1} \cdot m^{-2}$;

　　I ——试样的发光强度,cd;

　　A ——试样的表面面积,m^2;

　　$E_\perp$——试样在参考中心上的垂直照度,lx;

　　E_r——光探测器在不同观测角和入射角条件下测得的反射光的照度,lx;

　　d ——试样参考中心与光探测器孔径表面的距离,m。

二、纺织品遮光性能检验

(一)透光测试

透光测试原理:从一白炽光源射出的较为稳定且具有一定强度的光量,通过一块织物样品,用标准测试仪测定在 $100cm^2$ 面积上被织物样品阻挡吸收后透过的光量,并与无试样时的原始光量相比较,用透光率(LR)表示。测试时,打开透光灯光源,预热稳定在 15min 以上,把原始光量调整至 10000 lx,将织物样品的测试面向上放入试验窗,测量并记录透过织物试样的光量。透光率按下面公式计算:

$$LR = \frac{A}{B} \times 100\%$$

式中:A——透过织物试样的光量在测试仪上的读数,lx;

　　B——无试样时的原始光量在测试仪上的读数,仪器定为 10000 lx。

(二)目测针孔测试

目测针孔测试主要用于遮光性能特别强的织物试样,当织物试样的透光量小于 0.1lx 时,通常用 $100cm^2$ 观察面积上的针孔计数来表示。测试时,将织物试样移至针孔观察窗,打开针孔灯开关,放上遮光罩,观测并记录 $100cm^2$ 观察面积上的透光针孔数。

第十节　纺织品抗菌性能检验

为了检验纺织品服装的抗菌性,可将一定浓度的菌液接种在试样上,在一定条件下放置一段时间后,检测并比较放置前后试样的菌落数、pH、颜色、强力等指标的变化,以此评定试样的抗菌性能。纺织品服装抗菌性测试的另一种方法是:将试样置于一定浓度的菌液中,在一定条件下放置一段时间后,通过一定手段比较放置前后试样的菌落数、阻止带宽度、强力等指标的变化,以此评定试样的抗菌性能。

国际上以日本、美国、欧盟为代表的发达国家陆续颁布了抗菌环保标签,有些国家的销售商已将纺织品抗菌检测认证引入质量清单,对抗菌纺织品的质量进行规范化管理。近年来,我国抗菌纺织品生产发展很快,产品应用领域不断扩展,除了与人体皮肤直接接触的衣物外,拓展到了外衣系列、室内装饰用纺织品、医用纺织品、军用纺织品和其他工业用纺织品。2002 年由中国科学院会同相关科研院所组建了中国抗菌材料及制品行业协会(CIAA),推出了 CIAA 抗菌标志,制定了抗菌标志产品认定标准、技术规范和认定程序,CIAA 抗菌标志产品具有持久抗菌安全自洁的功能。

关于纺织品服装抗菌性能测试、评价及其测试方法的国外标准主要是日本标准 JISL 1902《纺织品的抗菌性能试验方法》和美国标准 AATCC 100《抗菌整理织物的评价》。我国参照美国标准 AATCC 100 制定了行业标准 FZ/T 01021《织物抗菌性能试验方法》,规定了织物抗菌检测的定量测试方法,适用于各类经抗菌整理的吸水性织物,但不适用于拒水性织物。

一、检验原理

FZ/T 01021《织物抗菌性能试验方法》的测试原理:将试样和对照织物(未经过抗菌整理的织物)分别放于三角烧瓶中,用测试菌种接种,接种后,将对照织物上的细菌立即洗涤并测定细菌数量,然后再将恒温培养后试样,洗涤并测定细菌数量,计算出试样的细菌减少百分率。

二、检验程序

1. 试样的准备　在面料上剪取直径为 5cm 圆形试样,取两份,另外在未加抗菌剂的面料上剪取同样大小的试样一份作为对比试样。

2. 菌液的培养　将菌种(金黄色葡萄球菌、肺炎杆菌)接种到营养琼脂平皿上,在 37℃ 的培养箱内培养 24h,取出后移入盛有肉汤培养基的三角烧瓶中,在 37℃ 的培养箱内培养 24h,稀释肉汤,使 1mL 菌液中含($1×10^5$)~($2×10^5$)个细菌。

3. 营养基和溶液的配置　肉汤营养基配置方法:将蛋白陈(10g)、牛肉浸膏(5g)、氯化钠(5g)和蒸馏水(1000mL)一起加热溶解,用 $0.1M_{NaOH}$ 调整 pH 至 6.8,在 103kPa 的灭菌锅内灭菌 15min。

营养琼脂培养基配置方法:将蛋白陈(10g)、牛肉浸膏(5g)、氯化钠(5g)、蒸馏水(1000mL)一起溶解,用 $0.1M_{NaOH}$ 调整 pH 至 7.4,加入琼脂粉(15g),加热煮沸,使琼脂熔化,在 103kPa 的灭菌锅内灭菌 15min。

磷酸盐缓冲溶液配置方法:将 72mL $0.2M_{Na_2HPO_4}$ 和 28mL $0.2M_{NaH_3PO_4}$ 与氯化钠(5g)溶于 1000mL 蒸馏水中,用 $0.1M_{NaOH}$ 调整 pH 至 7.0,在 103kPa 的灭菌锅内灭菌 15min。

生理盐水配置方法:制备 0.85% 氯化钠溶液,在 103kPa 的灭菌锅内灭菌 15min。

4. 操作程序　测试时,分别将三块试样置于三角烧瓶中,各滴加 1mL 菌液,"零"接触时间制取菌样。在一个烧瓶中加入 100mL 缓冲液(磷酸盐缓冲溶液),剧烈摇晃烧瓶 1min,

洗涤细菌,吸取 1mL 洗涤液到含有 9mL 灭菌生理盐水的试管内做成 1∶10 的稀释液,再将 1mL 该溶液稀释 10 倍,如此进行 2~3 次稀释后,将稀释液移入平皿上,吸取 15mL 凉至 46℃ 的营养琼脂注入平皿,与稀释液混合均匀,将平皿放入(37±1)℃的恒温箱内培养(48±2)h, 取出,计算平皿内的菌落总数,乘以稀释倍数就是样品中所含的细菌总数。

在盛有对比试样的烧瓶中按上述操作步骤制作菌样,计算出所含的细菌总数。将另一 个盛有试样的烧瓶先在(37±1)℃的恒温箱内培养(20±2)h 作为定期培养,然后按上述步骤 制作菌种,计算出所含的细菌总数。

5. 计算

$$细菌减少百分率 = \frac{B - A}{B} \times 100\%$$

或

$$细菌减少百分率 = \frac{C - A}{C} \times 100\%$$

或

$$细菌减少百分率 = \frac{\dfrac{B + C}{2} - A}{\dfrac{B + C}{2}} \times 100\%$$

式中:A ——定期培养试样上的细菌总数;

B ——"零"接触时间试样上的细菌总数;

C ——"零"接触时间对比试样上的细菌总数(B 和 C 差别大时取最大值,若差别不大, 取平均值)。

第十一节 纺织品负离子发生量检验

一、检验原理

根据 GB/T 30128—2013《纺织品 负离子发生量的检测和评价》采用摩擦法测定纺织 品动态负离子发生量的试验方法原理:在一定体积的测试仓中,将试样安装在上、下两摩擦 盘上,在规定条件下进行摩擦,用空气离子测量仪测定试样与试样本身相互摩擦时在单位体 积空间内激发出负离子的个数,并记录试样负离子发生量随时间变化的曲线。

二、试验步骤

1. 安装试样 打开测试仓,用夹持装置将两块试样和其对应的衬垫分别固定于上摩擦 盘和下摩擦盘上,其中衬垫置于试样和摩擦盘之间,且应保证试样在自然平整的状态下能完 全覆盖两摩擦盘表面。

2. 测试

(1)将负离子测试仪放置于测试仓内,其测试口距摩擦盘 50mm。

(2)开启空气负离子测试仪,关闭测试仓,测定未摩擦前测试仓内空气负离子浓度,测定 时间至少为 1min,待显示测试数据稳定后,对空气负离子测试仪清零。

（3）启动摩擦装置摩擦试样,同时开始测定试样摩擦时的负离子发生量,测定时间至少为3min,记录试样负离子发生量随时间变化的曲线。

3. 测试完毕 关闭空气负离子测试仪和摩擦装置,启动换气装置至少5min,测定下一组试样,直至测完所有试样。

三、评价

对样品的负离子发生量进行评价(表10-9)。

表10-9 负离子发生量评价

负离子发生量(个/cm³)	评 价
>1000	负离子发生量较高
550~1000	负离子发生量中等
<550	负离子发生量偏低

思 考 题

1. 纺织品抗静电性能有哪几种测试方法?并说明测试原理。
2. 简述纺织品防水透湿、阻燃性能检验的方法和原理。
3. 说明纺织品保温性能的测试原理,并分析外界因素对检验结果的影响。
4. 简述纺织品防污、抗菌性能检验的方法和原理。
5. 简述纺织品遮光、反光、防紫外线性能检验的方法和原理。

第十一章　服装质量检验

> ● **本章知识点** ●
>
> 1. 服装成品检验环境、设备与抽样规定。
> 2. 衬衫、男西服、大衣、牛仔服装的技术要求。
> 3. 衬衫、男西服、大衣、牛仔服装质量检验项目和测量方法。

第一节　服装成品检验环境、设备与抽样规定

一、服装成品检验的环境与设备

服装成品检验以目测、尺量为主,正常情况下,服装成品检验应在正常的北向自然光线下进行,避免受阳光直射的影响。如果在灯光下检验,其照度不应低于 750 lx。检验时,检验员应将样品逐件放在模型架(人台)或检验台上,按规定的检验顺序和动作规范对各检验部位进行质量检查和鉴定。如果使用模型架检验,模型必须与样品号型和规格一致,以保持正常的服装样品的形态。如果在台板上检验,服装样品要保持平整。

关于服装表面疵点、色牢度、缩水率、缝合牢度、缝口脱开程度、黏合衬的黏合牢度等质量检验项目,应按照服装标准所规定的技术要求和试验方法进行试验,然后再作评定,使用的仪器、设备、工具及试验条件应符合各试验方法标准的规定。理化检验一般在标准大气中进行。

二、抽样规定

(一)内销产品的抽样规定

内销产品的抽样数量由产品批量确定:500 件及以下(睡衣套、连衣裙等 200 件及以下)抽验 10 件;1000 件及以下(睡衣套、连衣裙等 500 件及以下)抽验 20 件;1000 件以上(睡衣套、连衣裙等 500 件以上)抽验 30 件。

(二)出口服装的抽样规定

出口服装只做一次正常抽验时,一次抽验方案(计数型)的抽样数 n 由表 11−1 给出。

表 11-1 一次正常抽验表 单位:件/套

批　　量	抽验数(n)	A 类		B 类	
		A_c(接受)	R_e(拒受)	A_c(接受)	R_e(拒受)
91~500	20	1	2	2	3
501~1200	32	2	3	3	4
1201~3200	50	3	4	5	6
3201~10000	80	5	6	7	8
10001~35000	125	7	8	10	11
35001~150000	200	10	11	14	15

第二节　衬衫的质量检验

一、衬衫成品的技术条件与质量要求

以纺织织物(非针织)为原料,成批生产的男女衬衫、棉衬衫或衬衫类的时装产品,其号型设置应按 GB/T 1335.1《服装号型　男子》和 GB/T 1335.2《服装号型　女子》规定选用。成品主要部位规格按 GB/T 2667《男女衬衫规格》,或按 GB/T 1335.1《服装号型　男子》和 GB/T 1335.2《服装号型　女子》有关规定自行设计。衬衫的技术要求包括下列内容。

1. 原材料规定 按有关纺织面料标准选用适于衬衫的面料;采用与面料性能、色泽相适应的里料;使用适合面料的衬布,其收缩率应与面料相适应;选用适合所用衣料质量的缝线,缝线的色泽色调应与面料色泽色调相适应,色差允许程度为-0.5、+1.0 级(印花、条格、色织原料应以主色为准,装饰线例外),钉扣线应与扣的色泽相适应;扣子的厚度和色泽应适当,无残次,不因洗涤和整烫而变色、变形;钉商标线应与商标底色相适应;填充料质量应符合其产品标准的规定,收缩率应与面料相适宜。

2. 经纬纱向技术规定 前身顺翘(不允许倒翘),后身、袖子允斜程度按标准规定。

3. 对格对条规定 面料有明显条、格在 1cm 以上者,应按规定对条对格;倒顺绒原料全身绒向要一致;特殊图案,以主图为准,全身方向一致。

4. 拼接 全件产品不允许拼接,装饰性的拼接除外。

5. 色差规定 领面、过肩、口袋、袖头面与大身色差高于 4 级;其他部位色差允许 4 级;衬布影响或多层料造成的色差不低于 3~4 级。

6. 外观疵点规定 包括粗于一倍粗纱 2 根,粗于两倍粗纱 3 根,粗于三倍粗纱 4 根,双经双纬,小跳花,经缩,纬密不均,颗粒状粗纱,经缩波纹,断经断纬 1 根,搔损,浅油纱,色档和轻微色斑(污渍)等外观疵点。

7. 理化性能要求 包括成品主要部位收缩率指标,成品主要部位起皱级差指标,成品主要部位缝口纰裂程度和成品衬衫释放甲醛含量指标四项。

8. 缝制规定 针距密度应符合技术要求之规定;各部位缝制线路整齐、牢固、平服;上下线松紧适宜,无跳线、断线,起落针处应有回针;0 部位不允许跳针、接线,其他部位 30cm

内不得两处有单跳针(链式线迹各部位不允许跳线);领子平服、领面松紧适宜,不反翘、不起泡、不渗胶;袖、袖头及口袋和衣片的缝合部位均匀、平整、无歪斜;商标位置端正,号型标志清晰正确;锁眼位置准确,一头封口上下回转四次以上,无绽线;扣与眼位相对,钉扣每眼不低于6根线。

9. 成品主要部位规格极限偏差　包括领大、衫长、袖长、胸围、肩宽等主要部位规格的极限偏差。

10. 整烫外观　成品内外熨烫平服、整洁;领角左右对称一致,折叠端正、平挺;一批产品的整烫折叠规格应保持一致。

二、衬衫成品检验方法

(一)衬衫成品规格测定

衬衫成品的规格测量方法按表 11-2 和图 11-1 规定执行,成品主要部位规格可对照GB/T 2667《男女衬衫规格》、GB/T 1335.1《服装号型　男子》以及 GB/T 1335.2《服装号型　女子》的有关规定。

表 11-2　衬衫规格测量方法

部位名称		测　量　方　法
领大		领子摊平横量,立领量上口,其他领量下口
衫长		男:前后身底边拉齐,由领侧最高点垂直量至底边 女:由前身肩缝最高点垂直量至底边 圆摆:后领窝中点垂直量至底边
袖长	长袖	由袖子最高点量至袖头边
	短袖	由袖子最高点量至袖口边
胸围		扣好纽扣,前后身放平(后折拉开),在袖底缝处横量(周围计算)
肩宽		男:由过肩两端、后领窝向下 2.0~2.5cm 处为定点水平测量 女:由肩缝交叉处,解开纽扣放平量

(二)衬衫成品主要性能质量水平测定

1. 成品收缩率和成品起皱洗涤方法　成品收缩率、成品起皱洗涤方法按 GB/T 8629《纺织品试验时采用的家庭洗涤及干燥程序》规定,在批量中随机取 3 件成品测试,试验结果以 3 件平均值为准,并对照有关技术要求的规定进行评定。

2. 成品主要部位缝口脱开程度　成品主要部位缝口脱开程度按 GB/T 2660《衬衫》附录 A 规定的测试方法进行,在批量中随机取 3 件成品测试,试验结果以 3 件平均值为准,并与技术要求的有关规定进行对比。

3. 成品衬衫释放甲醛含量　成品衬衫释放甲醛含量按 GB/T 2912.1《纺织品　甲醛的测定　第 1 部分:游离水解的甲醛(水萃取法)》进行测定。

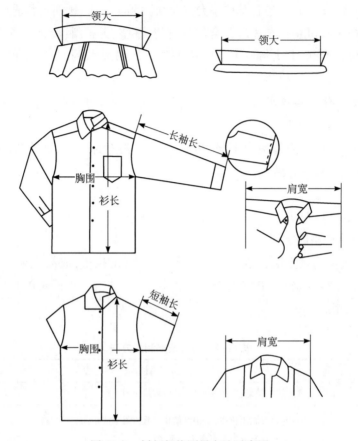

图 11-1　衬衫规格测量方法示意图

(三)衬衫成品缝制质量检验

按照产品标准对成品缝制质量的技术要求,做全面评定。针距按规定在成品上任取 3cm 测定(厚薄部位除外),纬斜按下面公式计算:

$$纬斜率 = \frac{纬纱(条格)倾斜与水平最大距离}{衣片宽} \times 100\%$$

(四)衬衫外观检验

衬衫外观检验包括色差程度、疵点、整烫外观等检验内容。测定色差程度时,被测部位需纱向一致,视线位于被测物 45°,顺着光线射入方向距离 60cm,与评定变色用灰色样卡对比,并按照技术要求规定进行评定。疵点按技术要求规定,参照疵点样卡测定,样卡箭头应顺着光线射入方向。整烫外观按产品标准对整烫外观的质量要求,与外观样卡目测对比。

(五)衬衫等级划分

衬衫成品等级划分以缺陷是否存在及其轻重程度为依据,抽样样本中的单件产品以缺陷的数量及其轻重程度划分等级,批等级以抽样样本中单件产品的品等数量划分。衬衫分优等品、一等品和合格品,根据实际检验结果,并对照产品标准中技术要求的各项规定做综合评定。

衬衫质量缺陷判定依据:按 GB/T 2660《衬衫》规定,单件产品不符合其产品标准所规定的技术要求即构成"缺陷"。同时,按照产品不符合标准和对产品使用性能、外观影响程度,缺陷又可分成三种类型,即轻缺陷、重缺陷和严重缺陷。其中,不符合标准的规定,但对产品的使用效能和外观影响较小的缺陷称为"轻缺陷";不严重降低产品的使用性能,不严重影响产品外观,但较严重不符合标准规定的缺陷称为"重缺陷";严重降低产品的使用性能,严重影响产品外观的缺陷称为"严重缺陷"。

第三节　男西服、大衣的品质检验

一、男西服、大衣的技术要求

以毛、毛混纺、毛型化学纤维等织物为原料,成批生产的男西服、大衣等毛呢类服装,其号型设置按 GB/T 1335.1《服装号型　男子》规定选用,成品主要部位规格按 GB/T 1335.1《服装号型　男子》有关规定自行设计。男西服、大衣的技术要求包括下列内容。

1. 原材料规定　面料按 FZ/T 24002《精梳毛织品》、FZ/T 24003《粗梳毛织品》或其他面料的产品标准选用。里料应与面料性能、色泽相适合,特殊需要除外。衬布采用适合所用面料的衬布,其收缩率应与面料相适宜。垫肩采用棉或化纤等材料。采用适合所用面料、辅料、里料质量的缝线,钉扣线应与扣的色泽相适应;钉商标线应与商标底色相适宜(装饰线除外)。采用适合所用面料的纽扣(装饰扣除外)及附件,纽扣、附件经洗涤和熨烫后不变形、不变色。

2. 工艺结构　西服工艺结构:一层全衬加挺胸衬,下节衬(黏合工艺除外),两个里袋、垫肩。大衣工艺结构:一层全衬加挺胸衬,下节衬(黏合工艺除外),两个里袋、耳朵皮、垫肩(特殊设计除外),挂面沿滚条。

3. 经、纬纱向技术规定　前身经纱以领口宽线为准,不允斜。后身经纱以腰节下背中线为准,西服倾斜不大于 0.5cm,大衣倾斜不大于 1.0cm,条格料不允斜。袖子经纱以前袖缝为准,大袖片倾斜不大于 1.0cm,小袖片倾斜不大于 1.5cm(特殊工艺除外)。领面纬纱倾斜不大于 0.5cm,条格料不允斜。袋盖与大身纱向一致,斜料左右对称。挂面以驳头止口处经纱为准,不允斜。

4. 对条对格规定　面料有明显条、格在 1.0cm 以上的,应按技术要求规定对条对格。面料有明显条、格在 0.5cm 以上的,手巾袋与前身料应对条对格,互差不大于 0.1cm。倒顺毛、阴阳格原料全身顺向应一致(长毛原料,全身上下的顺向保持一致)。特殊图案面料以主图为准,全身顺向一致。

5. 拼接规定　大衣挂面允许两接一拼,在下 1~2 档扣眼之间,避开扣眼位,在两扣眼之间拼接。西服、大衣耳朵皮允许两接一拼,其他部位不允许拼接。

6. 色差规定　袖缝、摆缝色差不低于 4 级,其他表面部位高于 4 级。套装中上装与下装的色差不低于 4 级。

7. 外观疵点规定 外观疵点包括粗于一倍粗纱、大肚纱(三根)、毛粒(个)、条痕(折痕)、斑疵(如油斑、锈斑、色斑)等。成品各部位的疵点允许存在程度应符合标准规定,每个独立部位只允许疵点一处,优等品前领面及驳头不允许出现疵点。

8. 理化性能要求 理化性能要求包括干洗后缩率、干洗后起皱级差、覆粘合衬部位的剥离强度、色牢度、起毛起球、缝制强力、成品释放甲醛含量、成品所用原料成分及其含量等技术指标。

9. 缝制规定 针距密度应符合技术要求规定,各部位缝制线路顺直、整齐、平服、牢固。主要表面部位缝制皱缩按《男西服外观起皱样照规定》,不低于4级。上下线(底、面线)松紧适宜,无跳线、断线。超落针处应有回针。领子平服,领面松紧适宜。绱袖圆顺,两袖前后基本一致。滚条、压条要平服,宽窄一致。袋布的垫料要折光边或包缝。袋口两端应打结,可采用套结机或平缝机回针。袖窿、袖缝、底边、袖口、挂面里口、大衣摆缝等部位叠针牢固。锁眼定位准确,大小适宜,扣与眼对位,整齐牢固。纽脚高低适宜,线结不外露。商标、号型标志、成分标志、洗涤标志的位置端正、清晰、准确。各部位缝纫线迹在30cm内不得有两处单跳针和连续跳针,链式线迹不允许跳针。不能有针板及送布牙所造成的痕迹。成品主要部位规格允许偏差应符合技术要求的规定。

10. 外观质量 外观质量检验部位包括领子、驳头、止口、前身、袋、袋盖、后身、肩和袖等,各部位外观质量规定见表11-3。

表11-3 男西服、大衣外观质量规定

部位名称	外观质量规定
领子	领面平服,领窝圆顺,左右领尖不翘
驳头	串口、驳口顺直,左右驳头宽窄、领嘴大小对称,领翘适宜
止口	顺直平挺,门襟不短于里襟,不搅不豁,两圆头大小一致
前身	胸部挺括、左右对称,面、里、衬服帖,省道顺直
袋、袋盖	左右袋高低、前后对称,袋盖与袋宽相适应,袋盖与大身的花纹一致
后身	平服
肩	肩部平服,表面没有褶,肩缝顺直,左右对称
袖	绱袖圆顺,吃势均匀,两袖前后、长短一致

11. 整烫外观规定 各部位熨烫平服、整洁,无线头、亮光,覆粘合衬部位不允许有渗胶、脱胶及起皱。

12. 成品主要部位规格极限偏差 成品主要部位包括衣长、胸围、领大、总肩宽和袖长,这些部位的规格极限偏差应符合标准规定。

二、男西服、大衣质量检验(试验)方法

1. 成品规格测定方法 成品主要部位规格测量方法按表11-4和图11-2的规定。

表 11-4　男西服、大衣成品主要部位规格测量方法

部位名称		测　量　方　法
衣长		由前身左襟肩缝最高点垂直量至底边,或由后领中垂直量至底边
胸围		扣上纽扣(或合上拉链),前后身摊平,沿袖隆底缝水平横量(周围计算)
领大		领子摊平横量,立领量上口,其他领量下口(叠门除外)
总肩宽		由肩袖缝的交叉点摊平横量
袖长	绱　袖	由肩袖缝的交叉点量至袖口边中间
	连肩袖	由后领中沿肩袖缝的交叉点量至袖口中间

注　有特殊需要的按企业规定。

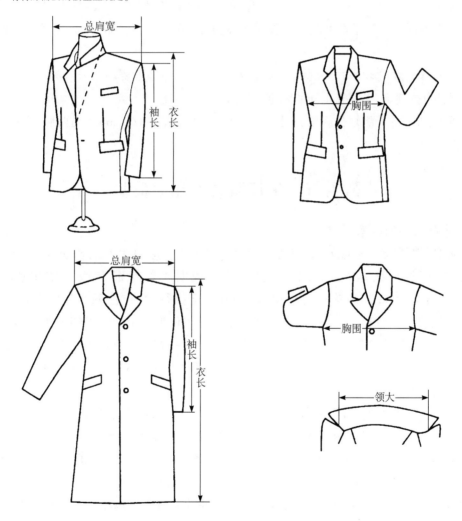

图 11-2　男西服、大衣主要部位规格测量方法示意图

2. 成品理化性能指标测定方法　成品干洗后缩率测试方法按 FZ/T 80007.3《使用粘合衬服装耐干洗测试方法》;成品干洗后起皱级差、男西服外观起皱与样照对比评定;成品

覆粘合衬部位剥离强度测试方法按 FZ/T 80007.1《使用粘合衬服装剥离强力测试方法》规定;成品耐干摩擦色牢度、耐干洗色牢度测试方法分别按规定 GB/T 3920《纺织品　色牢度试验　耐摩擦色牢度》、GB/T 5711《纺织品　色牢度试验　耐干洗色牢度》规定;成品摩擦起毛起球测试方法按 GB/T 4802.1《纺织品　织物起球试验　圆轨迹法》规定,与起球样照对比评定;成品缝子纰裂程度测试方法按 GB/T 2664《男西服、大衣》附录 A 规定;成品释放甲醛含量测试方法按 GB/T 2912.1《纺织品　甲醛的测定　第 1 部分:游离水解的甲醛(水萃取法)》规定;成品所用原料的成分和含量测试方法按 GB/T 2910《纺织品　二组分纤维混纺产品定量化学分析方法》、GB/T 2911《纺织品　三组分纤维混纺产品定量化学分析方法》等规定。

3. 缝制质量评定方法　缝制质量根据 GB/T 2664《男西服、大衣》标准对缝制质量要求的规定进行评定。针距密度测定按技术要求规定,在成品上任取 3cm(厚薄部位除外)计量。

4. 外观质量评定方法　外观疵点检验:样卡上的箭头必须要顺着光线射入方向,按标准对外观疵点的规定,参照疵点样照测定。

男西服、大衣的等级划分规则,抽样规则和判定规则按 GB/T 2664《男西服、大衣》有关规定执行。

第四节　牛仔服装的品质检验

一、牛仔服装的技术要求

以纯棉、棉纤维为主混纺、交织的色织牛仔布为主要原料生产的普通及彩色牛仔服装,成品使用说明按 GB 5296.4《消费品使用说明　纺织品和服装使用说明》和 GB 18401《国家纺织产品基本安全技术规范》规定执行,且应注明水洗产品或原色产品。号型设置按 GB/T 1335.1《服装号型　男子》、GB/T 1335.2《服装号型　女子》和 GB/T 1335.3《服装号型　儿童》的规定选用,成品主要部位规格按 GB/T 1335.1《服装号型　男子》、GB/T 1335.2《服装号型　女子》和 GB/T 1335.3《服装号型　儿童》的有关规定自行设计。

牛仔服装产品中的水洗产品,指成品或所用面料经石洗、酶洗、漂洗、冰洗、雪洗等或经多种组合方式洗涤加工整理的牛仔服装;原色产品,指成品或所用面料只经退浆、防缩整理,未经洗涤方式加工整理的牛仔服装;普通牛仔服装,指采用以棉、棉混纺的靛蓝、硫化染料色纱为主作为经纱,本色纱作为纬纱的有牛仔风格的面料制作的服装;彩色牛仔服装,指采用以棉、棉混纺的彩色纱为主作为经纱,本色纱作为纬纱的有牛仔风格的色织面料制作的服装。牛仔服装产品的技术要求包括以下内容。

1. 原材料　牛仔服装面料按 FZ/T 13001《色织牛仔布》或有关纺织面料标准选用适合于牛仔服装的面料。里料采用与所用面料性能和色泽相适宜的里料(特殊设计除外)。辅料方面,采用与所用面料性能和色泽相适宜的衬料、垫肩和袋布,缝线采用适合所用面辅料、里料质量的缝线,绣花线的缩率应与面料相适应,钉扣线应与扣的色泽相适宜,钉商标线应与商标底色相适宜(装饰线除外),采用适合所用面料的纽扣(装饰扣除外)、拉链及金属附件,无残次,纽扣、附件经洗涤和熨烫后不变形、不变色、不生锈。

2. 经纬纱向 牛仔服装上装前后身、袖子、领面的允斜程度不大于3%,下装(裤子、裙子)的允斜程度不大于2%。

3. 拼接 牛仔服装领里可对称拼接一处,裤子、裙子腰头允许在后缝拼接一处或左右侧缝各拼接一处(特殊款式设计要求的除外),装饰性拼接除外。

4. 色差 牛仔服装的水洗产品不考核。原色产品袖缝、摆缝、裤侧缝色差不低于4级,其他表面部位高于4级,套装中上装与下装的色差不低于3~4级,同批次、不同件成衣之间色差不低于3~4级。

5. 外观疵点 牛仔服装外观疵点包括经向疵点、纬向疵点、散布性疵点、破损性疵点和斑渍疵点五类。各部位疵点每单件产品只允许有1个部位1种疵点存在,超出则计为缺陷,可累计。特殊磨损和洗烂工艺的产品不作破损性疵点考核。成品各部位疵点允许存在程度和成品各部位划分按 FZ/T 81006《牛仔服装》的规定。

6. 缝制 针距密度要符合 FZ/T 81006《牛仔服装》规定。缝制时,接缝口袋、串带祥缝份宽度不小于0.6cm,其余部位缝份宽度不小于0.8cm。所有外露的缝份都要折光边或包缝(特殊设计除外),各部位缝制线路顺直、整齐、平服、牢固。明线20cm内不允许接线,20cm以上允许接线一次,无跳针、断线。商标、号型等标志的位置端正,内容清晰规范准确。锁眼定位准确,大小适宜,扣与眼对位,钉扣牢固,扣合力要足够,套结位置准确。装饰物(绣花、镶嵌等)应牢固、平服。

7. 规格允许偏差 牛仔服装成品主要部位,如衣长、胸围、领大、总肩宽、袖长、裤(裙)长和腰围等规格允许偏差应符合其技术要求的规定。纬向弹性产品不考核纬向规格偏差。

8. 水洗前扭曲度 成品裤(裙)子水洗前的扭曲度不超过2cm,但前后片宽度差异较大的特殊设计不考核。

9. 整烫外观 外观整洁、无线头,对称部位大小、前后、高低一致,互差不大于0.5cm,各部位熨烫平服、整洁,无烫黄、水渍、亮光及死痕。

10. 理化性能 考核指标包括水洗尺寸变化率,水洗后扭曲度与扭曲度移动,色牢度,耐磨性能,纰裂,断裂强力,撕破强力,覆粘合衬部位剥离强力,裤子后裆缝接缝强力,基本安全性能(如甲醛含量、pH、异味、可分解芳香胺的染料)等。原料的成分和含量按 FZ/T 81006《牛仔服装》规定。

二、牛仔服装质量检验与试验方法

1. 成品规格测量方法 牛仔服装成品主要部位的规格允许偏差应符合产品标准中有关技术要求规定,其测量方法按表11-5规定。

表 11-5　牛仔服装成品主要部位规格测量方法

部位名称		测 量 方 法
衣长		由前身左襟肩缝最高点垂直量至底边,或由后领中垂直量至底边
胸围		扣上纽扣(或合上拉链),前后身摊平,沿袖隆底缝水平横量(周围计算)
领大		领子摊平横量,量上口(只考核立领)
袖长	连肩袖	由肩缝最高点量至袖口边中间
	绱袖	由肩袖缝的交叉点量至袖口边中间
总肩宽		由肩袖缝的交叉点摊平横量
裤长		由腰上沿侧缝摊平垂直量至裤子底边
裙长		由腰上沿前中心线,摊平垂直量至裙子底边
腰围	裤子	扣好裤钩(纽扣),沿腰宽中间线量(周围计算)
	裙长	扣好裤钩(纽扣),沿腰宽中间线量(周围计算)

2. 缝制质量测定方法　缝制质量应符合牛仔服装产品标准中有关技术要求规定,可按 FZ/T 81006《牛仔服装》4.8 款规定。针距密度测定,在成品上任取 3cm 计量(厚薄部位除外)。

3. 外观疵点测定方法　根据牛仔服装产品标准中对外观疵点的规定实施检验。使用牛仔服装外观疵点样照时,样照上的箭头方向必须顺着光线射入方向,检验员目测、尺测。

三、牛仔服装等级划分

牛仔服装成品质量等级划分以缺陷是否存在及其轻重程度为依据。抽样样本中的单件产品以缺陷的数量及其轻重程度划分等级,批量产品等级以抽样样本中单件产品的品等数量划分。单件产品不符合其产品标准所规定的技术要求即构成"缺陷"。按照产品不符合标准和对产品的性能、外观的影响程度,缺陷分为三种,即轻缺陷、重缺陷和严重缺陷。严重降低产品的使用性能,严重影响产品外观的缺陷称为严重缺陷;不严重降低产品的使用性能,不严重影响产品外观,但较严重不符合标准规定的缺陷称为重缺陷;不符合标准的规定,但对产品的使用效能和外观影响较小的缺陷称为轻缺陷。牛仔服装质量缺陷的判定依据见表 11-6 的规定。

表 11-6　牛仔服装质量缺陷的判定依据

项目	序号	轻 缺 陷	重 缺 陷	严重缺陷
使用说明	1	商标不端正,明显歪斜;钉商标线与商标底色的色泽不适应;使用说明内容不规范	使用说明内容不准确	使用说明内容缺项
辅料	2	辅料的色泽、色调与面料不相适应	辅料的性能与面料不适应	拉链、金属扣、纽扣等配件脱落;金属附件锈蚀

项目	序号	轻 缺 陷	重 缺 陷	严重缺陷
经纬纱向	3	纬斜超标准规定 50% 及以内	纬斜超标准规定 50% 以上	经纱严重倾斜
	4	—	—	面料全身顺向不一致;特殊图案顺向不一致
拼接	5	—	拼接不符合标准规定	—
色差	6	表面部位色差超过标准规定的半级以内	表面部位色差超过标准规定的半级及以上	—
疵点	7	2、3 号部位超标准规定 100% 以内的轻微疵点	明显疵点;1 号部位超标准规定;2、3 号部位超标准规定 100% 及以上的疵点	严重疵点
规格允许偏差	8	规格超过标准规定 50% 以内	规格超过标准规定 50% 以上,100% 以内	规格超过标准规定 100% 及以上
水洗前扭曲度	9	超过标准规定 50% 以内	超过标准规定 50% 及以上,100% 以内	超过标准规定 100% 及以上
整烫外观	10	熨烫不平服,包装时未风干	轻微烫黄;变色	烫黄、变质等严重影响使用和美观
外观及缝制质量	11	各部位缝制不平服或松紧不适宜;底边不圆顺;折边宽窄互差大于 0.3cm;毛、脱、漏小于 1.0cm	面料正面有明显折痕;毛、脱、漏小于 1.0~2.0cm;表面部位露布边;针眼外露	毛、脱、漏大于 2.0cm
	12	平缝 30cm 内有两个单跳针;上下线松紧不一	平缝连续跳针或 30cm 内有两个以上单跳针;缺线或断线 0.5cm 以上;包缝有跳针	链式线迹有跳针
	13	长度 20cm 内接线一次;长度 20~60cm 内接线两次	—	
	14	缉线双轨,回针不牢固	—	
	15	缉明线宽窄不一致,小于 0.3cm;明线弯曲;双明线不平行;针迹不均匀	缉明线宽窄不一致,大于 0.3cm 以上;针迹严重不均匀	—
	16	绱领(领肩缝对比)偏斜大于 0.6cm	绱领(领肩缝对比)偏斜大于 1.0cm	—
	17	肩缝不顺直或不平服;两肩宽窄不一致,互差大于 0.5cm	肩缝严重不顺直或不平服;两肩宽窄不一致,互差大于 1.0cm	—
	18	袖长左右对比互差大于 0.5cm;两袖口对比互差大于 0.3cm	袖长左右对比互差大于 1.0cm;两袖口对比互差大于 0.8cm	—
	19	口袋、袋盖不圆顺;袋盖及贴袋大小不适宜;开袋豁口或嵌线不顺直或宽窄不一致;袋角不整齐;袋位前后、高低互差大于 0.5cm	袋口封结不牢固;毛茬;袋布垫料毛边无包缝	—

项目	序号	轻 缺 陷	重 缺 陷	严重缺陷
外观及缝制质量	20	串带袢长短、偏斜、扭曲、位置不准确	缺漏串带袢	—
	21	装拉链吃势不均匀;装拉链压线宽窄不一致;拉链起拱或不平服;拉链不顺滑;露牙不一致	—	—
	22	扣眼过大或过小;纽扣、按扣、柳钉、扣眼以及钩、袢未对准或位置不准确	纽扣、按扣、钩等不牢固或损坏	—
	23	门、里襟不顺直或不平服;止口反吐	止口明显反吐	—
	24	后裆缝偏离中线	—	—
	25	门襟长于里襟 0.5~1.0cm;里襟长于门襟 0.5cm 以下	门襟长于里襟 1.0cm 以上;里襟长于门襟 0.5cm 以上	—
	26	两裤腿(裙子左右侧缝)长短互差 0.5~1.0cm	两裤腿(裙子左右侧缝)长短互差 1.0cm 以上	—
	27	针距不匀;针距低于标准规定 2 针以内(含 2 针)	针距低于标准规定 2 针以上	—
	28	缉缝口袋、串带袢缝份宽度小于 0.6cm;其余部位缝份宽度小于 0.8cm	缝份宽度(不包括口袋、串带袢部位)小于 0.5cm;外露的缝份未折光边或包缝	—
	29	锁眼间距互差大于 0.4cm 或偏斜大于 0.2cm;纱线绽出	锁眼跳线、开线、毛漏、漏开眼	—
	30	套结位置不准确或长度不适宜	缺漏套结	—
	31	有长于 1.5cm 的死线头 3 根及以上	—	—

注 1. 以上各缺陷按序号逐项逐条累计计算。
　　2. 未涉及的缺陷可根据标准规定,参照相似缺陷酌情判定。
　　3. 凡属丢工、少序、错序,均为重缺陷,缺件为严重缺陷。
　　4. 理化性能一项不合格即为该抽验批不合格。
　　5. 注明破损性设计风格的产品不考核破损性疵点。
　　6. 成品各部位划分见 FZ/T 81006《牛仔服装》规定。

第五节　婴幼儿服装检验

一、婴幼儿服装的技术要求

使用说明按 GB 5296.4 和 GB 18401 的规定执行,在产品标识上注明不可干洗。

婴幼儿服装号型设置按 GB/T 1335.3 的规定执行。婴幼儿服装主要部位规格按 GB/T 1335.3 的有关规定自行设计。

1. 原材料　面料按有关纺织面料标准选用达到婴幼儿服装合格品质量要求的面料。里料采用与所用面料性能、色泽相适合的里料,特殊需要除外。填充物采用具有一定保暖性的天然纤维、化学纤维或动物毛皮,填充物絮片应符合 GB 18383 的要求。衬布采用适合所用面料的衬布,其收缩率应与面料相适宜。缝线、绳带、松紧带采用适合所用面料质量的缝线、绳带、松紧带(装饰线、带除外)。钉扣线应与扣的色泽相适宜。纽扣、拉链及金属附件采用适合所用面料的纽扣(装饰扣除外)、拉链及金属附件。附件应无毛刺、无可触及性锐利边缘、无可触及性锐利尖端及其他残疵,且洗涤和安烫后不变形、不变色、不生锈,拉链的拉头不可脱卸。钉商标线应与商标底色相适宜。

2. 经纬纱向　领商、后身、袖子的允斜程度不大于3%,前身底边不倒翘。色织格料纬斜不太于3%。

3. 对条对格　面料有明显条、格在1.0cm及以上的按FZ/T 81014《婴幼儿服装》规定。倒顺毛(绒)、阴阳格原料,全身顺向一致(长毛原料,全身上下顺向一致)。特殊图案面料以主图为准,全身顺向一致。

4. 色差　成品的领丽、袋与大身、裤侧缝包差高于4级,其他表面部位不低于4级。套装中上装与裤子的色差不低于4级。

5. 外观疵点　成品各部位的疵点允许存在程度按FZ/T 81014《婴幼儿服装》规定。每个独立部位只允许疵点一处,未列入本标准的疵点按其形态,参照相似疵点执行。

6. 缝制　针距密度按FZ/T 81014《婴幼儿服装》规定。各部位的缝份不小于0.8cm. 缝制线路顺顶直、整齐、平服、牢固,起落针处应有回针。绱领端正,领子平服,领面松紧适宜。绱袖圆顺,两袖前后基本一致。滚条、压条要平服,宽窄一致。所有外露缝份应全部包缝。袋口两端牢固,可采用套结机或平缝机回针。袖窿、袖缝、摆缝、底边、袖口、挂面里口等部位要叠针。锁眼定位准确,大小适宜,如与眼对位,整齐牢固回钮脚高低适宜,线绪不外露. 商标位置端正,耐久性标签内容清晰、正确。内衣成品的商标、耐久性标签应缝制在衣服外表面。成品各部位缝纫线迹30cm内不得有两处单跳和连续跳针,链式线迹不允许跳针。成品中不得残留金属针。领口、帽边不允许使用绳带。成品上的绳带外露长度不得超过14cm。印花部位不允许含有可掉落粉末和颗粒;绣花或手工缝制装饰物不允许有闪光片和颗粒状珠子或可触及性锐利边缘及尖端的物质,婴幼儿套头衫领阁展开〈周长〉尺寸不小于52cm.

7. 规格允许偏差　成品主要部位规格允许偏差按FZ/T 81014《婴幼儿服装》规定。

8. 整烫　各部位熨烫平服、整沽,无烫黄、水渍、亮光。使用粘合衬部位不允许脱胶、渗胶及起皱。

9. 理化性能　理化性能要求按表11-7规定。

表11-7　理化性能要求

项　目		技术要求		
		优等品	一等品	合格品
水洗尺寸变化率(%)	胸围	≥-2.5	≥-3.0	≥-3.5
	衣长			
	裤(裙)长			

项 目		技术要求		
		优等品	一等品	合格品
色牢度(级)	耐洗(变色、沾色)	≥4	≥3-4	≥3
	耐唾液(变色、沾色)	≥4	≥4	≥4
	耐汗渍(变色、沾色)	≥4	≥4	≥4
	耐水(变色、沾色)	≥4	≥3-4	≥3-4
	耐摩擦 干摩	≥4	≥4	≥4
	耐摩擦 湿摩	≥4	≥3-4	≥3
衣带缝纫强力(N)		≥70		
纽扣等不可拆卸附件拉力		不脱落		
可萃取重金属含量 (mg/kg)	汞	≤0.02		
	铬	≤1.0		
	铅	≤0.2		
	砷	≤0.2		
	铜	≤25.0		
纤维含量偏差(%)		按 FZ/T 01053 规定执行		
甲醛含量(mg/kg)		≤20		
pH		4.0~7.5		
可分解芳香胺染料		禁用		
异味		无		

二、婴幼儿服装的检验方法

1. 婴幼儿服装成品规格的测定 成品主要部位规格的测量方法按表11-8和图11-3规定。

表11-8 成品主要部位规格的测量方法

序号	部位名称		测 量 方 法
1	衣长		由前身襟肩缝最高点垂直量至底边,或由后领中垂直量至底边。
2	胸围		扣上纽扣(或合上拉链),前后身摊平,沿袖隆底缝水平横量(周围计算)。
3	领大		领子摊平横量,立领量上口,其他领量下口(搭门除外)。
4	总肩宽		由肩袖缝的交叉点摊平横量。
5	袖长	绱袖	由肩袖缝的交叉点量至袖口边。
		连肩袖	由后领中沿肩袖缝交叉点量至袖口边。
6	腰围		扣上裤钩(纽扣),沿腰宽中间横量(周围计算)。
7	裤长		由腰上口沿侧缝摊平垂直量至脚口。
	裙长		由腰上口沿侧缝摊平垂直量至裙子底边。
8	领圈展开尺寸		测量领圈(弹性领圈撑开;有固定物需解除后)的最大周长。

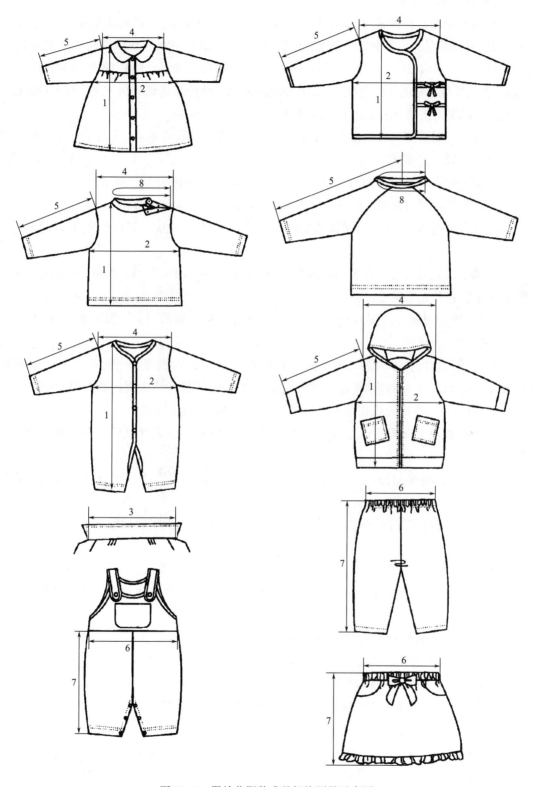

图 11-3　婴幼儿服装成品规格测量示意图

2. 婴幼儿服装性能指标测定

(1)成品所用原料的成分和含量测试方法按 FZ/T 01057《纺织纤维鉴别试验方法》、GB/T 2910《纺织品　定量化学分析》、GB/T 2911《纺织品　三组分纤维混纺产品定量化学分析方法》、FZ/T 01026《纺织品　定量化学分析　四组分纤维混合物》、FZ/T 01095《纺织品　氨纶产品纤维含量的试验方法》、FZ/T 30003《麻棉混纺产品定量分析方法　显微投影法》等规定,测试结果按结合公定回潮率含量计算。

(2)甲醛含量的测试方法按 GB/T 2912.1《纺织品　甲醛的测定　第 1 部分:游离水解的甲醛(水萃取法)》规定。

(3)pH 的测试方法按 GB/T 7573《纺织品　水萃取液 pH 的测定》规定。

(4)异味的测试方法按 GB 18401《国家纺织产品基本安全技术规范》规定。

(5)可分解芳香胺染料的测试方法接 GB/T 17592《纺织品　禁用偶氮染料的测定》规定。

(6)铬、铅、铜等重金属含量的测试方法按 GB/T 17593.1《纺织品　重金属的测定　第 1 部分:原子吸收分光光度法》规定。

(7)汞、砷的测试方法按 GB/T 17593.4《纺织品　重金属的测定　第 4 部分砷、汞原子荧光分光光度法》规定。

(8)水洗尺寸变化率的测试方法按 GB/T 8630《纺织品　洗涤和干燥后尺寸变化的测定》规定,采用 GB/T 8629《纺织品　试验用家庭洗涤和干燥程序》中规定的 4A 程序洗涤,悬挂晾干。在批量样本中随机抽取三件成品测试,结果取三件的平均值。

(9)耐摩擦色牢度的测试方法按 GB/T 3920《纺织品　色牢度试验　耐摩擦色牢度》规定。

(10)耐洗色牢度的测试方法按 GB/T 3921《纺织品色牢度试验耐皂洗色牢度》规定执行。

(11)耐汗渍色牢度的测试方法按 GB/T 3922《纺织品　色牢度试验　耐汗渍色牢度》规定。

(12)耐水色牢度的测试方法按 GB/T 5713《纺织品　色牢度试验　耐水色牢度》规定。

(13)耐唾液色牢度的测试方法按 GB/T 18886《纺织品　色牢度试验　耐唾液色牢度》规定。

(14)衣带缝纫强力的测试方法按 GB/T 3923.1《纺织品　织物拉伸性能　第 1 部分断裂强力和断裂伸长率的测定(条样法)》规定执行,结果取最低值。

3. 婴幼儿服装质量等级划分　成品质量等级划分以缺陷是否存在及其轻重程度为依据。抽样样本中的单件成品以缺陷的数量及其轻重程度划分等级,批等级以抽样样本中单件成品的品等数量划分。

(1)缺陷划分。单件成品不符合本标准所规定的技术要求,即构成缺陷。按照成品不符合标准和对产品的性能、外观的影响程度,缺陷分成三类:严重缺陷,严重降低成品的使用性能,严重影响成品外观的缺陷,称为严重缺陷;重缺陷,不严重降低产品的使用性能,不严重影响产品的外观,但较严重不符合标准规定的缺陷,称为重缺陷;轻缺陷,不符合标准的规定,但对成品的使用性能和外观影响较小的缺陷,称为轻缺陷。

(2)质量缺陷判定依据。质量缺陷判定依据见 FZ/T 81014《婴幼儿服装》。

思 考 题

1. 名词解释:成品收缩率、纬斜率、轻缺陷、重缺陷和严重缺陷。
2. 简述服装成品检验的抽样规定。
3. 衬衫的技术要求包括哪些内容? 说明衬衫成品的规格测量方法。
4. 男西服、大衣的技术要求包括哪些内容? 说明男西服、大衣成品的规格测量方法。
5. 牛仔服装的技术要求包括哪些内容? 简述牛仔服装的规格测量方法。
6. 说明牛仔服装成品质量等级评定方法。

第十二章 纺织产品基本安全技术规范

> ● 本章知识点 ●
>
> 1. 纺织品服装中可能残留的有害物质种类及其对人体的不良影响。
> 2. 生态纺织品概念,纺织产品基本安全技术规范、生态纺织品的技术要求。
> 3. 纺织品服装中有害物质如禁用偶氮染料、重金属、甲醛、多氯联苯、含氯苯酚、农药残留量、2-萘酚以及 pH 的检测方法。

纺织品服装印染加工主要是一个化学处理过程,接触的化学品包括纤维原料、油剂、浆料、染料、整理剂和各种加工助剂,其中有些物质对人体有害。科学家研究表明:甲醛、偶氮染料有致癌作用,重金属、杀虫剂和含氯的有机载体有毒,有些挥发性物质的释放会污染环境。

织物上必须避免这些有害物质的存在,以保证穿着者的安全和健康。在生产过程中,也要注意环境保护和生态平衡。近年来随着生活条件的不断改善和提高,人们对纺织品的要求也愈来愈高,除了重视衣着的美观性、功能性和舒适性之外,更重视织物对人体的安全性和健康性。

1991 年末,奥地利纺织研究院在对大量的纺织品服装进行有害物质检测的基础上,提出了生态纺织品标准 100(Oko-Tex Standard 100) ,德国海恩斯坦研究院采纳了该标准,并得到了"国际研究测试协会"的支持,1994 年 3 月德国"消费者和环境保护纺织品协会"认可了"Oko-Tex"标准,并于同年 7 月 15 日德国政府颁布了禁用部分偶氮染料法令,各国纺织和染料界都很重视,反映强烈。

我国政府十分重视纺织品服装的安全性问题,由国家质量监督检验检疫总局发布的GB 18401《国家纺织产品基本安全技术规范》对纺织品服装中的甲醛含量、pH、染色牢度、异味、重金属等指标提出了限量和定级要求,检测方法已标准化,禁止在纺织品服装生产过程中使用可分解芳香胺的偶氮染料,不允许产生有危害人体健康的异常气味。实施技术规范对加强监控纺织品服装的安全性能指标、提高国内纺织品服装的质量水平和国际竞争力、积极与国际标准和技术法规要求靠拢具有重要意义。

第一节 纺织品服装中的有害物质

生态纺织品标准(Oko-Tex 100) 对纺织品中有害物质给出了明确的定义:所谓有害物质是指存在于纺织品或附件中并最大限量,或者在通常或按规定使用条件下会对人体产生某种影响,根据现有的科学知识水平推断,会损害人类健康的物质。生态纺织品(Ecological Textiles)则指:采用对环境无害或少害的原料和生产过程所生产的对人体健康无害的纺织品。生态纺织品的技术要求见表12-1。

生态纺织品应满足 GB 18401《国家纺织产品基本安全技术规范》和 GB/T 18885《生态纺织品技术要求》的规定。

表 12-1　生态纺织品技术要求

项　　目		婴幼儿用品	直接接触皮肤用品	不直接接触皮肤用品	装饰材料
pH①		4.0~7.5	4.0~7.5	4.0~9.0	4.0~9.0
甲醛(mg/kg) ≤	游离	不可检出②	75	300	300
可萃取的重金属(mg/kg) ≤	锑(Sb)	30.0	30.0	30.0	30.0
	砷③(As)	0.2	1.0	1.0	1.0
	铅(Pb)	0.2	1.0	1.0④	1.0④
	镉(Cd)	0.1	0.1	0.1④	0.1④
	铬(Cr)	1.0	2.0	2.0	2.0
	铬(Cr)(六价)	低于检出限⑤			
	钴(Co)	1.0	4.0	4.0	4.0
	铜④(Cu)	25.0④	50.0④	50.0④	50.0④
	镍(Ni)	1.0	4.0	4.0	4.0
	汞⑥(Hg)	0.02	0.02	0.02	0.02
杀虫剂(mg/kg) ≤	总量(包括 PCP/TeCP)⑥	0.5	1.0	1.0	1.0
含氯酚(mg/kg) ≤	五氯苯酚(PCP)	0.05	0.5	0.5	0.5
	2,3,5,6—四氯苯酚(PCP)	0.05	0.5	0.5	0.5
	邻苯基苯酚(OPP)	0.5	1.0	1.0	1.0
有机氯载体(mg/kg) ≤		1.0	1.0	1.0	1.0
PVC 增塑剂(%) ≤	DINP,DNOP,DEHP,DIDP,BBP,DBP/总量	0.1	—	—	—

项　目		婴幼儿用品	直接接触皮肤用品	不直接接触皮肤用品	装饰材料
有机锡化合物（mg/kg）≤	三丁基锡（TBT）	0.5	1.0	1.0	1.0
	二丁基锡（DBT）	1.0	—	—	—
有害染料（mg/kg）≤	可分解芳香胺染料	禁用⑤			
	致癌染料	禁用⑤			
	致敏染料	禁用⑤			
抗菌整理		禁止⑦			
阻燃整理	普通	禁止⑦			
	PBB，TRIS，TEPA	禁用			
色牢度（沾色）⑧（级）≥	耐水	3	3	3	3
	耐酸汗液	3~4	3~4	3~4	3~4
	耐碱汗液	3~4	3~4	3~4	3~4
	耐干摩擦⑨	4	4	4	4
	耐唾液	4	—	—	—
挥发性物质释放⑩（mg/m³）≤	甲醛	0.1	0.1	0.1	0.1
	甲苯	0.1	0.1	0.1	0.1
	苯乙烯	0.005	0.005	0.005	0.005
	乙烯基环己烷	0.002	0.002	0.002	0.002
	4—苯基环己烷	0.03	0.03	0.03	0.03
	丁二烯	0.002	0.002	0.002	0.002
	氯乙烯	0.002	0.002	0.002	0.002
	芳香化合物	0.3	0.3	0.3	0.3
	挥发性有机物	0.5	0.5	0.5	0.5
气味（级）≤	异常气味⑩	无			
	一般气味⑪	3	3	3	3

① 后续加工工艺中必须要经过湿处理的产品，pH 可放宽至 4.0~10.5 之间；产品分类为装饰材料的皮革产品、涂层或层压（复合）产品，其 pH 允许在 3.5~9.0。

② 相当于按 GB/T 2911.1 测试方法低于 20mg/kg。

③ 仅对于天然材料（包括木质材料）及金属辅料。

④ 对无机材料制成的附件不要求。

⑤ 合格限量值：对铬（Cr）（六价）为 0.5mg/kg，对芳香胺为 20mg/kg，对致敏染料为 0.006%。

⑥ 仅对于天然纤维。

⑦ 符合本技术要求的整理除外。

⑧ 对洗涤褪色型产品不要求。

⑨ 对于颜料、还原染料或硫化染料，其最低的耐干摩擦色牢度允许为 3 级。

⑩ 针对除纺织地板覆盖物以外的所有制品，异常气味的种类见附件 F。

⑪ 适用于纺织地毯、床垫以及发泡和有大面积涂层的非用于穿着的物品。

纺织产品的基本安全技术要求根据指标要求程度分为 A 类、B 类和 C 类,见表 12-2。

表 12-2　纺织产品的基本安全要求

项　目		A 类	B 类	C 类
甲醛含量(mg/kg)　　　　　　　　　　　　　　　≤		20	75	300
pH[a]		4.0~7.5	4.0~8.5	4.0~9.0
染色牢度[b](级)　≥	耐水(变色、沾色)	3-4	3	3
	耐酸汗渍(变色、沾色)	3-4	3	3
	耐碱汗渍(变色、沾色)	3-4	3	3
	耐干摩擦	4	3	3
	耐唾液(变色、沾色)	4	—	—
异味		无		
可分解致癌芳香胺染料[c](mg/kg)		禁用		

　　a　后续加工工艺中必须要经过湿处理的非最终产品,pH 可放宽至 4.0~10.5。

　　b　对需经洗涤褪色工艺的非最终产品、本色及漂白产品不要求;扎染、蜡染等传统的手工着色产品不要求;耐唾液色牢度仅考核婴幼儿纺织产品。

　　c　致癌芳香胺限量值≤20mg/kg。

　　婴幼儿及儿童纺织产品的安全技术要求分为 A 类、B 类和 C 类。婴幼儿纺织产品应符合 A 类要求;直接接触皮肤的儿童纺织产品至少应符合 B 类要求;非直接接触皮肤的儿童纺织产品至少应符合 C 类要求。婴幼儿及儿童纺织产品的面料、里料、附件所用织物应符合 GB 18401—2010 中对应安全技术类别的要求以及表 12-3 的要求。

表 12-3　婴幼儿及儿童纺织产品附加要求

项　目		A 类	B 类	C 类
耐湿摩擦色牢度[a](级)　　　　　　　　　　　　≥		3(深色 2-3)	2-3	—
重金属[b](mg/kg)　≤	铅	90	—	—
	镉	100	—	—
邻苯二甲酸酯[c](%)　≤	邻苯二甲酸二(2-乙基)己酯(DEHP)、邻苯二甲酸二丁酯(DBP)和邻苯二甲酸丁基苄基酯(BBP)	0.1	—	—
	邻苯二甲酸二异壬酯(DINP)、邻苯二甲酸二异癸酯(DIDP)和邻苯二甲酸二辛酯(DNOP)	0.1	—	—
燃烧性能[d]		1 级(正常可燃性)		

　　注　婴幼儿纺织产品不建议进行阻燃处理。如果进行阻燃处理,需符合国家相关法规和强制性标准的要求。

　　a　本色及漂白产品不要求;按 GB/T 4841.3—2006 规定,颜色大于 1/12 染料色卡标准深度色卡为深色。

　　b　仅考核含有涂层和涂料印染的织物,指标为铅、镉总量占涂层或涂料质量的比值。

　　c　仅考核含有涂层和涂料印染的织物。

　　d　仅考核产品的外层面料;羊毛、腈纶、改性腈纶、锦纶、丙纶和聚酯纤维的纯纺织物,以及由这些纤维混纺的织物不考核;单位面积质量大于 90g/m² 的织物不考核。

第二节　纺织品中有害物质的检测方法

一、水萃取液 pH 的测定方法

水萃取液 pH 的测定方法:在室温下,用带有玻璃电极的 pH 计测定纺织品水萃取液的 pH。试验时,从样品中抽取足够数量的试样,剪成约 0.5cm 的小块,操作时注意不要用手直接触摸试样。将剪好的试样在 GB 6529 规定的一级标准大气中调湿。称取质量为 (2±0.05)g 的试样三份,分别放入三角烧瓶中,加入 100mL 三级水或去离子水,摇动烧瓶以使试样润湿。然后在振荡机上振荡 1h。以第二、第三份水萃取液测得的 pH 的平均值为最终结果,精确到 0.05。

二、禁用偶氮染料的测定方法

偶氮染料本身不致癌,只有在人体穿着条件下,还原分解成致癌芳香胺中间体后,被人体吸收才有可能产生致癌作用,考虑到这些因素,我国根据德国 DIN 53316 标准制定了"纺织品禁用偶氮染料的检测方法"系列,并于 1998 年底公布了国家标准,2006 年颁布实施了第一次修订版本 GB/T 17592《纺织品　禁用偶氮染料的测定》。

禁用偶氮染料的测定原理:纺织样品在柠檬酸盐缓冲溶液介质中用连二亚硫酸钠还原分解以产生可能存在的禁用芳香胺,用适当的液—液分配柱提取溶液中的芳香胺,浓缩后,用合适的有机溶剂定容,用配有质量选择检测器的气相色谱仪(GC—MSD)进行测定。必要时,选择另外一种或多种方法对异构体进行确认。用高压液相色谱—二极管阵列检测器(HPLC—DAD)或气相色谱—质谱仪进行定量。

三、重金属的测定方法

检测纺织品中重金属含量时,试样制备根据技术指标要求采取萃取法。萃取法表示织物上的金属遇汗水、唾液、水或溶剂,通过摩擦等物理作用的易溶部分,试验结果具实用价值。萃取条件:液体对试样重量比为 20∶1,温度为(37±2)℃,时间为 1h。

(一)纺织品中重金属测定——原子吸收分光光度法

原子吸收分光光度法简称 AAS 法,该测试方法操作简便、数据准确,是目前国内外广泛应用的检测方法之一。测定时,应按各元素的工作条件,用原子吸收分光光度计,分别测定试液中各元素的吸光度,同时测定空白实验,用标准液绘制各元素工作曲线,计算样品中元素含量,可萃取重金属元素测定低限见表 12-4。

表 12-4　可萃取重金属元素测定低限

元素	测定低限（mg/kg）	
	石墨炉原子吸收分光光度法	火焰原子吸收分光光度法
镉（Cd）	0.02	—
钴（Co）	0.16	—
铬（Cr）	0.06	—
铜（Cu）	0.26	1.03
镍（Ni）	0.48	—
铅（Pb）	0.16	—
锑（Sb）	0.34	1.10
锌（Zn）	—	0.32

注　不同仪器的检出限会有差异,本方法测定低限仅供参考。

纺织品中酸性汗液可萃取重金属含量测量方法:试样用酸性汗液萃取,在对应的原子吸收波长下,用石墨炉原子吸收分光光度计测量萃取液中镉、钴、铬、铜、镍、锑的吸光度,用火焰原子吸收分光光度计测量萃取液中铜、锑、锌的吸光度,对照标准工作曲线确定相应重金属离子的含量,计算出纺织品中酸性汗液可萃取重金属含量。

（二）纺织品中重金属六价铬的测定——分光光度法

纺织品中六价铬的含量测量方法:试样用酸性汗液萃取,将萃取液在酸性条件下用二苯基碳酰二肼显色,用分光光度计测定显色后的萃取液在 540nm 波长下的吸光度,计算出纺织品中六价铬的含量。

（三）纺织品中重金属砷、汞的测定——原子荧光分光光度法

1. 砷测定方法　用酸性汗液萃取试样后,加入硫脲—抗坏血酸将五价砷转化为三价砷,再加入硼氢化钾使其还原成砷化氢,由载气带入原子化器中并在高温下分解为原子态砷。在 193.7nm 荧光波长下,对照标准曲线确定砷含量。

2. 汞测定方法　用酸性汗液萃取试样后,加入高锰酸钾将汞转化为二价汞,再加入硼氢化钾使其还原成原子态汞,由载气带入原子化器中。在 253.7nm 荧光波长下,对照标准曲线确定汞含量。

四、甲醛的测定方法

纺织品中甲醛含量的测定方法国内外普遍采用比色分析法,而比色法中的“乙酰丙酮法”以其操作简便、精确度高、重现性好,在国内外应用较为广泛。乙酰丙酮法的测试原理:甲醛与乙酰丙酮生成浅黄色溶液,用分光光度计在一定浓度范围、一特定波长进行吸光度测定,从标准曲线上求得甲醛含量。

在测试以前,把样品储存进一个容器,可以把样品放入一聚乙烯包袋里储藏,外包铝箔,这样储藏可预防甲醛通过包袋的气孔散发。如果是直接接触,催化剂及其他留在整理过的未清洗织物上的化合物会与铝箔发生反应,从而影响测试结果。试验时,织物样品中的甲醛要按规定的方法进行萃取,萃取方法有两种:一种是液相萃取方法(常用的是水萃取法),它模拟织物在服用过程中汗液的萃取条件(A);另一种是气相萃取法,它模拟织物在储存、运输或成衣压烫过程中释放甲醛的条件。液相萃取时,如果溶液中有落色现象,比色时可测量萃取液加蒸馏水的吸光度(A_0),计算试样的吸光度可用$A-A_0$,以消除试样脱色因素。由于萃取方法或萃取温度、时间等试验条件不同,测试结果存在一定差别,因此在进出口检验时要按规定指标,也要明确测试方法。样品不需要调湿,因为与调湿有关的温度和湿度会影响样品中甲醛的含量。每份试样平行试验三次。

游离水解甲醛(水萃取法)测试原理:经过精确称量的试样,在40℃水浴中萃取一定时间,从织物上萃取的甲醛被水吸收,然后萃取液用乙酰丙酮显色,显色液用分光光度计比色测定其甲醛含量。

释放甲醛(蒸汽吸收法)测试原理:一个已称重的织物试样,悬挂于密封瓶中的水面上,瓶放入控温烘箱内规定时间,被水吸收的甲醛,用乙酰丙酮显色,显色液用分光光度计比色测定其甲醛含量。

五、多氯联苯、含氯苯酚、农药残留量、2-萘酚的测定方法

对于纺织品上残留的多氯联苯、含氯苯酚、农药残留量等,生态纺织品标准的浓度限量最高规定为1mg/kg,属于"痕量分析"。试验时,先将样品置于索氏抽提器中用适当的溶剂进行萃取,将萃取液浓缩后,直接进行仪器分析。定性检测方法可用气相色谱法(GC),从保留时间可以定性。定量分析可用已知浓度标准样品曲线求得。

(一)纺织品中多氯联苯的测定

纺织品中多氯联苯的测定原理:用正己烷在超声波浴中萃取试样上可能残留的多氯联苯,用配有质量选择检测器的气相色谱仪(GC—MSD)进行测定,采用选择离子检测进行确证,外标法定量。

(二)纺织品中含氯苯酚的测定

纺织品含氯苯酚的测定(气相色谱—质谱法)原理:用碳酸钾溶液提取试样,提取液经乙酸酐乙酰化后以正己烷提取,用配有质量选择检测器的气相色谱仪(GC—MSD)测定,采用选择离子检测进行确证,外标法定量。

纺织品中含氯苯酚的测定(气相色谱法)测定原理:用丙酮提取试样,提取液浓缩后用碳酸钾溶液溶解,经乙酸酐乙酰化后以正己烷提取,用配有电子俘获检测器的气相色谱仪(GC—ECD)测定,外标法定量。

纺织品中邻苯基苯酚的测定方法:方法一,用甲醇超声波提取试样,提取液浓缩定容后,用配有质量选择检测器的气相色谱仪(GC—MSD)测定,采用选择离子检测进行确证,外标法定量;方法二,用甲醇超声波提取试样,提取液浓缩后,在碳酸钾溶液介质下经乙酸酐乙酰化后以正己烷提取,用配有质量选择检测器的气相色谱仪(GC—MSD)测定,采用选择离子检测进行确证,外标法定量。

(三)纺织品中农药残留量的测定

纺织品上农药残留量(77种农药)测定方法:试样经正己烷—乙酸乙酯(1+1)超声波提取,提取液浓缩后,经弗罗里硅土(Florisil)固相柱净化,洗脱液经浓缩并定容后,用气相色谱—质谱测定和确证,外标法定量。

纺织品上农药残留量(有机氯农药)的测定方法:试样经丙酮—正己烷(1+8)超声波提取,提取液浓缩定容后,用配有电子俘获检测器的气相色谱仪(GC—ECD)测定,外标法定量,或用气相色谱—质谱测定和确证,外标法定量。

纺织品上农药残留量(有机磷农药)的测定方法:试样经乙酸乙酯超声波提取,提取液浓缩定容后,用配有火焰光度检测器的气相色谱仪(GC—FPD)测定,外标法定量,或用气相色谱—质谱测定和确证,外标法定量。

纺织品上农药残留量(拟除虫菊酯农药)测定方法:试样经丙酮—正己烷(1+4)超声波提取,提取液浓缩定容后,用配有电子俘获检测器的气相色谱仪(GC—ECD)测定,外标法定量,或用气相色谱—质谱测定和确证,外标法定量。

纺织品上农药残留量(苯氧羧酸类农药)的测定方法:试样经酸性丙酮水溶液超声波提取,提取液经二氯甲烷液—液分配提取后,再用甲醇—三氟化硼乙醚溶液甲酯化,经正己烷提取,用气相色谱—质谱测定和确证,外标法定量。

纺织品上农药残留量(毒杀芬)的测定方法:试样经正己烷超声波提取,提取液浓缩定容后,用配有电子俘获检测器的气相色谱仪(GC—ECD)测定,外标法定量,或用气相色谱—质谱测定和确证,外标法定量。

(四)纺织品中致癌染料、致敏性分散染料测定方法

纺织品中致癌染料测定方法:样品经甲醇萃取后,用高效液相色谱—二极管阵列检测器法(HPLC—DAD)萃取液进行定性、定量测定。

纺织品中致敏性分散染料测定方法:样品经甲醇萃取后,用高效液相色谱—质谱检测器法(LC/MS)对萃取液进行定性、定量测定;或用高效液相色谱—二极管阵列检测器法(HPLC—DAD)进行定性、定量测定,必要时辅以薄层层析法(TLC)、红外光谱法(IR)对萃取物进行定性。

(五)纺织品2-萘酚残留量的测定方法

2-萘酚是一种重要的防腐剂,在纺织品生产过程中及纺织半成品、成品的储存时使用。纺织品上残留的2-萘酚会通过皮肤在人体内产生生物积蓄,对人类造成潜在的健康威胁,同时也造成生态环境污染。因此,一些国家和国际组织对纺织品中防腐剂(防霉剂)的残留规定了严格限量。

纺织品上2-萘酚残留量测定方法:试样经丙酮—石油醚(1+4)超声波提取,提取液浓缩定容后,用配有质量选择检测器的气相色谱仪(GC—MSD)测定,外标法定量,采用选择离子检测进行确证。

(六)其他测量方法

纺织品中有机锡化合物测定方法:用酸性汗液萃取试样,在 pH = 4.0±0.1 的酸度下,以四乙基硼化钠为衍生化试剂、正己烷为萃取剂,对萃取液中的三丁基锡(TBT)、二丁基锡(DBT)和单丁基锡(MBT)直接萃取衍生化。用配有火焰光度检测器的气相色谱仪(GC—FPD)或气相色谱—质谱仪(GC—MS)测定,外标法定量。

纺织品中邻苯二甲酸酯测定方法:试样经三氯甲烷超声波提取,提取液浓缩定容后,用配有质量选择检测器的气相色谱仪(GC—MSD)测定,采用选择离子检测进行确证,外标法定量。

纺织品中氯化苯、氯化甲苯残留量的测定方法:试样经二氯甲烷超声波提取,提取液浓缩定容后,用配有质量选择检测器的气相色谱仪(GC—MSD)测定,采用选择离子检测进行确证,外标法定量。

六、染色牢度

摩擦色牢度根据国家标准 GB/T 3920《纺织品　色牢度试验　耐摩擦色牢度》,耐水洗色牢度根据国家标准 GB/T 3921《纺织品　色牢度试验　耐洗色牢度》,耐汗渍色牢度根据国家标准 GB/T 3922《纺织品　耐汗渍色牢度试验方法》所规定的试验方法进行测定,详细内容见第六章。

七、纺织品中有害物质的检验标准

纺织品中有害物质的检验标准及试验方法如表 12-5 所示。

表 12-5　纺织品中有害物质的检验标准及方法

检测项目	方法或指标	国家标准	国际标准
甲醛的测定	游离水解的甲醛(水萃取法)	GB/T 2912.1	
	释放甲醛(蒸汽吸收法)	GB/T 2912.2	
水萃取液 pH 的测定	pH	GB/T 7573	
禁用偶氮染料的测定	气相色谱—质谱法	GB/T 17592	
重金属的测定	原子吸收分光光度法	GB/T 17593.1	
	六价铬分光光度法	GB/T 17593.3	
	砷、汞原子荧光分光光度法	GB/T 17593.4	Oeko-Tex200
农药残留量的测定	77 种农药	GB/T 18412.1	
	有机氯农药	GB/T 18412.2	
	有机磷农药	GB/T 18412.3	
	拟除虫菊酯农药	GB/T 18412.4	
	苯氧羧酸类农药	GB/T 18412.6	
	毒杀芬	GB/T 18412.7	

续表

检测项目	方法或指标	国家标准	国际标准
2-萘酚残留量的测定	气相色谱—质谱法	GB/T 18413	
含氯苯酚的测定	气相色谱—质谱法	GB/T 18414.1	
	气相色谱法	GB/T 18414.2	
色牢度试验	耐唾液色牢度	GB/T 18886	
	耐摩擦色牢度	GB/T 3920	ISO 105/X12
	耐洗色牢度	GB/T 3921.1～GB/T 3921.5	ISO 105/C01～C05
	耐汗渍色牢度	GB/T 3922	ISO 105/E04
	耐水色牢度	GB/T 5713	ISO 105/E01
致癌染料的测定	致癌染料含量	GB/T 20382	
致敏性分散染料的测定	致敏性分散染料含量	GB/T 20383	
氯化苯和氯化甲苯残留量的测定	氯化苯和氯化甲苯残留量	GB/T 20384	
有机锡化合物的测定	有机锡化合物的含量	GB/T 20385	Oeko-Tex200
邻苯基苯酚的测定	邻苯基苯酚的含量	GB/T 20386	
多氯联苯的测定	多氯联苯的含量	GB/T 20387	
PVC 增塑剂	邻苯二甲酸酯的测定	GB/T 20388	
挥发性物质释放	气相色谱法	—	
纺织地板覆盖物的气味	气味	—	
异常气味	气味	GB/T 18885	
敏感性气味的测定	气味	—	

思 考 题

1. 纺织品服装中可能存在的有害物质有哪些种类？说明其人体的不良影响。
2. 简述生态纺织品的定义及技术要求。
3. 简述纺织品中有害物质的检测方法及原理。

第十三章 纺织品检验的抽样方法及原理

━━━━● 本章知识点 ●━━━━

1. 全数检验、抽样检验概念、特点、适用范围,随机抽样方法。
2. 抽样方案的操作特性,计数抽样方案、计量抽样方案的设计方法。

第一节 全数检验和抽样检验

一、全数检验(100% Inspection)

全数检验亦称全检或百分之百检,它是指对批中的所有个体或材料进行的全部检查。全数检验能较为可靠地保证受验批的质量,在心理上给人以安全感,通过全检可获得较多的质量信息。全数检验适用于批量小、质量特性单一、精密、贵重、重型的关键产品,而不适应批量很大、价廉、质量特性复杂、需要进行破坏性试验的产品质量检验。由于纺织品的质量特性十分复杂,检验项目以破坏性试验为主,所以除外观质量检验可采用全数检验之外,绝大多数检验项目都采用抽样检验方法。采用全数检验存在以下问题。

(1)尽管全数检验是对全部产品进行逐个检验,但并非是对每个产品的全部质量特性作全项目检验。如果要对受验产品的全部项目作全检,工作量极大,不仅费工费时且检验费用过大,很不经济,有时也难以实现。而在减少检验项目前提下进行的全数检验,在一定程度上仍然会降低产品的质量保证程度。

(2)采用全数检验不仅使检验的数量增多、时间加长、费用增加、人员增多,而且其自身的检验误差同样也是客观存在的,难免有错检和漏检的情况发生,要完全剔除不合格品,有时要经过若干次重复的全检,这样做并不十分经济。

(3)即使检验不带有破坏性,但由于产品的价值低、批量很大,故采用全检会增加生产成本。对那些试验费用昂贵,检验需作复杂的实验分析或是带有破坏性的,一般都采用抽样检验方法。

(4)由于现代化工业生产具有规模大、批量多、要求高、速度快等特点,采用全检有许多不够经济的地方,如要增加检验站、添置检验仪器和设备,增加检验人员等。

二、抽样检验

抽样检验是纺织品检验的主要形式。抽样检验是按照规定的抽样方案,随机地从一批或一个过程中抽取少量个体或材料进行的检验。其主要特点是:检验量少、比较经济,有利于检验人员集中精力抓好关键质量,可减轻检验人员的工作强度,能刺激供货方保证质量,检验带有破坏性的只能采用抽样检验。

抽样检验必须设计合理的抽样方案,这不仅影响到检验的质量,而且也增加了检验的计划工作量。事实上,通过抽样检验确定的合格批中可能混有不合格品,有误判的风险,它所提供的质量信息不如全数检验多。正因为如此,抽样检验的方法及其原理历来受到人们的高度重视。抽样检验的理论基础是概率论和数理统计学。

实施抽样检验,抽样是十分关键的。抽样也被称作取样,俗称扦样、拣样。抽样是根据技术标准或操作规程所规定的方法和抽样工具,从整批产品中随机地抽取一小部分在成分和性质上都能代表整批产品的样品。必要时,需对有些样品按规定的方法加工制成小样。从抽样检验的特点来看,抽样必须科学、合理、准确,抽取的样品应具有充分代表性。由于抽样检验是通过对抽取样品的测试、分析、化验,据以对整批产品的质量特性作出评价,并决定是接受还是拒收。所以在抽样检验中,如果抽取的样品不具有代表性,则有可能出现以下两种情况。

(1)若样品质量低于批的质量,则合格品被拒收的概率增加,将给生产企业带来损失。

(2)若样品质量高于批的质量,则不合格品被接受的概率增大,将给消费者带来损失。

图13-1所示为两种极端情况。抽样检验误判的概率是客观存在的,要做到完全无误是不现实的,其关键是要把误判的概率控制在生产者和消费者都可以接受的范围以内。目前国际上比较一致的标准是,生产者承担5%的风险,消费者承担10%的风险,这是比较适宜的。那么,采用何种抽样方案可使误判概率控制在生产者和消费者均可以接受的界限以内呢? 这就需要运用概率论和数理统计学的原理加以分析和研究。

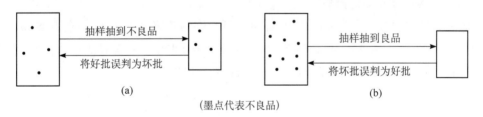

图13-1　抽样检验可能出现的两种极端情况

第二节　计数抽验方案

一、计数抽验的定义

计数抽验是对取自检验批的样本中每个个体记录有无某种属性,计算共有多少个体具有(或无)这种属性,或者是计算每个(或每百个)个体中的缺陷数的检查方法。例如,生丝匀度检验是以受验丝片中出现的一度变化、二度变化和三度变化的条数来判定生丝均匀度优劣程度的;毛织物外观质量分别按散布性外观疵点和局部性外观疵点结辫率表示。

二、抽样方案的操作特性曲线

(一)样组中不合格品个数为 d 的出现概率

如图13-2所示,设批量大小为 N 的批中,含有 D 个不合格品,则该批中出现 D 个不合格品的概率为 $P = \dfrac{D}{N} \times 100\%$。若从该批中随机抽取 n 个单位产品,则在该样组中出现 d 个不合格品的概率 $P_n(d)$ 可按超几何分布公式计算,即

$$P_n(d) = \frac{C_D^d \times C_{N-D}^{n-d}}{C_N^n}$$

当 N 无限大或 N 虽有限,但 $\dfrac{N}{n} > 10$ 时,公式可用二项分布近似计算,即

$$P_n(d) = C_n^d \times P^d \times (1-P)^{n-d}$$

如果 $\dfrac{N}{n} > 10$,且 $P < 0.1$,$n \cdot P$ 为一有限数时,$P_n(d)$ 又可以用泊松分布近似计算,即

$$P_n(d) = \frac{(nP)^d}{d!} \times e^{-nP}$$

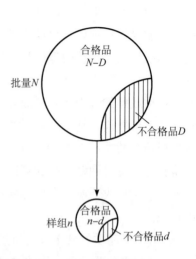

图13-2 抽验示意图

(二)检验批被接受的概率

假定从批中抽取大小为 n 的样组,样组中可允许的缺陷个数为 C,则在方案(n/C)已确定的条件下,该批产品被判为"合格批"的事件等价于 d 取值从0至 C 为止的,$C+1$ 个不相容事件之和。所以,检验批被接受的概率 P_A 的计算公式应为:

$$P_A = \sum_{d=0}^{C} P_n(d) = \sum_{d=0}^{C} \frac{C_D^d \times C_{N-D}^{n-d}}{C_N^n}$$

式中:P_A——检查批被接受的概率;

$\quad N$ ——批量大小;

$\quad C$ ——样组中可允许的缺陷个数;

$\quad n$ ——样组数;

$\quad d$ ——不合格品数。

(三)抽验方案的操作特性函数

在一定条件下,P_A 可用泊松分布公式近似计算(其具体计算可以查阅有关附表或桑迪克曲线),计算公式可写为:

$$P_A = \sum_{d=0}^{C} \frac{(nP)^d}{d!} \times e^{-(np)}$$

例如，$N=10$ 万的某一批产品用 $(100/15)$ 方案进行计数抽验，当 $P=10\%$ 时，因为 $nP=10$，则

$$P_A = \sum_{d=0}^{15} \frac{10^d}{d!} \times e^{-10} = 0.951$$

计算结果表明：在本抽验方案下，该批产品被判为合格批的概率为 95.1%。

由于单位产品的缺陷数一般都服从泊松分布 $P(d,\lambda)$ 的，所以 n 个单位产品的总缺陷数也应服从泊松分布 $P(d,n\lambda)$，当样组中可允许的缺陷个数 C 和 n/C 均已确定时，则

$$P_A = \sum_{d=0}^{C} P(d,n\lambda)$$

可以看出，当以批不合格品率 P 衡量批质量时，相对于一定的抽验方案 (n/C)，由于检验批被接受的概率 P_A 与 N 基本无关，所以它仅依赖于 P 值，即 P_A 的值仅仅是 P 的函数。虽然，采用不同的抽验方案验收、检验批质量时，批被接受的概率 P_A 都是 P 的函数，但对应于不同方案的 $L(P)$ 形式并不相同，如

方案为 $(4/0)$：$L(P) = \displaystyle\sum_{d=0}^{0} \frac{(4P)^d}{d!} \times e^{-4P} = e^{-4P}$

方案为 $(4/1)$：$L(P) = \displaystyle\sum_{d=0}^{1} \frac{(4P)^d}{d!} \times e^{-4P} = (1 + 4P) \times e^{-4P}$

事实上，不同的 $L(P)$ 函数形式能够反映出不同抽验方案的操作特性，即能够反映出不同抽验方案对检验批质量优劣的鉴别能力。

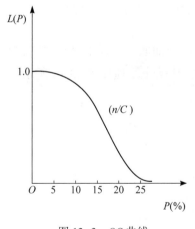

图 13-3　OC 曲线

（四）抽验方案操作特性曲线——OC 曲线

抽验方案操作特性曲线，即 OC 曲线又称抽样检验动能曲线或接受概率曲线，它表示在某一特定抽验方案 (n/C) 下的检验批被接受概率 P_A 与批不合格品率 P 之间的关系曲线。如图 13-3 所示，纵坐标为 P_A，亦即 $L(P)$，横坐标为 P，对应于不同的抽验方案 (n/C)，就有与其对应的不同的 OC 曲线。

结合抽验方案操作特性函数，分析 OC 曲线可以得出：

（1）当 $P=0$ 时，即检验批中所有产品均是合格品，那么，无论采用何种抽验方案 (n/C)，该检验批被判为合格而予以接受的概率 $L(P=0)=1.0$。

（2）当 $P=100\%$ 时，即检验批中所有产品均为不合格品，那么，无论采用何种抽验方案 (n/C) 都将拒收该批产品，即 $L(P=100\%)=0$。

（3）一般情况下，$L(P)$ 的值总是介于 0 和 100% 之间的，而且 P 值越接近于 0，检验批经抽样检验被判为合格批的可能性也越大。

一个理想的抽验方案应该是：当 $P \leqslant P_0$ 时，$L(P)=1$，即该检验批肯定被判为合格批；当 $P>P_0$ 时，$L(P)=0$，即该检验批肯定被判为不合格批。图 13-4 所示为理想方案的 OC 曲线，而实际情况并非如此，理想的抽验方案是不存在的，采用抽样检验供需双方都要承担一定

风险。

一个有较强判断能力抽验方案的 OC 曲线应具有以下两个特点(图13-5):

(1)当 $P \leqslant P_0$ 时,应以高概率判定其合格而予以接受。

(2)当产品质量变差,$L(P)$ 应陡减,在 $P \geqslant P_1$ 时,则应以高概率判定其不合格而予以拒收。

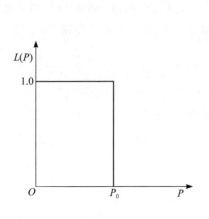

图13-4 理想方案的 OC 曲线   图13-5 典型的 OC 曲线

三、计数抽验的形式

计数抽验或计量抽验的形式按抽取样本的次数均可分为一次抽验、二次抽验和多次抽验三种不同的抽验形式。

(一)一次抽验

一次抽验又称单式抽验或一回抽验,它仅仅是从检验批中抽取一个样本,根据样组检查的结果,判定该检验批为合格予以接受或不合格予以拒收,其操作原理如图13-6所示。一次抽验方案由 n 和 c 两个参数决定。

图13-6 一次抽验操作原理示意图

(二)二次抽验

二次抽验是在一次抽验基础上形成的另一种抽验形式。所谓二次抽验,就是指最多抽取两个样组作出判定的一种抽验形式,其操作原理见图13-7。采用二次抽验形式并不一定每批都必须抽取两个样组,假如通过第一样组就可以作出合格与否的判断,则不必再抽取第二样组。因此,二次抽验的平均检验量要小于一次抽验。通常,二次抽验方案由 n_1、n_2、c_1 和 c_2 四个参数确定,其中:$c_2 > c_1 + 1$,n_1 比一次抽验的 n 要小,而 n_2 相对于 n_1 的最佳比值是一个十分困难的统计问题,如果 $n_1 \approx n_2$,检验量最小,故在二次抽验方案中,一般取 $n_1 = n_2$。

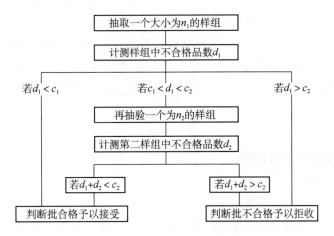

图 13-7　二次抽验操作原理示意图

(三) 多次抽验

多次抽验也称多回抽验,它是一种允许抽取两个以上的具有同等大小 n 的样组(通常 n 相同,但非必要)方能最终作出对检验批接受或是拒收判定的抽验方式,其操作原理如图 13-8 所示。应该注意的问题是:$Re_i > Ac_i + 1$,待至最后一样组,$Re_k = Ac_k + 1$;抽验不一定要进行到 k 次才中止;多次抽验的抽验量一般为一次抽验的 $\frac{1}{2} \sim \frac{1}{3}$,而且通常总是小于二次抽验方案的。

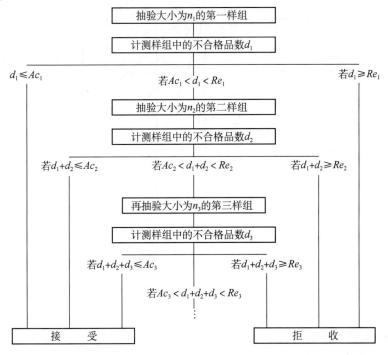

图 13-8　多次抽验操作原理示意图

217

(四)序贯抽验

序贯抽验最早是由罗马尼亚数学家华尔德在第二次世界大战中发明的,由于其检验量小,特别适用于军火的破坏性检验。序贯抽验是每次仅抽取一个单位产品的逐项抽验。逐项抽验也称逐次、逐个抽验,这种抽验方案并不限制抽验次数,每次从抽验批中仅抽出一个单位产品进行试验,然后作出合格、不合格或继续抽验的判定,直到能作出批合格与否的判定时才停止抽验。

四、百分比抽验的不合理性

(一)单百分比抽验

我国纺织产品验收检验曾普遍采用百分比抽样,最早的方案为单百分比抽验,即无论检验批的批量大小 N 为何值,均按同一个百分比 K_n 抽取样组,而对样组的合格判定数 C 则保持不变。这种抽样方案貌似公正合理,但不科学。当批质量相同即合格判定数不变时,由于单百分比抽验容易造成对大批过严,而对小批过宽的不合理现象,而且对大批量产品抽取的样本过大,难以体现抽样检验的经济性,所以单百分比抽样方案已被其他先进的抽样方案所替代。

单百分比抽验示例如图 13-9 所示。在此方案中,若按 10% 的同一比例进行抽样,当 N 分别为 50、100、200 和 1000 时,相应的样组 n 大小分别为 5、10、20 和 100,而这四批产品的合格判定数 C 均为零,这四个方案的 OC 曲线如图 13-9 所示。

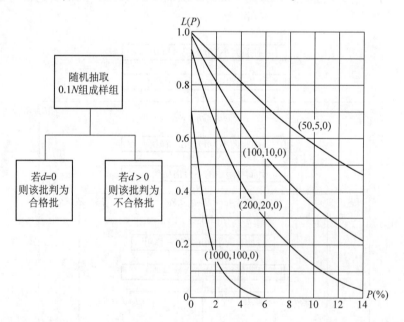

图 13-9　单百分比抽验示例

(二)双百分比抽验

表 13-1 列举了我国目前主要纺织产品的抽样方案,其中:内在质量各项指标均以平均

值作为合格判定数,平均值在标准规定值范围以内者为合格批(染色牢度以批抽样的2/3及2/3以上符合者为合格批)。从表13-1中可以看出:我国现行的纺织产品抽样验收和检验中,以有一定限度的双百分比方案为主,各类产品可根据各自的特点而有所差别。双百分比抽验比单百分比抽验方案有所改进,也能反映长期连续生产的产品质量,但其不合理性依然存在。所以,有些产品如丝织物验收检验已废弃了这种不合理的抽验方案,转而采用较为合理的计数一次抽样方案,其依据为GB 2828标准。

双百分比抽验,即以检验批N为基础,按一定百分比K_n抽取样组,同时合格判定数C亦随样组大小n而成比例地变化。双百分比抽验从表面上看似乎要比单百分比抽验更加合理,但也不能从根本上克服百分比抽验的不合理性,即对于大批量方案过严,而对于小批量方案过宽。

表13-1 我国主要纺织产品现行抽样方案

产品类别	内在质量抽样量	外观质量抽样量	外观质量合格判定,不符品等率 p	备注
本色布类	0.5%(至少3匹)	5%~15%(至少50匹)	≤4%(苎麻布≤5%)	—
印染布类	0.2%(至少3匹)	5%~10%(至少40匹)	≤5%	包括色织类
毛织品类	9匹以下抽1匹,10~49匹抽2匹,50~300匹,抽3匹,300匹以上抽1%	4%(至少3匹)	散布性疵点、实物质量:$p<30\%$;局部性疵点:漏辫率<2个/100m	内在质量样本平均合格,但有$\dfrac{2}{3}$不合格时仍判批不合格
毛针织品类	每1000~10000件抽1件,单件质量抽验3%	6%(至少5件)	≤5%	单件质量不符品等率≤20%
驼绒织品类	每500匹抽1匹(至少3匹)	4%(至少3匹)	散布性疵点、实物质量:$p<30\%$;局部性疵点:漏辫<3个/100m	—
针织毛皮类	每1000匹及以下,抽3匹	5%(至少3匹)	散布性疵点:$p<\dfrac{1}{3}$;局部性疵点:漏辫<5个/100m	—
毛毯类	每10000条,抽1条	5%(至少20条)	≤10%(包括实物质量、条重)	—
长毛绒类	3%(至少3匹)	5%(至少3匹)	散布性疵点、实物质量:$p<\dfrac{1}{3}$;局部性疵点:漏辫<3个/100m	—

产品类别	内在质量抽样量	外观质量抽样量	外观质量合格判定,不符品等率 p	备　注
毛巾、床单、线毯类	3%~5%(毛巾至少100条,其余至少20条)	≤10%	不包括连匹床单	—
连匹床单类	至少1匹	5%(至少1包)	≤10%	—
涤纶针织面料类	至少3匹	2%(至少2匹)	散布性疵点:$p \leq 5\%$(20匹以下时≤1匹);局部性疵点:漏捺 ≤ 3个/100m	强力:样本平均合格但有$\frac{2}{3}$不合格仍判批不合格
针织成衣类	0.1%(至少3件)	1%~3%(至少20件)	≤5%	—
丝织品类	按逐批检查一次正常抽样方案,其中:外观质量:AQL=4.0%,检查水平按一般水平Ⅱ;内在质量:AQL=4.0%,检查水平按特殊水平 S-2(被面类检查水平均按特殊水平 S-2)			锦缎类、被面类的长度、幅宽、纬密按外观抽样方案

(三)复式抽验——加倍抽验

我国纺织产品现行抽验方案中,还有一种经常采用的加倍抽验方案,即复式抽验方案,复式抽验的操作示意图如图 13-10 所示。采用复式抽验时,第一次抽取 n_1 个样品,$n_1 = \dfrac{N}{100}$,从 n_1 中检测到 d_1 个不合格品。若 $d_1 = 0$,则判定其为合格批而予以接受;若 $d_1 \geq 2$,则判定其为不合格批而予以拒收;若 $d_1 = 1$,则抽取第二样组,$n_2 = 2n_1$,从 n_2 中检测到的不合格品数为 d_2。如果 $d_2 = 0$,即 $d_1 + d_2 \leq 1$,则认为该检验批为合格批而予以接受;如果 $d_2 > 0$,即 $d_1 + d_2 \geq 2$,则判定该检验批为不合格批而予以拒收。

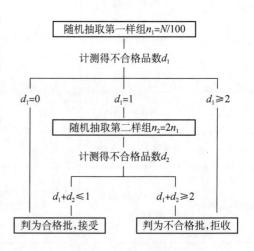

图 13-10　复式抽验操作示意图

例如,对于 N 分别为 10000 和 500 的检验批,采用复式抽验方案的 OC 曲线如图 13-11 所示。当 $P = 3\%$ 时,对应于 $N = 10000$ 的 $L(P) = 4.0\%$,而相对于 $N = 500$ 的 $L(P) = 98.0\%$。由此可以看出:在 $P = 3\%$ 条件下,如果以一万个产品作为一交付批时,只有4%的概率被接受,基本上不会被通过;如果把一万个产品分成 20 批,那每批 500 个产品,该交付批被接受的概率却高达98%,几乎是可以通过的。这同样也说明了百分比抽验的不合理性。

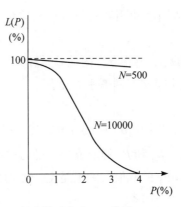

图 13-11　复式抽验方案 OC 曲线($N = 10000, 500$)

五、计数标准型抽验方案

(一)抽验中的常用参数

1. 可接受的质量水平(AQL)　AQL 是制订抽验方案的重要参数,它是抽验时认为检验批属合格批的批不合格品率(或每百个单位产品平均缺陷数)的上限值,即检验批作为合格批的最低质量指标。凡是 $P \leqslant$ AQL 的检验批都应该以高概率接受,以免给生产者造成过多损失,所以生产者比较关心 AQL 值。在制订方案时,应使方案的 AQL 值取在生产过程中长时期发生的平均过程不合格品率 $\overline{P}$ 附近。AQL 在数值上等于相应于 α 的批不合格品率 P_0。

2. 批允许不合格品率(LTPD)　批允许不合格品率 LTPD 又称批的极限不合格品率或拒收的质量水平,是检验批被判为不合格批的批不合格品率的下限。凡是 $P \geqslant$ LTPD 的检验批都将被判为不合格批,而且以高概率拒收。该参数有利于对用户的利益进行保护,故用户对此参数比较关心。在制订单个孤立批或质量情况不明的检验批抽验方案时,此参数更显重要,其值相当于 P_1。

3. 无差异的质量水平(IQL)　该参数可定义为当 $L(P) = 0.5$ 时的批不合格品率,IQL值介于 AQL 和 LTPD 之间。

此外,对于多批(大于 10 批)大量生产时的产品验收(非破坏性检验),还可使用平均出厂不合品率 AOQ 和平均出厂不合格品率极限 AOQL 等参数。

(二)计数标准型抽验方案的特点

计数标准型抽验方案属 AQL 型方案,此抽验方案同时控制两种风险,使对应于给定的 AQL 和 LTPD 的两种风险分别不大于给定的 α 值和 β 值,它对供需双方均可提供适当保护。计数标准型抽验方案的主要特点可归纳为以下几个方面。

(1)该方案通过选取相应于 P_0 和 P_1 的 α 值和 β 值(一般 $\alpha = 0.05, \beta = 0.10$),对使用者提供质量保证,对生产者保证其经济效益。

(2)该方案不要求生产者提供检验批诸如生产过程中的平均过程不合格品率 $\overline{P}$ 或工序

状态是否稳定等事前信息,故适用于使用者对每批产品质量要求较严的孤立批或市场上偶然成交的产品批的验收。

(3)对连续多批的产品验收,采用此方案的抽验量较大。

(4)该方案对破坏性检验和非破坏性检验均适用。

(三)P_0 和 P_1 值的选定

在计数标准型抽验方案中,通常取 $\alpha = 0.05$,$\beta = 0.10$,它们都为某一确定值,而 P_0 和 P_1 如何选定是设计本方案的关键。P_0 和 P_1 的取值并不是通过计算可以确定的,而是在抽验前由供需双方协商确定的。P_0 和 P_1 的取值实际上是生产者与使用者之间平衡、妥协的结果,P_0 和 P_1 的选定应考虑到以下几个因素。

(1)产品使用者应将可允许的批最大不合格品率定为 P_1,凡 $P \geqslant P_1$ 的检验批均属不合格批,并希望以高概率拒收。当 $P = P_1$ 时,对该种质量水平检验批的接受概率希望控制在 $\beta = 0.10$ 左右。因此,产品使用者通过 P_1 和 β 值而使产品质量基本得到保证。同时,产品生产者为了使具有一定质量水平的检验批不轻易被拒收,则提出一个可接受的质量水平 P_0,凡 $P \leqslant P_0$ 时,该种质量水平的检验批被拒收的概率尽可能控制在 $\alpha = 0.05$ 左右,并希望以高概率接受。

(2)P_0 值的选定要考虑到生产者的实际质量水平,即 P_0 应与 $\bar{P}$ 值相接近。对生产者来说,希望将 P_0 值定得大一些,但 P_0 值过大会影响生产者的质量声誉;对使用者来说,希望将 P_0 值定得小一些,但 P_0 值定得过小会加大生产者的质量风险,会使优质批被判为不合格批的概率增大。P_1 值的选定同样也必须充分考虑用户和生产者之间的利益。

(3)如果是根据产品缺陷的严重性进行分级的,P_0 值应取不同的标准:对于致命缺陷,P_0 值应取得小一些,如 $P_0 = 0.1\%$、0.3% 和 0.5% 等;对于轻微缺陷,由于造成的损失小,则 P_0 值可适当取得大一些,如 $P_0 = 3.5\%$ 或 10%。

(4)P_1 值主要是根据使用者的质量要求确定的,对重要产品的 P_1 值应取得大一些,选定 P_1 值也要考虑到各种因素的影响,如果 $\dfrac{P_1}{P_0}$ 值过小,往往会使抽验量增大。

(5)从理论上讲,设计方案必须使 $\dfrac{P_1}{P_0} > 1$,而实际中最好取 $\dfrac{P_1}{P_0} \geqslant 3$。如果 $\dfrac{P_1}{P_0}$ 值过小会使抽取样组的 n 值过大而失去抽样检验的实际意义。如果 $\dfrac{P_1}{P_0}$ 值过大,会使 β 值增大而加大使用者的风险。通常,$\dfrac{P_1}{P_0}$ 值为 $4 \sim 10$ 为宜。

(6)在长期实践中,采用某抽验方案要使供需双方都比较满意,可采用反推法从某抽验方案的 OC 曲线上找出相应于 $1-\alpha$ 和 β 的 P 值,分别作为 P_0 和 P_1 值。在计算 C_P 值的基础上,将估算出的 P 值作为 P_0 的估计值。

(四)计数标准型抽验方案的设计

在一次抽验中,当 P_0、P_1、α 和 β 值选定以后,相应于 P_0 的 $L(P_0) = 1-\alpha$,相应于 P_1 的

$L(P_1) = \beta$，据此要求而可以得出设计所求的抽验方案(n/c)。在P_0和P_1值很小，且能够满足$P < 0.1$与nP为有限数的条件下，可以用泊松分布近似计算$L(P)$值，计算公式为：

$$1 - \alpha = L(P_0) = \sum_{d=0}^{c} \frac{(nP_0)^d}{d!} \times e^{-nP_0}$$

$$\beta = L(P_1) = \sum_{d=0}^{c} \frac{(nP_1)^d}{d!} \times e^{-nP_1}$$

结合公式可解出n和c。例如，对某产品进行验收时，设$P_0 = 1\%$，$P_1 = 10\%$，$\alpha = 0.01$，$\beta = 0.03$，则

$$1 - \alpha = 0.99 = L(P_0) = \sum_{d=0}^{c} \frac{(nP_0)^d}{d!} \times e^{-nP_0}$$

$$\beta = 0.03 = L(P_1) = \sum_{d=0}^{c} \frac{(nP_1)^d}{d!} \times e^{-nP_1}$$

根据预先选定不同的c值，通过查阅泊松分布表，可以得到表13-2所示的计算结果。

表13-2 不同c值下的nP_0和nP_1值

c	0	1	2	3	4	5	6
nP_1	3.5	5.4	7.0	8.5	10.0	11.4	12.5
nP_0	0.02	0.15	0.45	0.85	1.3	1.8	2.2

因为本例的$\dfrac{P_1}{P_0} = \dfrac{10\%}{1\%} = 10$，所以从表13-2中查得$\dfrac{nP_1}{nP_0} = 10$项中$c = 3$，相应的$nP_1 = 8.5$，则$n = \dfrac{8.5}{0.10} = 85$，那么，所求方案为$n = 85$，$c = 3$。如果表13-2中没有与设定$\dfrac{P_1}{P_0}$值完全相等的一项，则可以取较为接近的一项，此时按$nP_0$和$nP_1$计算所得的$n$值略有差异，但以$n$取大者为好，这对保证产品的质量有利。

第三节 计量抽验方案

一、计量抽验的定义及其分类

计量抽验是指对取自检验批的样组中的每个个体，测量其某个定量特性，并用计量值作为批的判定标准的检验方法。例如，纱线断裂强力是以样组断裂强力平均值表示的，并以此来判定检验批的强力是否符合产品标准的规定。在这类问题中，质量指标(记μ_0)如单纱强力以及允许的偏差(记Δ)是事先由供需双方共同商定的，或由有关标准所规定的。计量抽验的任务是要根据抽验结果，按统计量$\overline{X}$是否落在规定的区域$\mu_0 \pm \Delta$之内，从而作出接受或拒收的判定。计量抽验可按不同准则进行分类如下。

(1)以衡量质量的标志分类，它可以分为以不合格品率P衡量批质量的抽验方案和以母体参数(如μ)衡量批质量的抽验方案。这两种抽验方案是相互联系的，通过P可以计算

出所需控制的参数,而由参数也可算出相应的不合格品率 P。

（2）以产品规格是否具有上、下公差界限区分,它可分为单侧计量抽验方案和双侧计量抽验方案。单侧是指产品规格中只有单侧公差,验收时只控制一侧;双侧是指产品规格所规定的公差分上限和下限,验收时需要控制双侧。

（3）按母体标准差 σ 是否已知分类,它可分为 σ 已知和 σ 未知两种情况。

（4）按计量抽验形式也可将其分为一次、二次、多次和序贯抽验方案。

二、σ 已知时的计量抽验方案

(一) 以不合格品率 P 衡量批质量的抽验方案

1. 仅给定规格上限 S_u 时 一批产品的不合格品率 P 是指检验批中所包含的不合格品数与批量的比值。以仅给出规定上限而论,规定质量特性值 X 不允许超过给定的规格上限 S_u,否则以不合格品论处。因此,P 即为 $X>S_u$ 这一事件的概率值 $P(X>S_u)$。

假定 S_u 已经确定,并由供需双方商定 P_0 和 P_1 值。凡 $P \leqslant P_0$ 的检验批均判定为合格批,其母体均值为 μ_0,凡 $P \geqslant P_1$ 的检验批均判定为不合格批,其母体均值为 μ_1。当从某检验中随机抽取一单位产品,测定其质量特性值 X,并以此来判定检验批产品质量是否合格时,可能出现以下三种情况(图 13-12)。

（1）X 在 AB 间取值,此时应以较高的概率推断该 X 值是来自均值为 μ_0 的合格批。

（2）X 在 CD 间取值,此时应以较高的概率推断该 X 值是来自均值为 μ_1 的不合格批。

（3）X 在 BC 间取值,此时难以明确作出接受或拒收的判定。

在上述三种情况中,对于情况(1)和情况(2),我们能对检验批作出明确的判定,从而决定予以接受或拒收。对于情况(3),由于 X 来自合格批或不合格批的概率相当,所以难以作出接受或拒收的明确判定。同时,由图 13-12 可知,若 X 分布的 σ 越大,则难以作出明确判定的区域 BC 亦越大。

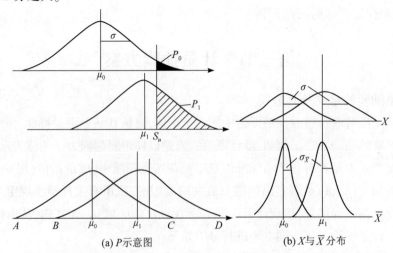

(a) P 示意图　　　　　　　(b) X 与 $\overline{X}$ 分布

图 13-12　仅给定规格上限 S_u 时的方案设计

通常,X服从正态分布,如果从正态母体(μ_0,σ)中抽取样组,其样组平均值$\overline{X}$服从$N\left(\mu_0,\dfrac{\sigma^2}{n}\right)$,即$\sigma_{\overline{X}}=\dfrac{\sigma}{\sqrt{n}}$,$\sigma_{\overline{X}}$不仅比$\sigma$小得多,而且可以通过样组的$n$来调节$\sigma_{\overline{X}}$的大小。这样,难以作出判断的区域变小了[图13-12(b)]。用$\overline{X}$比X更容易对检验批作出接受或拒收的判定,如果对应于S_u而确定了$\overline{X}$的判定标准$\overline{X}_u$,那么,检验批的判定准则应为:凡$\overline{X}\leqslant\overline{X}_u$,则检验批被判为合格批而予以接受;凡$\overline{X}>\overline{X}_u$,则检验批被判为不合格批而予以拒收。

本抽验方案的设计,是在确定α、β、P_0和P_1的前提下,确定n和$\overline{X}_u$。经供需双方商定:凡$P\leqslant P_0$的检验批属合格批,并希望以高概率接受;凡$P\geqslant P_1$的检验批为不合格批,并希望以高概率拒收。如图13-13所示,若P_0和P_1给定,X服从正态分布,其标准差可以根据长期的生产经验获知(对某一生产工序来说为一定值),则每一条正态分布曲线即代表一检验批。因为$P\leqslant P_0$的检验批均属合格批,而$P<P_0$的检验批有无穷多个,唯有$P=P_0$的检验批是唯一的,所以用$P=P_0$的正态分布曲线代表合格批,其均值为μ_0。因此,凡正态分布曲线中的均值$\mu\leqslant\mu_0$的检验批均属合格批,μ_0是合格批的均值最大值。同样地,$P=P_1$的检验批也是唯一的,用$P=P_1$的正态分布曲线代表不合格批,其均值是μ_1,μ_1是不合格批质量特性均值的最小值。

当以样组$\overline{X}$作为判定检验批是否合格的统计量时,图13-13下半部分左侧为从合格批中所抽取样组的$\overline{X}$分布曲线,右侧为从不合格批中所抽取样组的$\overline{X}$分布曲线,这两条曲线的相交部分(图13-13下半部分阴影区域)为难以作出判断的区域,随着样组n增大,$\sigma_{\overline{X}}$值变小,$\overline{X}$分布曲线越陡,难以作出判定的区域变小。

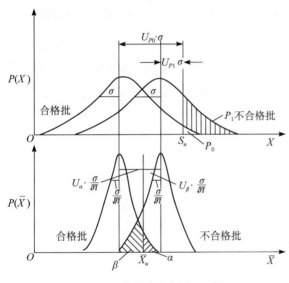

图13-13　方案设计示意图(只有S_u)

在抽验理论中,相应于S_u求得一个适用于$\overline{X}$的判定标准$\overline{X}_u$,并规定:凡$\overline{X}\leqslant\overline{X}_u$,则判定该样组所来自的母体为合格批而予以接受;凡$\overline{X}>\overline{X}_u$,则判定该样组所来自的母体为不合格批而予以拒收。虽然,用$\overline{X}$作为判定检验批合格与否的统计量可以使难以作出判断的区域明显减小,但是,也会造成两种判定错误。

(1)犯第一类错误,把合格批错判为不合格批。从图13-13中可以看出,由于抽样的随机性,来自合格批的样组$\overline{X}$有可能分布在$\overline{X}_u$的右侧,则$\overline{X}>\overline{X}_u$,尽管该样组代表的母体是合格批,而根据判定准则规定,因$\overline{X}>\overline{X}_u$,所以被判为不合格批。犯第一类错误的概率$\alpha$可以

用 $\overline{X}_u$ 右侧合格批 $\overline{X}$ 曲线面积大小表示。

（2）犯第二类错误，把不合格批错判为合格批。同样，来自不合格批的样组 $\overline{X}$ 也可能分布在 $\overline{X}_u$ 左侧，即 $\overline{X} \le \overline{X}_u$，虽然该样组所代表的母体是不合格批，但依据判定准则规定，因 $\overline{X} \le \overline{X}_u$ 而被判作合格批。犯第二类错误的概率 β 用 $\overline{X}_u$ 左侧不合格批 $\overline{X}$ 曲线的面积大小表示。

经理论推导，$\overline{X}_u$ 和 n 的计算公式如下：

$$n = \left(\frac{U_\alpha + U_\beta}{U_{P_0} - U_{P_1}} \right)^2$$

$$\overline{X}_u = S_u - \left(U_{P_0} - \frac{U_\alpha}{\sqrt{n}} \right) \times \sigma = S_u - k \times \sigma$$

$$k = U_{P_0} - \frac{U_\alpha}{\sqrt{n}} = U_{P_0} - U_\alpha \times \left(\frac{U_{P_0} - U_{P_1}}{U_\alpha + U_\beta} \right) = \frac{U_{P_0} \times U_\beta + U_{P_1} \times U_\alpha}{U_\alpha + U_\beta}$$

式中：U_α、U_β、U_{P_0} 和 U_{P_1} 可以根据相应于的 α、β、P_0 和 P_1 值查阅正态分布上侧分位数表分别求得。

2. 仅给定规格下限 S_L 时　如图13-14所示，在仅给定规格下限 S_L 情况下，从检验批中抽取大小为 n 的样组，测量其质量特性值 X，并求出其平均值 $\overline{X}$。据此，凡 $\overline{X} \ge \overline{X}_L$，则判定为合格批而予以接受；凡 $\overline{X} < \overline{X}_L$，则判定为不合格批而予以拒收。它要求质量特性值 X 越大越好，本方案的设计方法与只给出规格上限 S_u 的情况基本相同，同样可以证明 n 和 $\overline{X}_L$ 的计算分别为：

$$n = \left(\frac{U_\alpha + U_\beta}{U_{P_0} - U_{P_1}} \right)^2$$

$$\overline{X}_L = S_L + k \times \sigma$$

$$k = \frac{U_{P_0} \times U_\beta + U_{P_1} \times U_\alpha}{U_\alpha + U_\beta}$$

（二）以母体均值 μ 衡量批质量时的抽验方案

1. 仅给定规格上限 S_u 时　对有些产品，希望其质量特性值的均值 $\overline{X}$ 越小越好，亦即仅给定规格上限 S_u。若仅给定规格上限 S_u 时，设产品的质量特性值 X 服从正态分布 $N(\mu, \sigma^2)$，并希望 X 的母体均值 μ 越小越好。因此规定：凡检验批均值 μ 小于或等于某个预先指定的上限值 μ_0，即 $\mu \le \mu_0$ 时，则认为该批产品为合格批，并希望以不低于 $1-\alpha$ 的高概率接受；凡检验批均值 μ 大于或等于某一定值 $\mu_1(\mu_1 > \mu_0)$，即 $\mu \ge \mu_1$ 时，则认为该检验批为不合格批，并希望以不超过 β 的低概率接受，亦即以大于 $1-\beta$ 的高概率拒收。其示意图见图13-15。

抽验是用样组均值 $\overline{X}$ 作为判别接受与否的统计量，$\overline{X}$ 的分布曲线如图13-15的下半部分所示，相应于 μ_0 和 μ_1，求得一个适用于 $\overline{X}$ 的判别界限 $\overline{X}_u$，其判定准则为：凡 $\overline{X} \le \overline{X}_u$，则检验批被判为合格批而予以接受；$\overline{X} > \overline{X}_u$，则检验批被判为不合格批而予以拒收。但是，由于抽样的随机性，同样也会犯第一类错误和第二类错误，其概率值分别为 α 和 β。α 和 β 值一般由供需双方事先商定，通常取 $\alpha = 0.05$，$\beta = 0.10$。

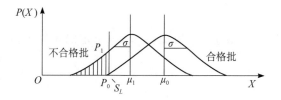

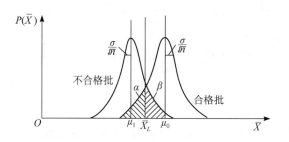

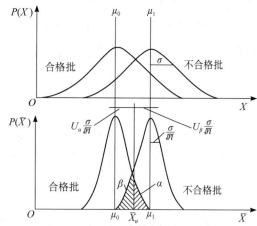

图 13-14 方案设计示意图(只有 S_L)   图 13-15 以 μ 衡量批质量时方案设计(只有 S_u)

本抽验方案的设计,是在 μ_0、μ_1、α 和 β 确定的前提之下,确定 n 和 $\overline{X}_u$ 值。经理论推导,n 和 $\overline{X}_u$ 的计算公式分别为:

$$n = \left[\left(\frac{U_\alpha + U_\beta}{\mu_1 - \mu_0}\right) \times \sigma\right]^2$$

$$\overline{X}_u = \mu_0 + G_0 \times \sigma = \frac{\mu_1 \times U_\alpha + \mu_0 \times U_\beta}{U_\alpha + U_\beta}$$

$$G_0 = \frac{U_\alpha}{\sqrt{n}}$$

式中:U_α 和 U_β 可根据 α 和 β 值查正态分布上侧分位数表求得。为使抽验量 n 不至于过大,在规定 μ_0 和 μ_1 时,应注意 μ_0 和 μ_1 不能过分接近。

【例题】 为了验收一批产品,经供需双方商定,$\alpha = 0.05$,$\beta = 0.10$,$\mu_0 = 70$,$\mu_1 = 73$,根据以往的统计资料获知 $\sigma = 2$,求满足上述条件的计量一次抽验方案。

解: 因为 $U_\alpha = U_{0.05} = 1.645$,$U_\beta = U_{0.10} = 1.282$

而 $\mu_0 = 70$,$\mu_1 = 73$,$\sigma = 2$

所以 $n = \left[\left(\frac{U_\alpha + U_\beta}{\mu_1 - \mu_2}\right) \times \sigma\right]^2 = \left[\left(\frac{1.645 + 1.282}{73 - 70}\right) \times 2\right]^2 = 3.8$

取 $n = 4$。

则

$$\overline{X}_u = \frac{\mu_1 \times U_\alpha + \mu_0 \times U_\beta}{U_\alpha + U_\beta} = \frac{73 \times 1.645 + 70 \times 1.282}{1.645 + 1.282} = 71.68$$

故所求方案为:$n = 4$,$\overline{X}_u = 71.68$,即从批中随机抽取 4 个单位产品,测量其质量特性值,并求得平均值 $\overline{X}$。若 $\overline{X} \leqslant 71.68$,则判定该批产品为合格批而予以接受;若 $\overline{X} > 71.68$,则判定

该批产品为不合格批而予以拒收。

2. 仅给定规格下限 S_L 时 如图 13-16 所示,在 α、β、μ_0 和 μ_1($\mu_1 < \mu_0$)给定的条件下,经理论推导,n 和 $\overline{X}_L$ 的计算公式分别为:

$$n = \left[\left(\frac{U_\alpha + U_\beta}{\mu_0 - \mu_1} \right)^2 \times \sigma \right]^2$$

$$\overline{X}_L = \mu_0 - G_0 \times \sigma = \frac{\mu_1 \times U_\alpha + \mu_0 \times U_\beta}{U_\alpha + U_\beta}$$

$$G_0 = \frac{U_\alpha}{\sqrt{n}}$$

在仅给定规格下限条件下,其判定准则为:当 $\overline{X} \geqslant \overline{X}_L = \mu_0 - G_0 \times \sigma$ 时,判定为合格而予以接受;当 $\overline{X} < \overline{X}_L = \mu_0 - G_0 \times \sigma$ 时,判定为不合格而予以拒收。

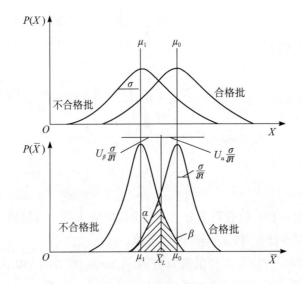

图 13-16　以 μ 衡量批质量时的方案设计(只有 S_L)

三、σ 未知时的计量抽验方案
(一)σ 未知时统计量的分布特点

由于种种原因而不能精确地估计母体标准差 σ 的时候,应把 σ 估计的不准确性因素考虑在内。假定从 $\mu = \mu_0$ 的正态母体中抽取容量大小为 n 的样组,其均值应为 $\overline{X} = \frac{1}{n} \times \sum\limits_{i=1}^{n} X_i$,

无偏标准差为 $S = \sqrt{\frac{1}{n-1} \times \sum\limits_{i=1}^{n} (X_i - \overline{X})^2}$,按 t 分布的定理可知:$\frac{\overline{X} - \mu_0}{S} \times \sqrt{n}$ 服从

$t(n-1)$ 分布。当我们从 $\mu = \mu_1$ 的正态母体中抽取一个容量大小为 n 的样组时,由于随机变量 $\overline{X} - \mu_0$ 服从均值为 $\mu_1 - \mu_0$($\mu_1 - \mu_0 \neq 0$),标准差为 $\frac{\sigma}{\sqrt{n}}$ 的正态分布,即服从 $N\left(\mu_1 - \mu_0, \frac{\sigma^2}{\sqrt{n}} \right)$。

而又知：$\dfrac{(n-1)\times S^2}{\sigma^2}$ 服从 X^2 分布（自由度 $\nu=n-1$）。因此，$\dfrac{X-\mu_0}{S}\times\sqrt{n}$ 服从自由度 $\nu=n-1$ 的非中心 t 分布。

如上所述，要从 $\mu=\mu_0$ 时 $P(\overline{X}-k\times S\geqslant\mu_0)=1-\alpha$，以及 $\mu=\mu_1$ 时 $P(\overline{X}-k\times S\geqslant\mu_0)=\beta$ 两式中求得 n 和 k，需利用 t 分布表和非中心 t 分布表，那将是十分麻烦的。由正态分布的性质可知，当 n 较大（$n\geqslant5$）时，S 的分布近似服从正态分布 $N\left[\sigma,\dfrac{\sigma^2}{2(n-1)}\right]$，而 $\overline{X}$ 也服从正态分布 $N\left(\mu,\dfrac{\sigma^2}{n}\right)$，且可以证明 $\overline{X}$ 和 S 相互独立，所以 $\overline{X}+k'\times S$ 亦服从正态分布 $N\left\{(\mu+k'\times\sigma),\sigma^2\times\left[\dfrac{1}{n}+\dfrac{\sigma^2}{2(n-1)}\right]\right\}$。

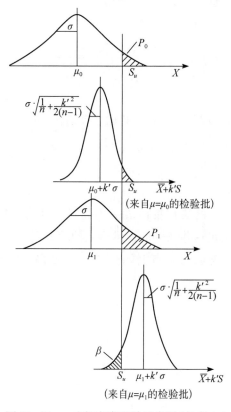

图 13-17　σ 未知方案设计示意图（仅有 S_u）

（二）以 P 衡量批质量时的抽验方案

1. 仅给定规格上限 S_u 时　在 σ 已知并给出 S_u 时，前面已经指出：当 $\overline{X}\leqslant\overline{X}_u=S_u-k\times\sigma$ 时，检验批被判为合格批而予以接受；当 $\overline{X}>\overline{X}_u=S_u-k\times\sigma$ 时，则检验批被判为不合格批而予以拒收。如果将上述判定规则改变为：若 $S_u\geqslant\overline{X}+k\times\sigma$，则判定检验批合格；若 $S_u<\overline{X}+k\times\sigma$，则判定检验批不合格。现在的情况是 σ 未知，若用无偏标准差 S 估计 σ，则对 σ 未知的判定准则又可变更为：若 $S_u\geqslant\overline{X}+k'\times S$，予以接收；若 $S_u<\overline{X}+k'\times S$，予以拒收。

现在假定：凡具有 P_0 且母体均值为 μ_0 的检验批作为合格批而以 $1-\alpha$ 的高概率接受；凡具有 P_1 且母体均值为 μ_1 的检验批作为不合格批而以高概率 $1-\beta$ 拒收。由于抽样的随机性，犯第一类错误和第二类错误的概率分别规定为 α 和 β，如图 13-17 所示。

从来自 $\mu=\mu_0$ 检验批中的 $\overline{X}+k'\times S$ 分布曲线中：

$$S_u=\mu_0+k'\times\sigma+U_\alpha\times\sigma\times\sqrt{\dfrac{1}{n}+\dfrac{k'^2}{2(n-1)}}$$

从来自 $\mu=\mu_1$ 检验批中的 $\overline{X}+k'\times S$ 分布曲线中：

$$S_u=\mu_1+k'\times\sigma-U_\alpha\times\sigma\times\sqrt{\dfrac{1}{n}+\dfrac{k'^2}{2(n-1)}}$$

由公式可知:

$$\frac{S_u - \mu_0}{\sigma} = k' + U_\alpha \times \sqrt{\frac{1}{n} + \frac{k'^2}{2(n-1)}}$$

而

$$\frac{S_u - \mu_0}{\sigma} = U_{P_0}$$

则

$$U_{P_0} = k' + U_\alpha \times \sqrt{\frac{1}{n} + \frac{k'^2}{2(n-1)}}$$

$$\frac{U_{P_0} - k'}{U_\alpha} = \sqrt{\frac{1}{n} + \frac{k'^2}{2(n-1)}}$$

同理可得:

$$\frac{k' - U_{P_0}}{U_\beta} = \sqrt{\frac{1}{n} + \frac{k'^2}{2(n-1)}}$$

由公式可求得:

$$k' = \frac{U_{P_0} \times U_\beta + U_{P_1} \times U_\alpha}{U_\alpha + U_\beta}$$

此 k' 在数值上与 σ 已知时的判定系数 k 是一致的($k' = k$),为了简化计算,若令 $n-1 \approx n$(n 较大场合),则可以求得:

$$n = \left(1 + \frac{k^2}{2}\right) \times \left(\frac{U_\alpha + U_\beta}{U_{P_0} - U_{P_1}}\right)$$

【例题】 假定 σ 未知,技术标准规定:当单位产品的质量特性值 X 不超过 500 为合格品,又规定:$P_0 = 1\%$,$P_1 = 10\%$,$\alpha = 0.05$,$\beta = 0.10$,求满足这些条件的计量一次抽验方案。

解:因为 $P_0 = 1\%$,$P_1 = 10\%$,$\alpha = 0.05$,$\beta = 0.10$,查正态分布上侧分位数表可得:$U_{P_0} = 2.33$,$U_{P_1} = 1.28$,$U_\alpha = 1.64$,$U_\beta = 1.28$。

又知 $S_u = 500$。

所以

$$k' = \frac{U_{P_0} \times U_\beta + U_{P_1} \times U_\alpha}{U_\alpha + U_\beta} = \frac{2.33 \times 1.28 + 1.28 \times 1.64}{1.64 + 1.28} = 1.74$$

$$n = \left(1 + \frac{k^2}{2}\right) \times \left(\frac{U_\alpha + U_\beta}{U_{P_0} - U_{P_1}}\right)^2 = \left(1 + \frac{1.74^2}{2}\right) \times \left(\frac{1.64 + 1.28}{2.33 - 1.28}\right)^2 = 19.44$$

取 $n = 20$。

故所求方案为:从检验批中一次抽 20 个单位产品,测定其质量特性值 X,求出平均值 $\overline{X}$ 和无偏标准差 S,其判定准则如下。

若 $\overline{X} + 1.74S \leq 500$ 时,该检验批被判为合格批而予以接受;

若 $\overline{X} + 1.74S > 500$ 时,该检验批被判为不合格批而予以拒收。

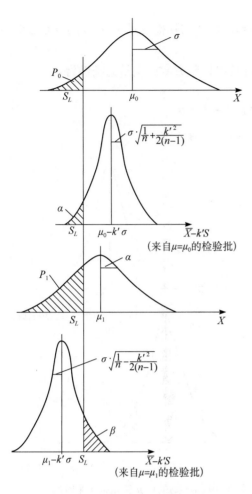

图 13-18　σ 未知时的方案设计(只有 S_L)

2. 仅给定规格下限 S_L 时　如图 13-18 所示,与仅给定规格上限 S_u 的情况基本相同,理论上同样可以证明 n 和 k' 的计算公式仍为:

$$n = \left(1 + \frac{k^2}{2}\right) \times \left(\frac{U_\alpha + U_\beta}{U_{P_0} - U_{P_1}}\right)^2$$

$$k' = \frac{U_{P_0} \times U_\beta + U_{P_1} \times U_\alpha}{U_\alpha + U_\beta}$$

且 $k = k'$。

对于 σ 未知而以样组无偏标准差 S 作为统计量的判定准则如下。

若 $\overline{X} - k' \times S \geq S_L$ 时,判定检验批为合格批而予以接受;

若 $\overline{X} - k' \times S < S_L$ 时,判定检验批为不合格批而予以拒收。

(三) 以均值 μ 衡量批质量时的抽验方案

1. 仅给出规格下限 S_L 时　如前所述,在给定规格下限 S_L 情况下,我们希望检验批质量特性值 X 的母体均值 μ 愈大愈好。若 X 服从正态分布 $N(\mu, \sigma^2)$,且 σ 已知时,样组均值 $\overline{X}$ 服从 $N\left(\mu, \frac{\sigma^2}{n}\right)$ 分布。作为检验统计量的 $\overline{X}$ 不能比合格批母体均值 μ_0 小得太多,按正态分布的性质,我们可以设某一定值 k',

使得:$\overline{X} - \mu_0 \geq \dfrac{k' \times \sigma}{\sqrt{n}}$,即 $\overline{X} - \dfrac{k' \times \sigma}{\sqrt{n}} \geq \mu_0$ 时,判定检验批为合格批而予以接受;$\overline{X} - \mu_0 < \dfrac{k' \times \sigma}{\sqrt{n}}$,即 $\overline{X} - \dfrac{k' \times \sigma}{\sqrt{n}} > \mu_0$ 时,判定检验批为不合格批而予以拒收。

在母体标准差 σ 未知场合下,假如用样组无偏标准差代替 σ,相应的判定准则为:凡 $\overline{X} - \dfrac{k''_0 \times S}{\sqrt{n}} \geq \mu_0$ 时,检验批被判为合格批而予以接受;凡 $\overline{X} - \dfrac{k''_0 \times S}{\sqrt{n}} < \mu_0$ 时,检验批被判为不合格批而予以拒收。

若令 $k = \dfrac{k''_0}{\sqrt{n}}$,那么判定准则又变更为:若 $\overline{X} - k \times S \geq \mu_0$ 时,判定合格;若 $\overline{X} - k \times S < \mu_0$ 时,判定不合格。

如前所述,当样组 n 较大时,来自 $\mu = \mu_0$ 母体的随机变量 $\overline{X} - k \times S$ 的分布近似服从

$$N\left\{\mu_0 - k \times \sigma, \sigma^2 \times \left[\frac{1}{n} + \frac{k^2}{2(n-1)}\right]\right\}$$ ；来自 $\mu=\mu_1$ 母体的随机变量 $\overline{X}-k\times S$ 的分布近似服

从 $N\left\{\mu_1 - k \times \sigma, \sigma^2 \times \left[\frac{1}{n} + \frac{k^2}{2(n-1)}\right]\right\}$ 。所以，本抽验方案应满足的条件为：

$$P_{\mu=\mu_0}(\overline{X} - k \times S \geq \mu_0) = 1 - \sigma$$

$$P_{\mu=\mu_1}(\overline{X} - k \times S \geq \mu_0) = \beta$$

由图 13-19 可知：

$$\Phi\left[\frac{\mu_0 - (\mu_0 - k \times \sigma)}{\sigma \times \sqrt{\frac{1}{n} + \frac{k^2}{2(n-1)}}}\right] = \alpha$$

即：$\Phi\left[\dfrac{k}{\sqrt{\dfrac{1}{n} + \dfrac{k^2}{2(n-1)}}}\right] = \alpha$

亦即：$U_\alpha = \dfrac{k}{\sqrt{\dfrac{1}{n} + \dfrac{k^2}{2(n-1)}}}$

同样地，$\Phi\left[\dfrac{\mu_0 - (\mu_1 - k \times \sigma)}{\sigma \times \sqrt{\dfrac{1}{n} + \dfrac{k^2}{2(n-1)}}}\right] = 1 - \beta$

即：$U_{1-\beta} = \dfrac{\mu_0 - \mu_1 + k \times \sigma}{\sigma \times \sqrt{\dfrac{1}{n} + \dfrac{k^2}{2(n-1)}}} = -U_\beta$

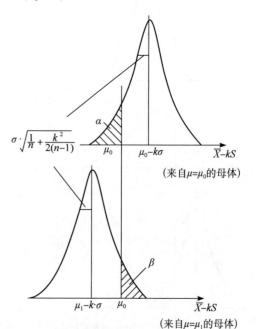

图 13-19 σ 未知，以 μ 衡量批质量时的方案设计（只有 S_L）

当 n 很大，$\dfrac{n-1}{n} \rightarrow 1$ 时，公式可分别写成：

$$U_\alpha = \frac{k \times \sqrt{n}}{\sqrt{1 + \dfrac{k^2}{2}}} \;;\; -U_\beta = \frac{(\mu_0 - \mu_1 + k \times \sigma) \times \sqrt{n}}{\sigma \times \sqrt{1 + \dfrac{k^2}{2}}}$$

由此可以求得 n 和 k 的计算公式分别为：

$$n = \left[\sigma \times \left(\frac{U_\alpha + U_\beta}{\mu_1 - \mu_0}\right)\right]^2 + \frac{U_\alpha^2}{2}$$

$$k = \frac{U_\alpha \times (\mu_1 - \mu_0)}{\sigma \times (U_\alpha + U_\beta)}$$

从上面的公式中可以得出如下结论。

（1）虽然我们所讨论的是 σ 未知情况，而公式中却出现了 σ，在此情况下，我们可以利用

过去的资料给出 σ 的估计值。

（2）同 σ 已知时的样组容量 n 计算公式相比较,公式增加了 $\dfrac{U_\alpha^2}{2}$ 这一项,可见,当 α 减小时, U_α 的绝对值增大,而使 n 值增大。

【例题】　现有一批织物,已知其强力服从正态分布,且根据以往试验结果得知强力标准差 σ 的估计值为 1.5N,同时规定 $\mu_0 = 300\text{N}$, $\mu_1 = 270\text{N}$, $\alpha = 0.05$, $\beta = 0.10$,求满足上述条件的计量一次抽验方案。

解:查正态分布上侧分位数表可知,

$$U_\alpha = U_{0.05} = 1.645, U_\beta = U_{0.10} = 1.282$$

则　　$n = \left[\left(\dfrac{U_\alpha + U_\beta}{\mu_1 - \mu_0}\right) \times \sigma\right]^2 + \dfrac{U_\alpha^2}{2} = \left[\left(\dfrac{1.645 + 1.282}{270 - 300}\right) \times 15\right]^2 + \dfrac{1.645^2}{2} = 3.495$

取 $n = 4$。

而　　$k = \dfrac{U_\alpha \times (\mu_1 - \mu_0)}{\sigma \times (U_\alpha + U_\beta)} = \dfrac{1.645 \times (270 - 300)}{15 \times (1.645 + 1.282)} = -1.124$

因此,该计量一次抽验方案为:从批中抽取 4 个单位产品,测量其强力,并计算样组平均值 $\overline{X}$ 和无偏标准差 S,若 $\overline{X} + 1.124 \times S \geqslant 300$,则接受该检验批,若 $\overline{X} + 1.124 \times S < 300$,则拒收该检验批。

2. 仅给出规格上限 S_u 时　在此情况下,判定准则为:凡 $\overline{X} - k \times S \leqslant \mu_0$,判定合格而予以接受;凡 $\overline{X} - k \times S > \mu_0$ 时,判定不合格而予以拒收。同样可以证明, n 和 k 的计算公式分别为:

$$n = \left[\sigma \times \left(\dfrac{U_\alpha + U_\beta}{\mu_0 - \mu_1}\right)\right]^2 + \dfrac{U_\alpha^2}{2}$$

$$k = \dfrac{U_\alpha \times (\mu_1 - \mu_0)}{\sigma \times (U_\alpha + U_\beta)}$$

第四节　随机抽样技术

在抽样检验中,保证抽样的随机性是十分重要的。所谓随机抽验即总体中的每一个个体,均有同样被抽出的机会,抽样者完全用偶然的方法抽取,而不是事先考虑或选择应抽取哪一个。事实上,合理抽样可以最大限度地减少因抽样而带来的随机误差。

一、简单随机抽样

简单随机抽样即从包含 N 个个体的总体中抽取 n 个个体,使包含有 n 个个体所有可能的组合被抽取的概率相等。例如,设总体共有 10 个个体,并标以 $A, B, C, \cdots, J, N = 10$,如果从中抽取 $n = 5$ 的样本,那么总共可能组成 $C_N^n = C_{10}^5 = 252$ 个样本,简单随机抽样就指这 252 个样本中的任何一个样本都有等概率被抽取。

简单随机抽样可以做到对批中的全部产品完全做到随机化抽取,但是,它只能用在均匀总体的情况下,因为均匀总体的各个部分都是同分布的。例如,一个织布车间共有200台工艺条件相同的织机,这些织机的断头分布都服从同一个参数 λ 的泊松分布,则称这个车间的织机断头的总体是均匀总体。

要获得简单随机样本可采用抽签的方法或借助于随机数表。如果用随机数表,则是在抽取样品前先将交验批的产品逐一编号,编号的次序、方法不受任何限制,然后用铅笔尖在随机数表中任指一点,从所指定号数开始,依次选取与样本容量 n 相等的号码个数。取样时,按选取的号码,对号抽取样品,以此而组成一个简单随机样本。

二、阶段性随机抽样

阶段性随机抽样亦称多段随机抽样、多级抽样,即事先规定若干抽样单位,每一级抽样单位比上一级抽样单位小,每一级样本是从上一级样本抽取的。按此种方法抽样时,先从总体中随机抽取若干个小部分,然后再从随机抽出的每个小部分中进一步随机抽取若干个个体,最后将抽出的个体合在一起组成一个样本。例如,棉纤维强力试样的抽取分两个阶段进行,该抽样的第一阶段是从 N 包棉纤维中随机地取出 n 包,构成初始样本,第二阶段是从抽出的 n 包棉纤维中再各抽取 M 根棉纤维进行试验,这些被测试的棉纤维构成"最终样本"。

三、分层随机抽样

对于非均匀总体,采用分层随机抽样是十分适宜的。分层随机抽样,即从一个可以分成不同子总体(或称为层)的总体中,按规定的比例从不同的层中随机抽取样本。由此可见,分层随机抽样首先把一批同类产品划分成若干部分(分层的方法往往带有主观性),然后再从每个部分中随机抽取若干试样,合起来而组成一个样本。

设有某个有限总体,其中有 N 个个体,若因某种原因而把该总体划分成 k 个部分总体(子总体),第 i 个部分有 N_i 个个体,且有: $N = N_1 + N_2 + \cdots + N_k$,然后从各部分总体中随机抽取 n_i 个个体,而组成一个样本,其容量为: $n = n_1 + n_2 + \cdots + n_k$。

例如,检验批量大小为3200个单位产品,这是由 A、B、C 三条生产线生产的或是由三天生产加工出来的产品。其中: A 生产线或第一天加工的产品为1600个, B 生产线或第二天加工的产品为1280个, C 生产线或第三天加工的产品为320个。现要求抽取150个样品做试验,其分层抽样方法可以是:

从 A 生产线或第一天加工的产品中抽取: $150 \times \dfrac{1600}{3200} = 75$ 个;

从 B 生产线或第二天加工的产品中抽取: $150 \times \dfrac{1280}{3200} = 60$ 个;

从 C 生产线或第三天加工的产品中抽取: $150 \times \dfrac{320}{3200} = 15$ 个。

再如,若要调查和研究某生产厂的织物强力平均水平,应查阅该厂的织物强力历史资料,如果该厂的织物强力试验是在自然大气条件下进行的,那就不能简单地把历年的试验资料合在一起做随机抽样,而必须首先把历年的试验资料按季节分成四个部分总体,然后再从这四个部分总体中随机抽样,合起来成为一个总样本。

四、规律性取样

规律性取样也称周期系统抽样或系统随机抽样,即将一个总体中的 N 个个体进行系统排列(如按生产顺序),并编以 1 至 N 的号码,那么,包含 n 个个体的周期系统抽样即是抽取编号为 $h, h+k, h+2k, \cdots, h+(n-1)k$ 的 n 个个体。其中,n 和 k 应满足:

$$h+(n-1)k \leq N < h+nk$$

的整数,通常,h 是从 1 到 k 的整数中随机抽样的。由此可见,规律性抽样方法就是按一定规律从整批同类产品中抽取样品的抽样方法。例如,有 1000 包原棉待取样,拟取 $n=10$ 包,那么平均每 100 包中应取 1 包作为样本,假定这 1000 包原棉已编号,从 000 号到 999 号,则在 100 号内随机确定一个号码,如设作 025 号,因此在这 1000 包原棉中凡是逢 25 号的号码,该包原棉一律取下作为样本,即取 025 号,125 号,$\cdots$,925 号,共 10 包原棉作为样本。采用规律性取样方法,由于它所抽取的样品在整批产品中的分布是比较均匀性,所以比简单随机抽样更具有代表性,而且操作也比较简单,但这种抽样方法不太适合产品质量缺陷有规律性变化的情况。

思考题

1. 名词解释:全数检验,抽样检验,计数抽验,计量抽验。
2. 以计数抽验方案为例,分析抽验方案操作特性曲线(OC 曲线),说明理想抽验方案的 OC 曲线特点。
3. 说明百分比抽验的不合理性。
4. 说明计数抽验的主要形式及其操作原理。
5. 说明计量抽样方案(σ 已知,以不合格品率 p 衡量批质量)的确定过程。
6. 简述随机抽样的方法、特点。

参考文献

[1] 中国纺织总会标准化研究所. 纺织品基础标准、方法标准汇编[M]. 北京:中国标准出版社,1990.

[2] 中国纺织总会标准化研究所. 纺织品基础标准、方法标准汇编[M]. 北京:中国标准出版社,1996.

[3] 纺织工业标准化研究所. 纺织品基础标准、方法标准汇编[M]. 北京:中国标准出版社,2000.

[4] 纺织工业标准化研究所. 中国纺织标准汇编基础标准与方法标准卷(一)[M]. 2版. 北京:中国标准出版社,2007.

[5] 纺织工业标准化研究所. 中国纺织标准汇编基础标准与方法标准卷(二)[M]. 2版. 北京:中国标准出版社,2007.

[6] 纺织工业标准化研究所. 中国纺织标准汇编基础标准与方法标准卷(三)[M]. 2版. 北京:中国标准出版社,2007.

[7] 纺织工业标准化研究所. 中国纺织标准汇编基础标准与方法标准卷(五)[M]. 2版. 北京:中国标准出版社,2007.

[8] 纺织工业科学技术发展中心. 中国纺织标准汇编棉纺卷棉纺织卷(一)[M]. 2版. 北京:中国标准出版社,2011.

[9] 纺织工业科学技术发展中心. 中国纺织标准汇编棉纺织卷(一)[M]. 2版. 北京:中国标准出版社,2011.

[10] 纺织工业科学技术发展中心. 中国纺织标准汇编棉纺织卷(二)[M]. 2版. 北京:中国标准出版社,2011.

[11] 纺织工业科学技术发展中心. 中国纺织标准汇编麻纺织卷[M]. 2版. 北京:中国标准出版社,2011.

[12] 中国标准出版社第一编辑室. 中国纺织标准汇编(纤维检验卷)棉[M]. 北京:中国标准出版社,2002.

[13] 纺织工业科学技术发展中心. 中国纺织标准汇编化纤卷[M]. 2版. 北京:中国标准出版社,2011.

[14] 姚穆,等. 纺织材料学[M]. 2版. 北京:中国纺织出版社,1990.

[15] 李选刚,李栋高. 服装生产贸易与检验[M]. 南京:江苏科学技术出版社,2005.

[16] 深圳出入境检验检疫局. 国际纺织服装市场遵循的技术法规与标准解析[M]. 北京:中国标准出版社,2005.

[17] 晏雄. 产业用纺织品[M]. 上海:东华大学出版社,2003.

[18] 张建春,等. 织物防水透湿原理与层压织物生产技术[M]. 北京:中国纺织出版社,2004.

[19] 陈荣圻,王建平. 生态纺织品与环保染化料[M]. 北京:中国纺织出版社,2002.

[20] 国家质检总局检验监管司. 国内外纺织服装技术法规[M]. 北京:中国标准出版社,2004.

[21] 章杰. 欧盟REACH法规对我国染料工业的挑战[J]. 中国石油和化工经济分析,2004(21):1-3.

[22] 叶朝付,任荣明. 全面审视"欧盟REACH法案"[J]. 科技进步与对策,2006(5):40-42.

[23] 鹏搏. 近半年纺织品的新"绿色壁垒"[J]. 上海染料,2004(4):7-11.

[24] 宗毅君. 中国、土耳其纺织品服装在欧盟市场竞争力比较研究[J]. 世界经济研究,2006(5):69-74.

[25]陆燕.非关税发展的新趋势[J].世界标准信息,2006(6):88-92.

[26]赵林,姚穆.纤维反光和透光性质的研究[J].西北纺织工学院学报,1986(1):1-10.

[27]人民交通出版社.公路工程机电设施标准汇编[G].北京:人民交通出版社,2005.

[28]李春田.标准化概论[M].4版.北京:中国人民大学出版社,2006.

[29]本书编委会.服装质量检验检测程序与业务操作规范及工作考核标准[M].北京:中国质量科技出版社,2008.

[30]赵书经.纺织材料实验教程[M].北京:中国纺织出版社,2005.

[31]"服装号型"标准课题组.国家标准《服装号型》的说明与应用[M].北京:中国标准出版社,2003.

[32]高彩云.外贸商检实务(财政金融类、经济贸易类专业适用)[M].北京:机械工业出版社,2007.

[33]本书编写组.统计质量控制[M].7版.北京:清华大学出版社,2002.

[34]刘书庆,等.质量管理学[M].北京:机械工业出版社,2004.

[35]潘维栋.数理统计方法[M].上海:上海教育出版社,1981.

[36]郭晓玲.进出口纺织品检验检疫实务[M].北京:中国纺织出版社,2007.

[37]李栋高,蒋惠钧.丝绸材料学[M].北京:中国纺织出版社,1994.

[38]中国纺织工业协会产业部组织编写.生态纺织品标准[M].北京:中国纺织出版社,2003.

附录

纺织工业行业标准和国家标准分类目录

（截止至 2017 年 9 月）

标准号	标准名称

纺织综合

标准号	标准名称
W04	基础标准与通用方法
FZ/T 01004—2008	涂层织物　抗渗水性的测定
FZ/T 01006—2008	涂层织物涂层厚度的测定
FZ/T 01007—2008	涂层织物耐低温性的测定
FZ/T 01008—2008	涂层织物耐热空气老化性的测定
FZ/T 01009—2008	纺织品　织物透光性的测定
FZ/T 01015—1991	纺织纤维和纱线交付货物商业质量的测定　质量的测定和计算
FZ/T 01016—1991	纺织纤维和纱线交付货物商业质量的测定实验室样品的抽取
FZ/T 01017—1991	纺织纤维和纱线交付货物商业质量的测定试样的清洁方法
FZ/T 01020—1992	纺织品　机织物的描述
FZ/T 01026—2009	纺织品　定量化学分析　四组分纤维混合物
FZ/T 01028—2016	纺织品　燃烧性能　水平方向燃烧速率的测定
FZ/T 01030—2016	针织物和弹性机织物　接缝强力和扩张度的测定　顶破法
FZ/T 01031—2016	针织物和弹性机织物　接缝强力及伸长率的测定　抓样法
FZ/T 01032—2012	织物及制品缝纫损伤的试验方法
FZ/T 01033—2012	绒毛织物单位面积质量和含（覆）绒率的试验方法
FZ/T 01034—2008	纺织品　机织物拉伸弹性试验方法
FZ/T 01035—2014	纺织品　标示线密度的通用制（特克斯制）
FZ/T 01036—2014	纺织品　以特克斯（Tex）制的约整值代替传统纱支的综合换算表
FZ/T 01040—2014	纺织品　特克斯（Tex）制捻系数
FZ/T 01041—2014	绒毛织物　绒毛长度和绒毛高度的测定

标　准　号	标　准　名　称
FZ/T 01047—1997	目测评定纺织品色牢度用标准光源条件
FZ/T 01050—1997	纺织品纱线疵点的分级与检验方法　电容式
FZ/T 01057.1—2007	纺织纤维鉴别试验方法　第1部分:通用说明
FZ/T 01057.2—2007	纺织纤维鉴别试验方法　第2部分:燃烧法
FZ/T 01057.3—2007	纺织纤维鉴别试验方法　第3部分:显微镜法
FZ/T 01057.4—2007	纺织纤维鉴别试验方法　第4部分:溶解法
FZ/T 01057.5—2007	纺织纤维鉴别试验方法　第5部分:含氯含氮呈色反应法
FZ/T 01057.6—2007	纺织纤维鉴别试验方法　第6部分:熔点法
FZ/T 01057.7—2007	纺织纤维鉴别试验方法　第7部分:密度梯度法
FZ/T 01057.8—2012	纺织纤维鉴别试验方法　第8部分:红外光谱法
FZ/T 01057.9—2012	纺织纤维鉴别试验方法　第9部分:双折射率法
FZ/T 01059—2014	织物摩擦静电吸附性能试验方法
FZ/T 01063—2008	涂层织物　抗粘连性的测定
FZ/T 01065—2008	涂层及涂料染色和印花织物耐有机溶剂性的测定
FZ/T 01068—2009	评定纺织品白度用白色样卡
FZ/T 01071—2008	纺织品　毛细效应试验方法
FZ/T 01086—2000	纺织品　纱线毛羽测定方法投影计数法
FZ/T 01095—2002	纺织品　氨纶产品纤维含量的试验方法
FZ/T 01096—2006	纺织品耐光色牢度试验方法:碳弧
FZ/T 01097—2006	织物光泽测试方法
FZ/T 01099—2008	纺织颜色体系
FZ/T 01101—2008	纺织品纤维含量的测定物理法
FZ/T 01106—2010	纺织品　定量化学分析　炭改性涤纶纤维与某些其他纤维的混合物
FZ/T 01112—2012	纺织品　定量化学分析　蚕丝与羊毛或/和羊绒的混合物(甲酸/氯化锌法)
FZ/T 01113—2012	织物小变形剪切性能的试验方法
FZ/T 01115—2012	织物表面粗糙性能的试验方法
FZ/T 01116—2012	纺织品　磁性能的检测和评价
FZ/T 01120—2014	纺织品　定量化学分析　聚烯烃弹性纤维与其他纤维的混合物
FZ/T 01121—2014	纺织品　耐磨性能试验　平磨法
FZ/T 01122—2014	纺织品　耐磨性能试验　曲磨法
FZ/T 01123—2014	纺织品　耐磨性能试验　折边磨法

标 准 号	标准名称
FZ/T 01124—2014	纺织品 抗酸碱溶液渗透性能试验方法
FZ/T 01125—2014	纺织品 定量化学分析 壳聚糖纤维与某些其他纤维的混合物(胶体滴定法)
FZ/T 01126—2014	纺织品 定量化学分析 金属纤维与某些其他纤维的混合物
FZ/T 01128—2014	纺织品 耐磨性的测定 双轮磨法
FZ/T 01130—2016	非织造布 吸油性能的检测和评价
FZ/T 01131—2016	纺织品 定量化学分析 天然纤维素纤维与某些再生纤维素纤维的混合物(盐酸法)
FZ/T 01132—2016	纺织品 定量化学分析 维纶纤维与某些其他纤维的混合物
FZ/T 01133—2016	纺织品 禁用偶氮染料快速筛选方法 气相色谱—质谱法
FZ/T 01134—2016	纺织品 定量化学分析 芳砜纶与某些其他纤维的混合物
FZ/T 01135—2016	纺织品 定量化学分析 聚丙烯纤维与某些其他纤维的混合物
FZ/T 01136—2016	纺织品 定量化学分析 碳纤维与某些其他纤维的混合物
FZ/T 01137—2016	纺织品 荧光增白剂的测定
FZ/T 20003—2007	毛纺织品中防虫蛀剂含量化学分析方法
FZ/T 20021—2012	织物经汽蒸后尺寸变化试验方法
FZ/T 60011—2016	复合织物剥离强力试验方法
FZ/T 60014—1993	金属化纺织品及絮片耐久洗涤性能的测定
FZ/T 60041—2014	树脂基三维编织复合材料 拉伸性能试验方法
FZ/T 60042—2014	树脂基三维编织复合材料 弯曲性能试验方法
FZ/T 60043—2014	树脂基三维编织复合材料 压缩性能试验方法
FZ/T 60045—2014	汽车内饰用纺织材料 雾化性能试验方法
FZ/T 75002—2014	涂层织物 光加速老化试验方法 氙弧法
FZ/T 75004—2014	涂层织物 拉伸伸长和永久变形试验方法
GB/T 10629—2009	纺织品 用于化学试验的实验室样品和试样的准备
GB/T 11039.1—2005	纺织品 色牢度试验 耐大气污染物色牢度 第 1 部分：氧化氮
GB/T 11039.2—2005	纺织品 色牢度试验 耐大气污染物色牢度 第 2 部分：燃气烟熏
GB/T 11039.3—2005	纺织品 色牢度试验 耐大气污染物色牢度 第 3 部分：大气臭氧

标　准　号	标准名称
GB/T 11039.4—2014	纺织品　色牢度试验　耐大气污染物色牢度　第4部分：高湿氧化氮
GB/T 11042.1—2005	纺织品　色牢度试验　耐硫化色牢度　第1部分：热空气
GB/T 11042.2—2005	纺织品　色牢度试验　耐硫化色牢度　第2部分：一氯化硫
GB/T 11042.3—2005	纺织品　色牢度试验　耐硫化色牢度　第3部分：直接蒸汽
GB/T 11045.13—2005	纺织品　色牢度试验　其他试验　第13部分：染色毛纺织品耐化学法褶皱、褶裥和定型加工色牢度
GB/T 11045.14—2005	纺织品　色牢度试验　其他试验　第14部分：毛纺织品耐二氯异氰尿酸钠酸性氯化色牢度
GB/T 11047—2008	纺织品　织物勾丝性能评定　钉锤法
GB/T 11048—2008	纺织品　生理舒适性　稳态条件下热阻和湿阻的测定
GB 11951—1989	纺织品　天然纤维　术语
GB/T 12490—2014	纺织品　色牢度试验　耐家庭和商业洗涤色牢度
GB/T 12703.1—2008	纺织品　静电性能的评定　第1部分：静电压半衰期
GB/T 12703.2—2009	纺织品　静电性能的评定　第2部分：电荷面密度
GB/T 12703.3—2009	纺织品　静电性能的评定　第3部分：电荷量
GB/T 12703.4—2010	纺织品　静电性能的评定　第4部分：电阻率
GB/T 12703.5—2010	纺织品　静电性能的评定　第5部分：摩擦带电电压
GB/T 12703.6—2010	纺织品　静电性能的评定　第6部分：纤维泄漏电阻
GB/T 12703.7—2010	纺织品　静电性能的评定　第7部分：动态静电压
GB/T 12704.1—2009	纺织品　织物透湿性试验方法　第1部分：吸湿法
GB/T 12704.2—2009	纺织品　织物透湿性试验方法　第2部分：蒸发法
GB/T 12705.1—2009	纺织品　织物防钻绒性试验方法　第1部分：摩擦法
GB/T 12705.2—2009	纺织品　织物防钻绒性试验方法　第2部分：转箱法
GB/T 13765—1992	纺织品　色牢度试验　亚麻和苎麻标准贴衬织物规格
GB/T 13767—1992	纺织品　耐热性能的测定方法
GB/T 13769—2009	纺织品　评定织物经洗涤后外观平整度的试验方法
GB/T 13770—2009	纺织品　评定织物经洗涤后褶裥外观的试验方法
GB/T 13771—2009	纺织品　评定织物经洗涤后接缝外观平整度的试验方法
GB/T 13772.1—2008	纺织品　机织物接缝处纱线抗滑移的测定　第1部分：定滑移量法
GB/T 13772.2—2008	纺织品　机织物接缝处纱线抗滑移的测定　第2部分：定负荷法

标 准 号	标 准 名 称
GB/T 13772.3—2008	纺织品　机织物接缝处纱线抗滑移的测定　第3部分:针夹法
GB/T 13772.4—2008	纺织品　机织物接缝处纱线抗滑移的测定　第4部分:摩擦法
GB/T 13773.1—2008	纺织品　织物及其制品的接缝拉伸性能　第1部分:条样法接缝强力的测定
GB/T 13773.2—2008	纺织品　织物及其制品的接缝拉伸性能　第2部分:抓样法接缝强力的测定
GB/T 13774—1992	纺织品　机织物组织代码及示例
GB/T 13782—1992	纺织纤维长度分布参数试验方法　电容法
GB/T 13783—1992	棉纤维断裂比强度的测定　平束法
GB/T 14575—2009	纺织品　色牢度试验　综合色牢度
GB/T 14576—2009	纺织品　色牢度试验　耐光、汗复合色牢度
GB/T 14577—1993	织物拒水性测定　邦迪斯门淋雨法
GB/T 14644—2014	纺织品　燃烧性能　45°方向燃烧速率的测定
GB/T 14645—2014	纺织品　燃烧性能　45°方向损毁面积和接焰次数的测定
GB/T 14799—2005	土工布及其有关产品　有效孔径的测定　干筛法
GB/T 14801—2009	机织物与针织物纬斜和弓纬试验方法
GB/T 15788—2005	土工布及其有关产品　宽条拉伸试验
GB/T 15789—2016	土工布及其有关产品　无负荷时垂直渗透特性的测定
GB/T 16256—2008	纺织纤维　线密度试验方法　振动仪法
GB/T 16988—2013	特种动物纤维与绵羊毛混合物含量的测定
GB/T 16990—1997	纺织品　色牢度试验　颜色1/1标准深度的仪器测定
GB/T 16991—2008	纺织品　色牢度试验　高温耐人造光色牢度及抗老化性能　氙弧
GB/T 17031.1—1997	纺织品　织物在低压下的干热效应　第1部分:织物的干热处理程序
GB/T 17031.2—1997	纺织品　织物在低压下的干热效应　第2部分:受干热的织物尺寸变化的测定
GB/T 17592—2011	纺织品　禁用偶氮染料的测定
GB/T 17593.1—2006	纺织品　重金属的测定　第1部分:原子吸收分光光度法
GB/T 17593.2—2007	纺织品重金属的测定　第2部分:电感耦合等离子体原子发射光谱法
GB/T 17593.3—2006	纺织品　重金属的测定　第3部分:六价铬分光光度法

标 准 号	标 准 名 称
GB/T 17593.4—2006	纺织品　重金属的测定　第4部分:砷、汞原子荧光分光光度法
GB/T 17595—1998	纺织品　织物燃烧试验前的家庭洗涤程序
GB/T 17596—1998	纺织品　织物燃烧试验前的商业洗涤程序
GB/T 17599—1998	防护服用织物　防热性能　抗熔融金属滴冲击性能的测定
GB/T 17644—2008	纺织纤维白度色度试验方法
GB/T 18318.1—2009	纺织品　弯曲性能的测定　第1部分:斜面法
GB/T 18318.2—2009	纺织品　弯曲性能的测定　第2部分:心形法
GB/T 18318.3—2009	纺织品　弯曲性能的测定　第3部分:格莱法
GB/T 18318.4—2009	纺织品　弯曲性能的测定　第4部分:悬臂法
GB/T 18318.5—2009	纺织品　弯曲性能的测定　第5部分:纯弯曲法
GB/T 18319—2001	纺织品　红外蓄热保暖性的试验方法
GB/T 18412.1—2006	纺织品　农药残留量的测定　第1部分:77种农药
GB/T 18412.2—2006	纺织品　农药残留量的测定　第2部分:有机氯农药
GB/T 18412.3—2006	纺织品　农药残留量的测定　第3部分:有机磷农药
GB/T 18412.4—2006	纺织品　农药残留量的测定　第4部分:拟除虫菊酯农药
GB/T 18412.5—2008	纺织品　农药残留量的测定　第5部分:有机氮农药
GB/T 18412.6—2006	纺织品　农药残留量的测定　第6部分:苯氧羧酸类农药
GB/T 18412.7—2006	纺织品　农药残留量的测定　第7部分:毒杀芬
GB/T 18413—2001	纺织品　2-萘酚残留量的测定
GB/T 18414.1—2006	纺织品　含氯苯酚的测定　第1部分:气相色谱—质谱法
GB/T 18414.2—2006	纺织品　含氯苯酚的测定　第2部分:气相色谱法
GB/T 18631—2002	纺织纤维分级室的北空昼光采光
GB/T 18886—2002	纺织品　色牢度试验　耐唾液色牢度
GB/T 19723—2005	纺织纤维货批商业质量的测定
GB/T 19817—2005	纺织品　装饰用织物
GB/T 19976—2005	纺织品　顶破强力的测定　钢球法
GB/T 19977—2014	纺织品　拒油性　抗碳氢化合物试验
GB/T 19978—2005	土工布及其有关产品　刺破强力的测定
GB/T 19980—2005	纺织品　服装及其他纺织最终产品经家庭洗涤和干燥后外观的评价方法
GB/T 19981.3—2009	纺织品　织物和服装的专业维护、干洗和湿洗　第3部分:使用烃类溶剂干洗和整烫时性能试验的程序
GB/T 19981.4—2009	纺织品　织物和服装的专业维护、干洗和湿洗　第4部分:使用模拟湿清洗和整烫时性能试验的程序

标 准 号	标 准 名 称
GB/T 20382—2006	纺织品 致癌染料的测定
GB/T 20383—2006	纺织品 致敏性分散染料的测定
GB/T 20384—2006	纺织品 氯化苯和氯化甲苯残留量的测定
GB/T 20385—2006	纺织品 有机锡化合物的测定
GB/T 20386—2006	纺织品 邻苯基苯酚的测定
GB/T 20387—2006	纺织品 多氯联苯的测定
GB/T 20388—2016	纺织品 邻苯二甲酸酯的测定 四氢呋喃法
GB/T 20389—2006	腈纶纤维中丙烯腈残留量的测定
GB/T 20390.1—2006	纺织品 床上用品燃烧性能 第 1 部分:香烟为点火源的可点燃性试验方法
GB/T 20390.2—2006	纺织品 床上用品燃烧性能 第 2 部分:小火焰为点火源的可点燃性试验方法
GB/T 20392—2006	HVI 棉纤维物理性能试验方法
GB/T 20944.1—2007	纺织品 抗菌性能的评价 第 1 部分:琼脂平皿扩散法
GB/T 20944.2—2007	纺织品 抗菌性能的评价 第 2 部分:吸收法
GB/T 20944.3—2008	纺织品抗菌性能的评价 第 3 部分:振荡法
GB/T 21196.1—2007	纺织品马丁代尔法织物耐磨性的测定第 1 部分:马丁代尔耐磨试验仪
GB/T 21196.2—2007	纺织品马丁代尔法织物耐磨性的测定第 2 部分:试样破损的测定
GB/T 21196.3—2007	纺织品马丁代尔法织物耐磨性的测定第 3 部分:质量损失的测定
GB/T 21196.4—2007	纺织品马丁代尔法织物耐磨性的测定第 4 部分:外观变化的评定
GB/T 21293—2007	纤维长度及其分布参数的测定方法 阿尔米特法
GB/T 21655.1—2008	纺织品吸湿速干性的评定 第 1 部分:单项组合试验法
GB/T 21655.2—2009	纺织品 吸湿速干性的评定 第 2 部分:动态水分传递法
GB/T 22100—2008	异形纤维形态试验方法 定量法
GB/T 22282—2008	纺织纤维中有毒有害物质的限量
GB/T 23155—2008	进出口儿童服装绳带安全要求及测试方法
GB/T 23318—2009	纺织品 刺破强力的测定
GB/T 23319.1—2009	纺织品 洗涤后扭斜的测定 第 1 部分:针织服装纵行扭斜的变化
GB/T 23319.2—2009	纺织品 洗涤后扭斜的测定 第 2 部分:机织物和针织物

标　准　号	标 准 名 称
GB/T 23319.3—2010	纺织品　洗涤后扭斜的测定　第 3 部分:机织服装和针织服装
GB/T 23320—2009	纺织品　抗吸水性的测定　翻转吸收法
GB/T 23321—2009	纺织品　防水性　水平喷射淋雨试验
GB/T 23322—2009	纺织品　表面活性剂的测定　烷基酚聚氧乙烯醚
GB/T 23323—2009	纺织品　表面活性剂的测定　乙二胺四乙酸盐和二乙烯三胺五乙酸盐
GB/T 23324—2009	纺织品　表面活性剂的测定　二硬脂基二甲基氯化铵
GB/T 23325—2009	纺织品　表面活性剂的测定　线性烷基苯磺酸盐
GB/T 23329—2009	纺织品　织物悬垂性的测定
GB/T 23343—2009	纺织品　色牢度试验　耐家庭和商业洗涤色牢度　使用含有低温漂白活性剂的无磷标准洗涤剂的氧化漂白反应
GB/T 23344—2009	纺织品　4-氨基偶氮苯的测定
GB/T 23345—2009	纺织品　分散黄 23 和分散橙 149 染料的测定
GB/T 24115—2009	纺织品　干洗后四氯乙烯残留量的测定
GB/T 24117—2009	针织物　疵点的描述　术语
GB/T 24118—2009	纺织品　线迹型式　分类和术语
GB/T 24120—2009	纺织品　抗乙醇水溶液性能的测定
GB/T 24121—2009	纺织制品　断针类残留物的检测方法
GB/T 24218.1—2009	纺织品　非织造布试验方法　第 1 部分:单位面积质量的测定
GB/T 24218.101—2010	纺织品　非织造布试验方法　第 101 部分:抗生理盐水性能的测定(梅森瓶法)
GB/T 24218.11—2012	纺织品　非织造布试验方法　第 11 部分:溢流量的测定
GB/T 24218.12—2012	纺织品　非织造布试验方法　第 12 部分:受压吸收性的测定
GB/T 24218.13—2010	纺织品　非织造布试验方法　第 13 部分:液体多次穿透时间的测定
GB/T 24218.14—2010	纺织品　非织造布试验方法　第 14 部分:包覆材料返湿量的测定
GB/T 24218.2—2009	纺织品　非织造布试验方法　第 2 部分:厚度的测定
GB/T 24218.3—2010	纺织品　非织造布试验方法　第 3 部分:断裂强力和断裂伸长率的测定(条样法)
GB/T 24218.5—2016	纺织品　非织造布试验方法　第 5 部分:耐机械穿透性的测定(钢球顶破法)

标 准 号	标 准 名 称
GB/T 24218.6—2010	纺织品　非织造布试验方法　第6部分:吸收性的测定
GB/T 24218.8—2010	纺织品　非织造布试验方法　第8部分:液体穿透时间的测定(模拟尿液)
GB/T 24249—2009	防静电洁净织物
GB/T 24250—2009	机织物　疵点的描述　术语
GB/T 24251—2009	针织　基本概念　术语
GB/T 24253—2009	纺织品　防螨性能的评价
GB/T 24254—2009	纺织品和服装　冷环境下需求热阻的确定
GB/T 24279—2009	纺织品　禁/限用阻燃剂的测定
GB/T 24280—2009	纺织品　维护标签上维护符号选择指南
GB/T 24281—2009	纺织品　有机挥发物的测定　气相色谱—质谱法
GB/T 24346—2009	纺织品　防霉性能的评价
GB/T 24442.1—2009	纺织品　压缩性能的测定　第1部分:恒定法
GB/T 24442.2—2009	纺织品　压缩性能的测定　第2部分:等速法
GB/T 24443—2009	毛条、洗净毛疵点及重量试验方法
GB/T 250—2008	纺织品　色牢度试验　评定变色用灰色样卡
GB/T 251—2008	纺织品　色牢度试验　评定沾色用灰色样卡
GB/T 2543.1—2015	纺织品　纱线捻度的测定　第1部分:直接计数法
GB/T 2543.2—2001	纺织品　纱线捻度的测定　第2部分:退捻加捻法
GB/T 25885—2010	羊毛纤维平均直径及其分布试验方法　激光扫描仪法
GB/T 27629—2011	毛绒束纤维断裂强度试验方法
GB/T 28189—2011	纺织品　多环芳烃的测定
GB/T 28190—2011	纺织品　富马酸二甲酯的测定
GB/T 2910.1—2009	纺织品　定量化学分析　第1部分:试验通则
GB/T 2910.10—2009	纺织品　定量化学分析　第10部分:三醋酯纤维或聚乳酸纤维与某些其他纤维的混合物(二氯甲烷法)
GB/T 2910.101—2009	纺织品　定量化学分析　第101部分:大豆蛋白复合纤维与某些其他纤维的混合物
GB/T 2910.11—2009	纺织品　定量化学分析　第11部分:纤维素纤维与聚酯纤维的混合物(硫酸法)
GB/T 2910.12—2009	纺织品　定量化学分析　第12部分:聚丙烯腈纤维、某些改性聚丙烯腈纤维、某些含氯纤维或某些弹性纤维与某些其他纤维的混合物(二甲基甲酰胺法)
GB/T 2910.13—2009	纺织品　定量化学分析　第13部分:某些含氯纤维与某些其他纤维的混合物(二硫化碳/丙酮法)

标　准　号	标　准　名　称
GB/T 2910.14—2009	纺织品　定量化学分析　第 14 部分:醋酯纤维与某些含氯纤维的混合物(冰乙酸法)
GB/T 2910.15—2009	纺织品　定量化学分析　第 15 部分:黄麻与某些动物纤维的混合物(含氮量法)
GB/T 2910.16—2009	纺织品　定量化学分析　第 16 部分:聚丙烯纤维与某些其他纤维的混合物(二甲苯法)
GB/T 2910.17—2009	纺织品　定量化学分析　第 17 部分:含氯纤维(氯乙烯均聚物)与某些其他纤维的混合物(硫酸法)
GB/T 2910.18—2009	纺织品　定量化学分析　第 18 部分:蚕丝与羊毛或其他动物毛纤维的混合物(硫酸法)
GB/T 2910.19—2009	纺织品　定量化学分析　第 19 部分:纤维素纤维与石棉的混合物(加热法)
GB/T 2910.2—2009	纺织品　定量化学分析　第 2 部分:三组分纤维混合物
GB/T 2910.20—2009	纺织品　定量化学分析　第 20 部分:聚氨酯弹性纤维与某些其他纤维的混合物(二甲基乙酰胺法)
GB/T 2910.21—2009	纺织品　定量化学分析　第 21 部分:含氯纤维、某些改性聚丙烯腈纤维、某些弹性纤维、醋酯纤维、三醋酯纤维与某些其他纤维的混合物(环己酮法)
GB/T 2910.22—2009	纺织品　定量化学分析　第 22 部分:黏胶纤维、某些铜氨纤维、莫代尔纤维或莱赛尔纤维与亚麻、苎麻的混合物(甲酸/氯化锌法)
GB/T 2910.23—2009	纺织品　定量化学分析　第 23 部分:聚乙烯纤维与聚丙烯纤维的混合物(环己酮法)
GB/T 2910.24—2009	纺织品　定量化学分析　第 24 部分:聚酯纤维与某些其他纤维的混合物(苯酚/四氯乙烷法)
GB/T 2910.3—2009	纺织品　定量化学分析　第 3 部分:醋酯纤维与某些其他纤维的混合物(丙酮法)
GB/T 2910.4—2009	纺织品　定量化学分析　第 4 部分:某些蛋白质纤维与某些其他纤维的混合物(次氯酸盐法)
GB/T 2910.5—2009	纺织品　定量化学分析　第 5 部分:黏胶纤维、铜氨纤维或莫代尔纤维与棉的混合物(锌酸钠法)
GB/T 2910.6—2009	纺织品　定量化学分析　第 6 部分:黏胶纤维、某些铜氨纤维、莫代尔纤维或莱赛尔纤维与棉的混合物(甲酸/氯化锌法)

标 准 号	标准名称
GB/T 2910.7—2009	纺织品 定量化学分析 第7部分:聚酰胺纤维与某些其他纤维混合物(甲酸法)
GB/T 2910.8—2009	纺织品 定量化学分析 第8部分:醋酯纤维与三醋酯纤维混合物(丙酮法)
GB/T 2910.9—2009	纺织品 定量化学分析 第9部分:醋酯纤维与三醋酯纤维混合物(苯甲醇法)
GB/T 2912.1—2009	纺织品 甲醛的测定 第1部分:游离和水解
GB/T 2912.2—2009	纺织品 甲醛的测定 第2部分:释放的甲醛(蒸汽吸收法)
GB/T 2912.3—2009	纺织品 甲醛的测定 第3部分:高效液相色谱法
GB/T 29255—2012	纺织品 色牢度试验 使用含有低温漂白活性剂无磷标准洗涤剂的耐家庭和商业洗涤色牢度
GB/T 29256.1—2012	纺织品 机织物结构分析方法 第1部分:织物组织图与穿综、穿筘及提综图的表示方法
GB/T 29256.3—2012	纺织品 机织物结构分析方法 第3部分:织物中纱线织缩的测定
GB/T 29256.4—2012	纺织品 机织物结构分析方法 第4部分:织物中拆下纱线捻度的测定
GB/T 29256.5—2012	纺织品 机织物结构分析方法 第5部分:织物中拆下纱线线密度的测定
GB/T 29256.6—2012	纺织品 机织物结构分析方法 第6部分:织物单位面积经纬纱线质量的测定
GB/T 29257—2012	纺织品 织物褶皱回复性的评定 外观法
GB/T 29776—2013	纺织品 防虫蛀性能的测定
GB/T 29778—2013	纺织品 色牢度试验 潜在酚黄变的评估
GB/T 29862—2013	纺织品 纤维含量的标识
GB/T 29864—2013	纺织品 防花粉性能试验方法 气流法
GB/T 29865—2013	纺织品 色牢度试验 耐摩擦色牢度 小面积法
GB/T 29866—2013	纺织品 吸湿发热性能试验方法
GB/T 29867—2013	纺织品 针织物 结构表示方法
GB/T 30126—2013	纺织品 防蚊性能的检测和评价
GB/T 30127—2013	纺织品 远红外性能的检测和评价
GB/T 30128—2013	纺织品 负离子发生量的检测和评价
GB/T 30666—2014	纺织品 涂层鉴别试验方法

标 准 号	标 准 名 称
GB/T 30669—2014	纺织品　色牢度试验　耐光黄变色牢度
GB/T 31126—2014	纺织品　全氟辛烷磺酰基化合物和全氟羧酸的测定
GB/T 31127—2014	纺织品　色牢度试验　拼接互染色牢度
GB/T 31702—2015	纺织制品附件锐利性试验方法
GB/T 31906—2015	纺织品　拒水溶液性　抗水醇溶液试验
GB/T 32008—2015	纺织品　色牢度试验　耐储存色牢度
GB/Z 32009—2015	纺织新材料　力学性能数据表
GB/T 32011—2015	汽车内饰用纺织材料　接缝疲劳试验方法
GB/Z 32012—2015	纺织新材料　化学性能数据表
GB/Z 32013—2015	纺织新材料　热学性能数据表
GB/T 32718—2016	棉花　噻苯隆残留量测定方法
GB/T 3291.1—1997	纺织　纺织材料性能和试验术语　第1部分:纤维和纱线
GB/T 3291.2—1997	纺织　纺织材料性能和试验术语　第2部分:织物
GB/T 3291.3—1997	纺织　纺织材料性能和试验术语　第3部分:通用
GB/T 3292.1—2008	纺织品　纱线条干不匀试验方法　第1部分:电容法
GB/T 3292.2—2009	纺织品　纱线条干不匀试验方法　第2部分:光电法
GB/T 33269—2016	纺织品　聚酯纤维混合物定量分析　核磁共振法
GB/T 33273—2016	纺织品　三氯生残留量的测定
GB/T 33278—2016	粘扣带　分类和术语
GB/T 33283—2016	纺织品　色牢度试验　耐工业洗涤色牢度
GB/T 3819—1997	纺织品　织物折痕回复性的测定　回复角法
GB/T 3820—1997	纺织品和纺织制品厚度的测定
GB/T 3916—2013	纺织品　卷装纱　单根纱线断裂强力和断裂伸长率的测定（CRE法）
GB/T 3917.1—2009	纺织品　织物撕破性能　第1部分:冲击摆锤法撕破强力的测定
GB/T 3917.2—2009	纺织品　织物撕破性能　第2部分:裤形试样（单缝）撕破强力的测定
GB/T 3917.3—2009	纺织品　织物撕破性能　第3部分:梯形试样撕破强力的测定
GB/T 3917.4—2009	纺织品　织物撕破性能　第4部分:舌形试样（双缝）撕破强力的测定
GB/T 3917.5—2009	纺织品　织物撕破性能　第5部分:翼形试样（单缝）撕破强力的测定

标 准 号	标准名称
GB/T 3920—2008	纺织品　色牢度试验　耐摩擦色牢度
GB/T 3921—2008	纺织品色牢度试验耐皂洗色牢度
GB/T 3922—2013	纺织品　色牢度试验　耐汗渍色牢度
GB/T 3923.1—2013	纺织品　织物拉伸性能　第1部分:断裂强力和断裂伸长率的测定(条样法)
GB/T 3923.2—2013	纺织品　织物拉伸性能　第2部分:断裂强力的测定(抓样法)
GB/T 4146.1—2009	纺织品　化学纤维　第1部分:属名
GB/T 420—2009	纺织品　色牢度试验　颜料印染纺织品耐刷洗色牢度
GB/T 4666—2009	纺织品　织物长度和幅宽的测定
GB/T 4668—1995	机织物密度的测定
GB/T 4669—2008	纺织品　机织物　单位长度质量和单位面积质量的测定
GB/T 4743—2009	纺织品　卷装纱　绞纱法线密度的测定
GB/T 4744—2013	纺织品　防水性能的检测和评价　静水压法
GB/T 4745—2012	纺织品　防水性能的检测和评价　沾水法
GB/T 4802.1—2008	纺织品　织物起毛起球性能的测定　第1部分:圆轨迹法
GB/T 4802.2—2008	纺织品　织物起毛起球性能的测定　第2部分:改型马丁代尔法
GB/T 4802.3—2008	纺织品　织物起毛起球性能的测定　第3部分:起球箱法
GB/T 4802.4—2009	纺织品　织物起毛起球性能的测定　第4部分:随机翻滚法
GB/T 5453—1997	纺织品　织物透气性的测定
GB/T 5454—1997	纺织品　燃烧性能试验　氧指数法
GB/T 5455—2014	纺织品　燃烧性能　垂直方向损毁长度、阴燃和续燃时间的测定
GB/T 5456—2009	纺织品　燃烧性能　垂直方向试样火焰蔓延性能的测定
GB 5706—1985	纺织名词术语(毛部分)
GB/T 5708—2001	纺织品　针织物　术语
GB/T 5709—1997	纺织品　非织造布　术语
GB/T 5712—1997	纺织品　色牢度试验　耐有机溶剂摩擦色牢度
GB/T 5713—2013	纺织品　色牢度试验　耐水色牢度
GB/T 5714—1997	纺织品　色牢度试验　耐海水色牢度
GB/T 5715—2013	纺织品　色牢度试验　耐酸斑色牢度
GB/T 5716—2013	纺织品　色牢度试验　耐碱斑色牢度

标 准 号	标 准 名 称
GB/T 5717—2013	纺织品 色牢度试验 耐水斑色牢度
GB/T 5718—1997	纺织品 色牢度试验 耐干热(热压除外)色牢度
GB/T 6102.1—2006	原棉回潮率试验方法 烘箱法
GB/T 6151—2016	纺织品 色牢度试验 试验通则
GB/T 6152—1997	纺织品 色牢度试验 耐热压色牢度
GB/T 6529—2008	纺织品 调湿和试验用标准大气
GB/T 7065—1997	纺织品 色牢度试验 耐热水色牢度
GB/T 7066—2015	纺织品 色牢度试验 耐沸煮色牢度
GB/T 7067—1997	纺织品 色牢度试验 耐加压汽蒸色牢度
GB/T 7068—1997	纺织品 色牢度试验 耐汽蒸色牢度
GB/T 7069—1997	纺织品 色牢度试验 耐次氯酸盐漂白色牢度
GB/T 7070—1997	纺织品 色牢度试验 耐过氧化物漂白色牢度
GB/T 7071—1997	纺织品 色牢度试验 耐亚氯酸钠轻漂色牢度
GB/T 7072—1997	纺织品 色牢度试验 耐亚氯酸钠重漂色牢度
GB/T 7073—1997	纺织品 色牢度试验 耐丝光色牢度
GB/T 7074—1997	纺织品 色牢度试验 耐有机溶剂色牢度
GB/T 7075—1997	纺织品 色牢度试验 耐碱煮色牢度
GB/T 7076—1997	纺织品 色牢度试验 耐交染色牢度:羊毛
GB/T 7077—1997	纺织品 色牢度试验 耐脱胶色牢度
GB/T 7078—1997	纺织品 色牢度试验 耐甲醛色牢度
GB/T 730—2008	纺织品 色牢度试验 蓝色羊毛标样(1~7)级的品质控制
GB/T 7568.1—2002	纺织品 色牢度试验 毛标准贴衬织物规格
GB/T 7568.2—2008	纺织品 色牢度试验 标准贴衬织物 第2部分:棉和黏胶纤维
GB/T 7568.3—2008	纺织品 色牢度试验 标准贴衬织物 第3部分:聚酰胺纤维
GB/T 7568.4—2002	纺织品 色牢度试验 聚酯标准贴衬织物规格
GB/T 7568.5—2002	纺织品 色牢度试验 聚丙烯腈标准贴衬织物规格
GB/T 7568.6—2002	纺织品 色牢度试验 丝标准贴衬织物规格
GB/T 7568.7—2008	纺织品 色牢度试验 标准贴衬织物 第7部分:多纤维
GB/T 7568.8—2014	纺织品 色牢度试验 标准贴衬织物 第8部分:二醋酯纤维
GB/T 7569—2008	羊毛 含碱量的测定
GB/T 7570—2008	羊毛 含酸量的测定

标 准 号	标 准 名 称
GB/T 7571—2008	羊毛 在碱中溶解度的测定
GB/T 7573—2009	纺织品 水萃取液 pH 的测定
GB/T 7742.1—2005	纺织品 织物胀破性能 第 1 部分:胀破强力和胀破扩张度的测定 液压法
GB/T 7742.2—2015	纺织品 织物胀破性能 第 2 部分:胀破强力和胀破扩张度的测定 气压法
GB/T 8424.1—2001	纺织品 色牢度试验 表面颜色的测定通则
GB/T 8424.2—2001	纺织品 色牢度试验 相对白度的仪器评定方法
GB/T 8424.3—2001	纺织品 色牢度试验 色差计算
GB/T 8426—1998	纺织品 色牢度试验 耐光色牢度:日光
GB/T 8427—2008	纺织品 色牢度试验 耐人造光色牢度:氙弧
GB/T 8429—1998	纺织品 色牢度试验 耐气候色牢度:室外曝晒
GB/T 8430—1998	纺织品 色牢度试验 耐人造气候色牢度:氙弧
GB/T 8431—1998	纺织品 色牢度试验 光致变色的检验和评定
GB/T 8432—1987	耐光色牢度试验仪用湿度控制标样
GB/T 8433—2013	纺织品 色牢度试验 耐氯化水色牢度(游泳池水)
GB/T 8434—2013	纺织品 色牢度试验 耐缩呢色牢度:碱性缩呢
GB/T 8435—1998	纺织品 色牢度试验 耐酸性毡合色牢度:剧烈的
GB/T 8436—1998	纺织品 色牢度试验 耐酸性毡合色牢度:温和的
GB/T 8437—1998	纺织品 色牢度试验 耐硫熏色牢度
GB/T 8438—1998	纺织品 色牢度试验 耐褶裥色牢度:蒸汽褶裥
GB/T 8439—1998	纺织品 色牢度试验 耐炭化色牢度:氯化铝
GB/T 8440—1998	纺织品 色牢度试验 耐炭化色牢度:硫酸
GB/T 8443—1998	纺织品耐染浴中金属铬盐色牢度试验方法
GB/T 8444—1998	纺织品耐染浴中铁和铜金属色牢度试验方法
GB/T 8628—2013	纺织品 测定尺寸变化的试验中织物试样和服装的准备、标记及测量
GB/T 8629—2001	纺织品 试验用家庭洗涤和干燥程序
GB/T 8630—2013	纺织品 洗涤和干燥后尺寸变化的测定
GB/T 8631—2001	纺织品 织物因冷水浸渍而引起的尺寸变化的测定
GB/T 8632—2001	纺织品 机织物 近沸点商业洗烫后尺寸变化的测定
GB/T 8683—2009	纺织品 机织物 一般术语和基本组织的定义
GB/T 8685—2008	纺织品 维护标签规范 符号法
GB/T 8693—2008	纺织品 纱线的标示

标　准　号	标　准　名　称
GB/T 8695—1988	纺织纤维和纱线的形态词汇
GB/T 8745—2001	纺织品　燃烧性能　织物表面燃烧时间的测定
GB/T 8746—2009	纺织品　燃烧性能　垂直方向试样易点燃性的测定
GB/T 9994—2008	纺织材料公定回潮率
GB/T 9995—1997	纺织材料含水率和回潮率的测定　烘箱干燥法

W09 卫生、安全

GB 18401—2010	国家纺织产品基本安全技术规范
GB/T 18885—2009	生态纺织品技术要求
GB/T 27754—2011	家用纺织品　毛巾中水萃取物限定
GB 31701—2015	婴幼儿及儿童纺织产品安全技术规范
GB/T 32479—2016	再加工纤维基本安全技术要求
GB/T 32614—2016	户外运动服装　冲锋衣

棉纺织

W10 棉纺织综合

FZ/T 01012—1991	棉花品种纺纱试验方法及对棉纤维品质和成纱品质的评价
FZ/T 01076—2010	热熔粘合衬尺寸变化组合试样制作方法
FZ/T 01077—2009	织物氯损强力试验方法
FZ/T 01078—2009	织物吸氯泛黄试验方法
FZ/T 01079—2009	织物烫焦试验方法
FZ/T 01080—2009	树脂整理织物交联程度试验方法　染色法
FZ/T 01081—2009	热熔粘合衬热熔胶涂布量和涂布均匀性试验方法
FZ/T 01082—2009	热熔粘合衬干热尺寸变化试验方法
FZ/T 01083—2009	热熔粘合衬干洗后的外观及尺寸变化试验方法
FZ/T 01084—2009	热熔粘合衬水洗后的外观及尺寸变化试验方法
FZ/T 01085—2009	热熔粘合衬剥离强力试验方法
FZ/T 01110—2011	粘合衬粘合压烫后的渗胶试验方法
FZ/T 01111—2011	粘合衬酵素洗后的外观及尺寸变化试验方法
FZ/T 01138—2016	本色坯布生产折标准品用电单耗的计算方法
FZ/T 07001—2013	棉纺织行业综合能耗计算导则
FZ/T 10001—2016	转杯纺纱捻度的测定　退捻加捻法
FZ/T 10003—2011	帆布织物试验方法
FZ/T 10004—2008	棉及化纤纯纺、混纺本色布检验规则

标 准 号	标 准 名 称
FZ/T 10006—2008	棉及化纤纯纺、混纺本色布棉结杂质疵点格率检验
FZ/T 10007—2008	棉及化纤纯纺、混纺本色纱线检验规则
FZ/T 10013.1—2011	温度与回潮率对棉及化纤纯纺、混纺制品断裂强力的修正方法 本色纱线及染色加工线断裂强力的修正方法
FZ/T 10013.2—2011	温度与回潮率对棉及化纤纯纺、混纺制品断裂强力的修正方法 本色布断裂强力的修正方法
FZ/T 10014—2011	纺织上浆用聚丙烯酸类浆料试验方法 pH 测定
FZ/T 10015—2011	纺织上浆用聚丙烯酸类浆料试验方法 玻璃化温度测定—差示扫描量热法(DSC)
FZ/T 10016—2011	纺织上浆用聚丙烯酸类浆料试验方法 不挥发物含量测定
FZ/T 10017—2011	纺织上浆用聚丙烯酸类浆料试验方法 残留单体含量测定
FZ/T 10018—2011	纺织上浆用聚丙烯酸类浆料试验方法 浆膜碱溶性测定
FZ/T 10019—2011	纺织上浆用聚丙烯酸类浆料试验方法 浆膜吸水率测定
FZ/T 10020—2011	纺织上浆用聚丙烯酸类浆料试验方法 粘度测定
FZ/T 10021—2013	色纺纱线检验规则
FZ/T 10022—2013	纺织上浆用浆料的化学需氧量/五日生化需氧量的检测试验方法
FZ/T 15001—2008	纺织常用变性淀粉浆料
FZ/T 60031—2011	服装用衬经蒸汽熨烫后尺寸变化试验方法
FZ/T 60034—2012	粘合衬掉粉试验方法
FZ/T 60035—2012	粘合衬成衣染色后的外观及尺寸变化试验方法
FZ/T 60040—2014	水溶性粘合衬水洗后分离性能试验方法
GB/T 13776—1992	用校准棉样校准棉纤维试验结果
GB/T 13777—2006	棉纤维成熟度试验方法 显微镜法
GB/T 13779—2008	棉纤维 长度试验方法 梳片法
GB/T 13780—1992	棉纤维长度试验方法 自动光电长度仪法
GB/T 13781—1992	棉纤维长度(跨距长度)和长度整齐度的测定
GB/T 13784—2008	棉花颜色试验方法 测色仪法
GB/T 13786—1992	棉花分级室的模拟昼光照明
GB/T 16258—2008	棉纤维 含糖试验方法 定量法
GB/T 17686—2008	棉纤维 线密度试验方法 排列法
GB/T 17759—2009	本色布布面疵点检验方法
GB/T 21977—2008	骆驼绒
GB/T 28465—2012	服装衬布检验规则

标 准 号	标 准 名 称
GB/T 31903—2015	服装衬布产品命名规则、标志和包装
GB/T 6097—2012	棉纤维试验取样方法
GB/T 6098.2—1985	棉纤维长度试验方法　光电长度仪法
GB/T 6099—2008	棉纤维成熟系数试验方法
GB/T 6103—2006	原棉疵点试验方法　手工法
GB/T 6498—2008	棉纤维马克隆值试验方法
GB/T 9996.1—2008	棉及化纤纯纺、混纺纱线外观质量黑板检验方法　第 1 部分:综合评定法
GB/T 9996.2—2008	棉及化纤纯纺、混纺纱线外观质量黑板检验方法　第 2 部分:分别评定法

W11 棉半制品

FZ/T 64003—2011	喷胶棉絮片
FZ/T 64005—2011	卫生用薄型非织造布

W12 棉纱线

FZ/T 12001—2015	转杯纺棉本色纱
FZ/T 12002—2006	精梳棉本色缝纫专用纱线
FZ/T 12003—2014	黏胶纤维本色纱线
FZ/T 12004—2015	涤纶与黏胶纤维混纺本色纱线
FZ/T 12005—2011	普梳涤与棉混纺本色纱线
FZ/T 12006—2011	精梳棉涤混纺本色纱线
FZ/T 12007—2014	普梳棉维混纺本色纱线
FZ/T 12008—2014	维纶本色纱线
FZ/T 12009—2011	腈纶本色纱
FZ/T 12010—2011	棉氨纶包芯本色纱
FZ/T 12011—2014	棉腈混纺本色纱线
FZ/T 12015—2016	精梳天然彩色棉纱线
FZ/T 12016—2014	涤与棉混纺色纺纱
FZ/T 12017—2016	天然彩色棉转杯纺纱
FZ/T 12018—2009	精梳棉本色紧密纺纱线
FZ/T 12019—2009	涤纶本色纱线
FZ/T 12020—2009	竹浆黏胶纤维本色纱线
FZ/T 12021—2009	莫代尔纤维本色纱线

标 准 号	标准名称
FZ/T 12022—2009	涤纶与黏胶纤维混纺色纺纱线
FZ/T 12023—2011	芳纶1313本色纱线
FZ/T 12024—2011	靛蓝染色棉纱线
FZ/T 12025—2011	毛经用低捻棉本色纱
FZ/T 12026—2011	粘锦复合丝线
FZ/T 12027—2012	转杯纺黏胶纤维本色纱
FZ/T 12031—2012	紧密纺棉色纺纱
FZ/T 12033—2012	纯棉竹节色纺纱
FZ/T 12036—2012	精梳棉与羊毛混纺色纺纱线
FZ/T 12037—2013	棉本色强捻纱
FZ/T 12038—2013	壳聚糖纤维与棉混纺本色纱线
FZ/T 12039—2013	喷气涡流纺黏胶纤维纯纺及涤粘混纺本色纱
FZ/T 12040—2013	涤纶(锦纶)/氨纶包覆丝线
FZ/T 12041—2013	芳纶色纺纱线
FZ/T 12042—2013	聚苯硫醚纤维(中长型)本色纱线
FZ/T 12044—2014	精梳棉涤纶低弹丝包芯本色纱
FZ/T 12045—2014	喷气涡流纺黏胶纤维色纺纱
FZ/T 12046—2014	喷气涡流纺涤粘混纺色纺纱
FZ/T 12047—2014	棉/水溶性维纶本色线
FZ/T 12048—2014	棉与羊毛混纺本色纱
FZ/T 12049—2015	精梳棉/罗布麻包缠纱
FZ/T 12050—2015	针织用点子纱
FZ/T 12051—2016	腈纶黏胶纤维混纺本色纱线
FZ/T 12052—2016	棉锦混纺本色纱线
FZ/T 12053—2016	聚对苯二甲酸丙二醇酯/聚对苯二甲酸乙二醇酯(PTT/PET)复合纤维与棉混纺本色纱线
FZ/T 22003—2006	机织雪尼尔本色线
FZ/T 22004—2006	环锭纺及空芯锭圈圈线
FZ/T 63001—2014	缝纫用涤纶本色纱线
FZ/T 63007—2007	棉绣花线
FZ/T 71005—2014	针织用棉本色纱
GB/T 24116—2009	针织用筒子染色纱线
GB/T 24125—2009	不锈钢纤维与棉涤混纺本色纱线
GB/T 24345—2009	机用筒子染色纱线

标　准　号	标 准 名 称
GB/T 29258—2012	精梳棉粘混纺本色纱线
GB/T 398—2008	棉本色纱线
GB/T 411—2008	棉印染布
GB/T 5324—2009	精梳涤棉混纺本色纱线

W13 棉坯布及制品

FZ/T 13001—2013	色织牛仔布
FZ/T 13002—2014	棉本色帆布
FZ/T 13004—2015	黏胶纤维本色布
FZ/T 13005—2009	大提花棉本色布
FZ/T 13008—2009	棉经本色平绒
FZ/T 13009—2016	色织泡泡布
FZ/T 13011—2013	色织涤粘混纺布
FZ/T 13013—2011	精梳棉涤混纺本色布
FZ/T 13014—2014	棉维混纺本色布
FZ/T 13015—2014	篷盖用维纶本色帆布
FZ/T 13018—2014	莱赛尔纤维本色布
FZ/T 13019—2007	色织氨纶弹力布
FZ/T 13020—2016	纱罗色织布
FZ/T 13021—2009	棉氨纶弹力本色布
FZ/T 13022—2009	竹浆黏胶纤维本色布
FZ/T 13023—2009	莫代尔纤维本色布
FZ/T 13024—2011	芳纶1313本色布
FZ/T 13026—2013	棉强捻本色绉布
FZ/T 13027—2013	高支高密色织布
FZ/T 13028—2013	聚苯硫醚纤维（中长型）本色布
FZ/T 13029—2014	棉竹节本色布
FZ/T 13031—2015	竹浆黏胶纤维与涤纶混纺本色布
FZ/T 13032—2016	聚对苯二甲酸丙二醇酯/聚对苯二甲酸乙二醇酯（PTT/PET）复合纤维与棉混纺交织本色布
FZ/T 13033—2016	棉与涤纶长丝交织本色布
FZ/T 13034—2016	精梳棉与羊毛混纺本色布
FZ/T 13035—2016	涤纶本色布
FZ/T 13036—2016	色织弹力牛仔布

标 准 号	标准名称
FZ/T 13037—2016	涂层色织牛仔布
FZ/T 13038—2016	植绒色织牛仔布
FZ/T 13039—2016	毛型粗支高密色织布
FZ/T 13040—2016	芳砜纶色织布
FZ/T 13041—2016	色织皱布
FZ/T 64001—2011	机织树脂黑炭衬
FZ/T 64007—2010	机织树脂衬
FZ/T 64021—2011	彩色非织造粘合衬
FZ/T 64022—2011	成衣免烫用机织粘合衬
FZ/T 64023—2011	耐酵素洗非织造粘合衬
FZ/T 64024—2011	水溶性机织粘合衬
FZ/T 64025—2011	涂层面料用机织粘合衬
FZ/T 64026—2011	针刺絮片衬
FZ/T 64028—2012	衬纬经编针织粘合衬
FZ/T 64029—2012	弹性机织粘合衬
FZ/T 64030—2012	棉型芯垫肩衬
FZ/T 64031—2012	耐成衣染色用机织粘合衬
FZ/T 64032—2012	纬编针织粘合衬
FZ/T 64039—2014	机织复膜粘合衬
FZ/T 64040—2014	缝编非织造粘合衬
FZ/T 64041—2014	熔喷纤网非织造粘合衬
FZ/T 64042—2014	针刺非织造服装衬
FZ/T 64048—2014	水刺非织造粘合衬
FZ/T 64049—2014	隐点机织粘合衬
FZ/T 64059—2016	机织拉毛粘合衬
FZ/T 64060—2016	双轴向经编针织粘合衬
GB/T 14310—2008	棉本色灯芯绒
GB/T 22851—2009	色织提花布
GB/T 23326—2009	不锈钢纤维与棉涤混纺电磁波屏蔽本色布
GB/T 23327—2009	机织热熔粘合衬
GB/T 2909—2014	橡胶工业用棉本色帆布
GB/T 31904—2015	非织造粘合衬
GB/T 406—2008	棉本色布
GB/T 5325—2009	精梳涤棉混纺本色布

标　准　号	标　准　名　称

毛纺织

W20 毛纺织综合

FZ/T 01046—1996	兔毛产品掉毛量的测定
FZ/T 20002—2015	毛纺织品含油脂率的测定
FZ/T 20004—2009	利用生物分析防虫蛀性能的方法
FZ/T 20005—2013	毛纺纯毛和混纺产品的标志
FZ/T 20008—2015	毛织物单位面积质量的测定
FZ/T 20009—2015	毛织物尺寸变化的测定　静态浸水法
FZ/T 20010—2012	毛织物尺寸变化的测定　温和式家庭洗涤法
FZ/T 20012—2015	纺纱油剂可洗涤性试验方法
FZ/T 20013—2012	防虫蛀毛纺织产品
FZ/T 20014—2010	毛织物干热熨烫尺寸变化试验方法
FZ/T 20015.1—2012	毛纺产品分类、命名及编号　精梳毛织品
FZ/T 20015.2—2012	毛纺产品分类、命名及编号　粗梳毛织品
FZ/T 20015.3—2012	毛纺产品分类、命名及编号　驼绒
FZ/T 20015.4—2012	毛纺产品分类、命名及编号　造纸毛毯
FZ/T 20015.5—2012	毛纺产品分类、命名及编号　毛毡
FZ/T 20015.7—1998	毛纺产品分类、命名及编号　毛毯
FZ/T 20015.8—1998	毛纺产品分类、命名及编号　长毛绒
FZ/T 20018—2010	毛纺织品中二氯甲烷可溶性物质的测定
FZ/T 20019—2006	毛机织物脱缝程度试验方法
FZ/T 20022—2010	织物褶裥持久性试验方法
FZ/T 20024—2012	羊毛条毡缩性测试　洗涤法
FZ/T 20025—2013	毛纱定型效果的测定　回捻退捻法
FZ/T 20026—2013	毛条纤维长度和直径测试方法　光学分析仪法
FZ/T 20028—2015	分梳山羊绒　纤维长度和长度分布的测定　光电法
FZ/T 20030—2015	毛织物卷边性能的测定　喷水法
FZ/T 24005—2010	座椅用毛织品
FZ/T 24011—2010	羊绒机织围巾、披肩
GB/T 13832—2009	安哥拉兔(长毛兔)兔毛
GB/T 13835.1—2009	兔毛纤维试验方法　第1部分:取样
GB/T 13835.2—2009	兔毛纤维试验方法　第2部分:平均长度和短毛率　手排法

标 准 号	标准名称
GB/T 13835.3—2009	兔毛纤维试验方法 第3部分:含杂率、粗毛率和松毛率
GB/T 13835.4—2009	兔毛纤维试验方法 第4部分:回潮率 烘箱法
GB/T 13835.5—2009	兔毛纤维试验方法 第5部分:单纤维断裂强度和断裂伸长率
GB/T 13835.6—2009	兔毛纤维试验方法 第6部分:直径 投影显微镜法
GB/T 13835.7—2009	兔毛纤维试验方法 第7部分:白度
GB/T 13835.8—2009	兔毛纤维试验方法 第8部分:乙醚萃取物含量
GB/T 13835.9—2009	兔毛纤维试验方法 第9部分:卷曲性能
GB/T 21030—2007	羊毛及其他动物纤维平均直径与分布试验方法纤维直径光学分析仪法
GB/T 33270—2016	毛织品落水变形试验方法
GB/T 6977—2008	洗净羊毛乙醇萃取物、灰分、植物性杂质、总碱不溶物含量试验方法

W21 毛半制品

FZ/T 21001—2009	自梳外毛毛条
FZ/T 21002—2009	国产细羊毛及其改良毛洗净毛
FZ/T 21003—2010	分梳山羊绒
FZ/T 21004—2009	国产细羊毛及其改良毛毛条
FZ/T 21005—2009	大豆蛋白复合纤维毛条
FZ/T 21006—2010	丝光防缩毛条
FZ/T 21007—2013	山羊绒绒条
FZ/T 21009—2015	短毛条
GB/T 10685—2007	羊毛纤维直径试验方法投影显微镜法
GB/T 11603—2006	羊毛纤维平均直径测定法 气流法
GB/T 14269—2008	羊毛试验取样方法
GB/T 14270—2008	毛绒纤维类型含量试验方法
GB/T 14271—2008	毛绒净毛率试验方法 油压法
GB/T 14593—2008	山羊绒、绵羊毛及其混合纤维定量分析方法 扫描电镜法
GB/T 16254—2008	马海毛
GB/T 16255.1—2008	洗净马海毛
GB/T 16255.2—2008	洗净马海毛含草、杂率试验方法
GB/T 16255.3—2008	洗净马海毛纤维长度试验方法 手排法
GB/T 16257—2008	纺织纤维 短纤维长度和长度分布的测定 单纤维测量法

标 准 号	标 准 名 称
GB/T 19722—2005	洗净绵羊毛
GB/T 24317—2009	拉伸羊毛毛条
GB/T 50637—2010	弹体毛坯旋压工艺设计规范
GB/T 6500—2008	毛绒纤维回潮率试验方法 烘箱法
GB/T 6501—2006	羊毛纤维长度试验方法 梳片法

W22 毛纱、线

FZ/T 20017—2010	毛纱试验方法
FZ/T 22001—2010	精梳机织毛纱
FZ/T 22002—2010	粗梳机织毛纱
FZ/T 22005—2008	半精纺毛机织纱线
FZ/T 22006—2012	超高支精梳羊毛机织纱
FZ/T 22007—2012	超高支精梳羊绒机织纱
FZ/T 22009—2014	赛络菲尔机织毛纱
FZ/T 22010—2014	粗梳羊绒机织纱
FZ/T 22011—2014	精梳羊绒机织纱
FZ/T 22012—2016	筒染精梳机织毛纱

W23 毛坯布及制品

FZ/T 24004—2009	精梳低含毛混纺及纯化纤毛织品
FZ/T 24006—2015	弹性毛织品
FZ/T 24007—2010	粗梳羊绒织品
FZ/T 24009—2010	精梳羊绒织品
FZ/T 24015—2011	精梳丝毛织品
FZ/T 24016—2012	超高支精梳毛织品
FZ/T 24017—2012	超高支精梳纯羊绒织品
FZ/T 24018—2012	精梳毛麻织品
FZ/T 24021—2015	精梳毛棉织品
FZ/T 24022—2015	精梳水洗毛织品
FZ/T 24023—2016	抗皱精梳毛织品
GB/T 22861—2009	精粗梳交织毛织品
GB/T 22863—2009	半精纺毛织品
GB/T 26378—2011	粗梳毛织品
GB/T 26382—2011	精梳毛织品

标 准 号	标准名称
GB/T 26383—2011	抗电磁辐射精梳毛织品

麻纺织

W30 麻纺织综合

FZ/T 30002—1999	温度和回潮率对苎麻纤维(精干麻、精梳麻条)断裂强度的修正方法
FZ/T 30003—2009	麻棉混纺产品定量分析方法 显微投影法
FZ/T 30004—2009	苎麻织物刺痒感测定方法
FZ/T 30005—2009	苎麻织物刺痒感评价方法
FZ/T 34008—2009	汽车用亚麻坐垫
GB/T 13833—2002	纤维用亚麻原茎
GB/T 13834—2008	纤维用亚麻雨露干茎
GB/T 16984—2008	大麻原麻
GB/T 17260—2008	亚麻纤维细度的测定 气流法
GB/T 18147.1—2008	大麻纤维试验方法 第1部分:含油率试验方法
GB/T 18147.2—2008	大麻纤维试验方法 第2部分:残胶率试验方法
GB/T 7699—1999	苎麻

W31 麻半制品

FZ/T 31002—2009	苎麻球
FZ/T 31003—2009	精细化黄麻纤维
GB/T 12411—2006	黄、红麻纤维试验方法
GB/T 12945—2003	熟黄麻
GB/T 12946—2003	熟红麻
GB/T 18888—2002	亚麻棉
GB/T 20793—2015	苎麻精干麻
GB/T 31811—2015	苎麻落麻
GB/T 32753—2016	苎麻精干麻硬条(并丝)率试验方法
GB 5881—1986	苎麻理化性能试验取样方法
GB 5882—1986	苎麻束纤维断裂强度试验方法
GB 5883—1986	苎麻回潮率、含水率试验方法
GB 5884—1986	苎麻纤维支数试验方法
GB 5885—1986	苎麻纤维白度试验方法

标 准 号	标 准 名 称
GB 5886—1986	苎麻单纤维断裂强度试验方法
GB 5887—1986	苎麻纤维长度试验方法
GB 5888—1986	苎麻纤维素聚合度测定方法
GB 5889—1986	苎麻化学成分定量分析方法

W32 麻纱、线

FZ/T 32001—2009	亚麻纱
FZ/T 32002—2014	苎麻本色纱
FZ/T 32004—2009	亚麻棉混纺本色纱线
FZ/T 32005—2006	苎麻棉混纺本色纱线
FZ/T 32006—2016	苎麻本色线
FZ/T 32007—2010	气流纺苎麻棉混纺本色纱
FZ/T 32008—2011	针织用亚麻纱
FZ/T 32009—2006	亚麻黏胶混纺本色纱
FZ/T 32010—2009	气流纺黄麻棉混纺本色纱
FZ/T 32011—2009	大麻纱
FZ/T 32012—2010	气流纺亚麻棉混纺纱线
FZ/T 32013—2011	大麻棉混纺本色纱
FZ/T 32014—2012	转杯纺大麻本色纱
FZ/T 32015—2012	大麻涤纶混纺本色纱
FZ/T 32016—2014	竹麻棉混纺本色纱线
FZ/T 32017—2014	精梳亚麻棉混纺本色纱
FZ/T 32018—2014	精梳大麻棉混纺本色纱
FZ/T 32020—2015	精梳大麻与再生纤维素纤维混纺色纺纱
FZ/T 32021—2016	精梳亚麻棉混纺本色针织纱
FZ/T 66318—1995	特种工业用苎麻线
FZ/T 71009—2011	精梳丝光棉纱线
GB/T 2696—2008	黄麻纱线
GB/T 32754—2016	苎麻精干麻切段开松麻

W33 麻布

FZ/T 33001—2010	亚麻本色布
FZ/T 33002—2014	苎麻本色布
FZ/T 33003—1992	地毯用黄麻、洋麻底布

标 准 号	标准名称
FZ/T 33004—2006	亚麻色织布
FZ/T 33005—2009	亚麻棉混纺本色布
FZ/T 33006—2006	苎麻棉混纺本色布
FZ/T 33009—2010	苎麻色织布
FZ/T 33011—2006	亚麻黏胶混纺本色布
FZ/T 33012—2009	大麻本色布
FZ/T 33013—2011	大麻棉混纺本色布
FZ/T 33014—2012	亚麻(或大麻)涤纶混纺本色布
FZ/T 33015—2014	竹麻棉混纺本色布
FZ/T 34003—2011	亚麻床上用品
FZ/T 34007—2009	黄麻混纺牛仔布
GB/T 731—2008	黄麻布和麻袋

丝纺织

W40 丝、绸综合

FZ/T 40003—2010	桑蚕绢丝试验方法
FZ/T 40004—2009	蚕丝含胶率试验方法
FZ/T 40005—2009	桑/柞产品中桑蚕丝含量的测定　化学法
FZ/T 40006—2011	桑蚕捻线丝含油率试验方法
FZ/T 40007—2014	丝织物包装和标志
FZ/T 40008—2016	蚕丝黑板检验用暗室技术要求
FZ/T 42010—2009	粗规格生丝
FZ/T 65007—1995	特种工业用丝绸　外观检验方法
GB/T 15552—2015	丝织物试验方法和检验规则
GB/T 1797—2008	生丝
GB/T 1798—2008	生丝试验方法
GB/T 19113—2003	桑蚕鲜茧分级(干壳量法)
GB/T 22860—2009	丝绸(机织物)的分类、命名及编号
GB/T 26380—2011	纺织品　丝绸术语
GB/T 30557—2014	丝绸　机织物疵点术语
GB/T 32015—2015	丝绸　练减率试验方法
GB/T 32016—2015	蚕丝　氨基酸的测定
GB/T 9111—2015	桑蚕干茧试验方法

标 准 号	标 准 名 称
GB/T 9176—2016	桑蚕干茧

W41 丝、绸半制品

FZ/T 41003—2010	桑蚕绵球
FZ/T 41004—1999	柞蚕绵条
GB/T 10115—2008	柞蚕鲜茧
GB/T 15268—2008	桑蚕鲜茧

W42 丝制纱、线

FZ/T 41001—2014	桑蚕绢纺原料
FZ/T 42001—2008	柞蚕药水丝
FZ/T 42002—2010	桑蚕绢丝
FZ/T 42003—2011	筒装桑蚕绢丝
FZ/T 42005—2016	桑蚕双宫丝
FZ/T 42007—2014	生丝/氨纶包缠丝
FZ/T 42009—2006	桑蚕土丝
FZ/T 42012—2013	染色桑蚕绢丝
FZ/T 42013—2013	桑蚕落绵绢丝
FZ/T 42014—2014	桑蚕丝/羊毛混纺绢丝
FZ/T 42015—2015	桑蚕丝/棉混纺绢丝
FZ/T 43005—2011	柞蚕绢丝
GB/T 14033—2016	桑蚕捻线丝
GB/T 14578—2003	柞蚕水缫丝
GB/T 22857—2009	筒装桑蚕捻线丝
GB/T 22859—2009	染色桑蚕捻线丝

W43 丝和丝交制品

FZ/T 43001—2010	桑蚕䌷丝织物
FZ/T 43004—2013	桑蚕丝纬编针织绸
FZ/T 43006—2011	柞蚕绢丝织物
FZ/T 43007—2011	丝织被面
FZ/T 43008—2012	和服绸
FZ/T 43009—2009	桑蚕双宫丝织物
FZ/T 43011—2011	织锦丝织物

标 准 号	标准名称
FZ/T 43012—2013	锦纶丝织物
FZ/T 43013—2011	丝绒织物
FZ/T 43014—2008	丝绸围巾
FZ/T 43017—2011	桑蚕丝/氨纶弹力丝织物
FZ/T 43018—2007	蚕丝绒毯
FZ/T 43019—2014	蚕丝装饰织物
FZ/T 43020—2011	色织大提花桑蚕丝织物
FZ/T 43021—2011	柞蚕莨绸
FZ/T 43023—2013	牛津丝织物
FZ/T 43024—2013	伞用织物
FZ/T 43025—2013	蚕丝立绒织物
FZ/T 43026—2013	高密超细旦涤纶丝织物
FZ/T 43027—2013	蚕丝壁绸
FZ/T 43028—2014	涤纶、锦纶窗纱丝织物
FZ/T 43029—2014	高弹桑蚕丝针织绸
FZ/T 43030—2014	桑蚕丝经编针织绸
FZ/T 43031—2014	涤纶长丝塔夫绸
FZ/T 43034—2016	丝麻交织物
FZ/T 43035—2016	桑蚕丝与黏胶长丝交织物
FZ/T 43036—2016	合成纤维装饰织物
FZ/T 43037—2016	合成纤维弹力丝织物
FZ/T 43038—2016	超细涤锦纤维双面绒丝织物
FZ/T 43039—2016	高密细旦锦纶丝织物
FZ/T 66201—1995	特种工业用丝绸
FZ/T 66202—1995	特种工业用绢纺绸
FZ/T 66203—1995	特种工业用锦丝双层绸
FZ/T 66204—1995	特种工业用锦丝帆绸
FZ/T 66205—1995	特种工业用锦丝筛网
FZ/T 66206—1995	特种工业用桑蚕丝绸
GB/T 10108—2008	出口桑蚕丝织物
GB/T 10110—1988	出口和服坯绸
GB/T 14014—2008	合成纤维筛网
GB/T 15551—2016	蚕桑丝织物
GB/T 16605—2008	再生纤维素丝织物

标　准　号	标　准　名　称
GB/T 17253—2008	合成纤维丝织物
GB/T 22842—2009	里子绸
GB/T 22850—2009	织锦工艺制品
GB/T 22856—2009	莨绸
GB/T 22858—2009	丝绸书
GB/T 22862—2009	海岛丝织物
GB/T 24252—2009	蚕丝被
GB/T 26381—2011	合成纤维丝织坯绸
GB/T 28845—2012	色织领带丝织物
GB/T 30670—2014	云锦妆花缎
GB/T 9127—2007	柞蚕丝织物

化学纤维

W50 化学纤维综合

FZ/T 50001—2016	合成纤维　长丝网络度试验方法
FZ/T 50002—2013	化学纤维异形度试验方法
FZ/T 50004—2011	涤纶短纤维干热收缩率试验方法
FZ/T 50005—2013	氨纶丝线密度试验方法
FZ/T 50006—2013	氨纶丝拉伸性能试验方法
FZ/T 50007—2012	氨纶丝弹性试验方法
FZ/T 50008—2015	锦纶长丝染色均匀度试验方法
FZ/T 50010.13—2011	黏胶纤维用浆粕　反应性能的测定
FZ/T 50010.14—2014	黏胶纤维用浆粕　过滤阻值的测定
FZ/T 50010.3—2011	黏胶纤维用浆粕　黏度的测定
FZ/T 50010.4—2011	黏胶纤维用浆粕　甲种纤维素含量的测定
FZ/T 50011—2016	合成纤维　假捻变形丝残余扭矩试验方法
FZ/T 50012—2006	聚酯中端羧基含量的测定　滴定分析法
FZ/T 50013—2008	纤维素化学纤维白度试验方法　蓝光漫反射因数法
FZ/T 50014—2008	纤维素化学纤维残硫量测定方法　直接碘量法
FZ/T 50015—2009	黏胶长丝染色均匀度试验和评定
FZ/T 50016—2011	黏胶短纤维阻燃性能试验方法　氧指数法
FZ/T 50017—2011	涤纶纤维阻燃性能试验方法　氧指数法
FZ/T 50018—2013	蛋白黏胶纤维蛋白质含量试验方法

标 准 号	标准名称
FZ/T 50019—2013	阳离子染料可染改性涤纶染色饱和值试验方法
FZ/T 50020—2013	阳离子染料可染改性涤纶上色率试验方法
FZ/T 50021—2014	化纤磷系阻燃产品　磷含量试验方法
FZ/T 50022—2014	化纤毛条试验方法
FZ/T 50023—2014	涤纶预取向丝/牵伸丝混纤丝异收缩率试验方法
FZ/T 50024—2014	腈纶上色率试验方法
FZ/T 50025—2014	超高分子量聚乙烯长丝耐磨性试验方法
FZ/T 50026—2014	聚苯硫醚纤维耐酸、耐碱、耐高温性能试验方法
FZ/T 50027—2015	化学纤维　二氧化钛含量试验方法
FZ/T 50028—2015	聚乙烯醇纤维　始溶温度试验方法
FZ/T 50029—2015	合成纤维原料切片阻燃性能试验方法　氧指数法
FZ/T 50030—2015	化学纤维　膨体长丝(BCF)热卷曲伸长率试验方法
FZ/T 50031—2015	碳纤维　含水率和饱和吸水率试验方法
FZ/T 50032—2015	聚丙烯腈基碳纤维原丝残留溶剂测试方法
FZ/T 50033—2016	氨纶长丝　耐热性能试验方法
FZ/T 50034—2016	氨纶长丝　耐氯性能试验方法
FZ/T 50035—2016	合成纤维　长丝电阻试验方法
FZ/T 50036—2016	聚乙烯醇纤维　热水减量试验方法
FZ/T 52007—2006	热熔法用丙纶短纤维
FZ/T 65001—1995	特种工业用织物　物理机械性能试验方法
FZ/T 65004—1995	特种工业用纺织品　化学性能试验方法
FZ/T 65008—1995	特种工业用纺织品　检验规则
GB/T 14190—2008	纤维级聚酯切片(PET)试验方法
GB/T 14335—2008	化学纤维　短纤维线密度试验方法
GB/T 14336—2008	化学纤维　短纤维长度试验方法
GB/T 14337—2008	化学纤维　短纤维拉伸性能试验方法
GB/T 14338—2008	化学纤维　短纤维卷曲性能试验方法
GB/T 14339—2008	化学纤维　短纤维疵点试验方法
GB/T 14342—2015	化学纤维　短纤维比电阻试验方法
GB/T 14343—2008	化学纤维　长丝线密度试验方法
GB/T 14344—2008	化学纤维　长丝拉伸性能试验方法
GB/T 14345—2008	化学纤维　长丝捻度试验方法
GB/T 14346—2015	化学纤维　长丝条干不匀率试验方法　电容法
GB/T 4146.3—2011	纺织品　化学纤维　第3部分:检验术语

标 准 号	标 准 名 称
GB/T 6502—2008	化学纤维　长丝取样方法
GB/T 6503—2008	化学纤维　回潮率试验方法
GB/T 6504—2008	化学纤维　含油率试验方法
GB/T 6505—2008	化学纤维　长丝热收缩率试验方法
GB/T 6508—2015	涤纶长丝染色均匀度试验方法
GB/T 6509—2005	聚己内酰胺切片和纤维中低分子物含量的测试方法

W51 化学纤维半制品

FZ/T 50010.1—1998	黏胶纤维用浆粕　取样方法
FZ/T 50010.10—1998	黏胶纤维用浆粕　定量的测定
FZ/T 50010.11—1998	黏胶纤维用浆粕　树脂含量的测定
FZ/T 50010.12—1998	黏胶纤维用浆粕　多戊糖的测定
FZ/T 50010.2—1998	黏胶纤维用浆粕　水分的测定
FZ/T 50010.5—1998	黏胶纤维用浆粕　灰分含量的测定
FZ/T 50010.6—1998	黏胶纤维用浆粕　铁含量的测定
FZ/T 50010.7—1998	黏胶纤维用浆粕　白度的测定
FZ/T 50010.8—1998	黏胶纤维用浆粕　尘埃度的测定
FZ/T 50010.9—1998	黏胶纤维用浆粕　吸碱值和膨润度的测定
FZ/T 51001—2009	黏胶纤维用浆粕
FZ/T 51002—2006	黏胶纤维用竹浆粕
FZ/T 51003—2011	阳离子染料可染聚酯切片(CDP)
FZ/T 51007—2012	阻燃聚酯切片(PET)
FZ/T 51009—2014	黏胶纤维用麻浆粕
FZ/T 51010—2014	纤维级聚对苯二甲酸1,3—丙二醇酯切片(PTT)
FZ/T 51011—2014	纤维级聚己二酰己二胺切片
FZ/T 51012—2016	阳离子染料易染聚酯切片(ECDP)
FZ/T 51013—2016	纤维级再生聚酯切片(PET)
FZ/T 54024—2009	锦纶6预取向丝
FZ/T 54025—2009	锦纶66预取向丝
FZ/T 54034—2010	抗菌聚酰胺预取向丝
GB/T 17932—2013	膜级聚酯切片(PET)

W52 化学纤维

FZ/T 50006—1994	氨纶丝断裂和断裂伸长率试验方法

标 准 号	标准名称
FZ/T 50009.3—2007	中空涤纶短纤维卷曲性能试验方法
FZ/T 50009.4—2007	中空涤纶短纤维膨松性和纤维弹性试验方法
FZ/T 51004—2011	纤维级聚己内酰胺切片
FZ/T 51005—2011	纤维级聚对苯二甲酸丁二醇酯(PBT)切片
FZ/T 51008—2014	再生聚酯(PET)瓶片
FZ/T 52002—2012	锦纶短纤维
FZ/T 52003—2014	丙纶短纤维
FZ/T 52004—2007	充填用中空涤纶短纤维
FZ/T 52005—2014	缝纫线用涤纶短纤维
FZ/T 52006—2006	竹材黏胶短纤维
FZ/T 52008—2006	维纶短纤维
FZ/T 52010—2014	再生涤纶短纤维
FZ/T 52011—2011	阳离子染料可染改性涤纶短纤维
FZ/T 52012—2011	壳聚糖短纤维
FZ/T 52013—2011	无机阻燃黏胶短纤维
FZ/T 52014—2011	竹炭黏胶短纤维
FZ/T 52015—2011	涤纶超短纤维
FZ/T 52016—2011	芳砜纶短纤维
FZ/T 52017—2011	聚苯硫醚短纤维
FZ/T 52018—2011	有色涤纶短纤维
FZ/T 52019—2011	莱赛尔短纤维
FZ/T 52020—2012	增白涤纶短纤维
FZ/T 52021—2012	牛奶蛋白改性聚丙烯腈短纤维
FZ/T 52022—2012	阻燃涤纶短纤维
FZ/T 52023—2012	高强高模聚乙烯醇超短纤维
FZ/T 52024—2012	聚乙烯/聚丙烯(PE/PP)复合短纤维
FZ/T 52025—2012	再生有色涤纶短纤维
FZ/T 52026—2012	再生阻燃涤纶短纤维
FZ/T 52027—2012	非织造用涤纶短纤维
FZ/T 52028—2013	相变保温黏胶短纤维
FZ/T 52029—2013	麻浆黏胶短纤维
FZ/T 52030—2014	异形涤纶短纤维
FZ/T 52031—2014	聚对苯二甲酸-1,3-丙二醇酯(PTT)短纤维
FZ/T 52032—2014	导电锦纶短纤维

标 准 号	标 准 名 称
FZ/T 52033—2014	聚乙烯/聚丙烯(PE/PP)增白复合短纤维
FZ/T 52034—2014	聚乙烯/聚对苯二甲酸乙二醇酯(PE/PET)复合短纤维
FZ/T 52035—2014	抗菌涤纶短纤维
FZ/T 52036—2014	有色缝纫线用涤纶短纤维
FZ/T 52039—2014	再生聚苯硫醚短纤维
FZ/T 52040—2014	有色腈纶短纤维和丝束
FZ/T 52041—2015	聚乳酸短纤维
FZ/T 52042—2016	再生异形涤纶短纤维
FZ/T 52043—2016	莫代尔短纤维
FZ/T 53002—2012	腈纶毛条
FZ/T 53003—2012	涤纶毛条
FZ/T 53004—2014	有色涤纶毛条
FZ/T 53005—2015	聚对苯二甲酸丙二醇酯(PTT)毛条
FZ/T 54001—2012	丙纶膨体长丝(BCF)
FZ/T 54003—2012	涤纶预取向丝
FZ/T 54007—2009	锦纶6弹力丝
FZ/T 54008—2012	丙纶牵伸丝
FZ/T 54009—2012	丙纶弹力丝
FZ/T 54011—2014	连续纺黏胶长丝
FZ/T 54012—2007	竹浆黏胶长丝
FZ/T 54013—2009	锦纶66工业用长丝
FZ/T 54014—2009	锦纶66弹力丝
FZ/T 54015—2009	造纸网用单丝
FZ/T 54018—2009	超细涤纶低弹丝
FZ/T 54019—2009	聚对苯二甲酸丙二醇酯(PTT)牵伸丝
FZ/T 54020—2009	聚对苯二甲酸丙二醇酯(PTT)弹力丝
FZ/T 54021—2009	聚对苯二甲酸丙二醇酯(PTT)预取向丝
FZ/T 54022—2009	有色涤纶工业长丝
FZ/T 54023—2009	聚酰胺66气囊用工业长丝
FZ/T 54027—2010	超高分子量聚乙烯长丝
FZ/T 54028—2010	蛋白质黏胶短纤维
FZ/T 54029—2010	蛋白质黏胶长丝
FZ/T 54030—2010	有色黏胶短纤维
FZ/T 54031—2010	有色黏胶长丝

标 准 号	标 准 名 称
FZ/T 54032—2010	洁净高白度黏胶短纤维
FZ/T 54033—2010	锦纶6高取向丝(HOY)
FZ/T 54035—2010	抗菌聚酰胺弹力丝
FZ/T 54036—2011	高延伸耐热锦纶/棉包芯纱
FZ/T 54037—2011	阳离子染料可染涤纶牵伸丝
FZ/T 54038—2011	有光异形涤纶低弹丝
FZ/T 54039—2011	有光异形涤纶牵伸丝
FZ/T 54040—2011	聚对苯二甲酸丁二醇酯(PBT)弹力丝
FZ/T 54041—2011	聚对苯二甲酸丙二醇酯/聚对苯二甲酸乙二醇酯(PTT/PET)复合弹力丝
FZ/T 54042—2011	导电涤纶牵伸丝
FZ/T 54043—2011	缝纫线用涤纶长丝
FZ/T 54044—2011	锦纶6工业长丝
FZ/T 54045—2012	异形涤纶预取向丝
FZ/T 54046—2012	再生涤纶预取向丝
FZ/T 54047—2012	再生涤纶低弹丝
FZ/T 54048—2012	再生涤纶牵伸丝
FZ/T 54049—2012	海岛涤纶低弹丝
FZ/T 54050—2012	海岛涤纶牵伸丝
FZ/T 54051—2012	有色聚对苯二甲酸-1,3-丙二醇酯(PTT)牵伸丝
FZ/T 54052—2012	有色涤纶牵伸单丝
FZ/T 54053—2012	有光异形锦纶6弹力丝
FZ/T 54054—2012	有光异形锦纶6牵伸丝
FZ/T 54055—2012	缝纫线用锦纶66牵伸丝
FZ/T 54056—2012	超高分子量聚乙烯/碳纳米管长丝
FZ/T 54057—2012	聚对苯二甲酸丁二醇酯(PBT)预取向丝
FZ/T 54058—2012	涤纶预取向丝/牵伸丝(POY/FDY)异收缩混纤丝
FZ/T 54059—2012	涤锦复合预取向丝
FZ/T 54060—2012	涤锦复合牵伸丝
FZ/T 54061—2012	涤锦复合低弹丝
FZ/T 54062—2012	海岛涤纶预取向丝
FZ/T 54063—2012	有色涤纶预取向丝
FZ/T 54064—2012	涤纶单丝
FZ/T 54065—2012	聚丙烯腈基碳纤维原丝

标 准 号	标 准 名 称
FZ/T 54066—2013	阳离子染料可染改性涤纶预取向丝
FZ/T 54067—2013	阳离子染料可染改性涤纶低弹丝
FZ/T 54068—2013	聚苯硫醚牵伸丝
FZ/T 54069—2014	弹性涤纶牵伸丝
FZ/T 54070—2014	涤纶粗单纤牵伸丝
FZ/T 54071—2014	锦纶 6 单丝
FZ/T 54072—2014	有光异形锦纶 6 高取向丝
FZ/T 54073—2014	有光异形锦纶 6 预取向丝
FZ/T 54074—2014	丙纶单丝
FZ/T 54075—2014	再生丙纶牵伸丝
FZ/T 54076—2014	对位芳纶(1414)长丝
FZ/T 54077—2014	三维卷曲涤纶牵伸丝
FZ/T 54078—2014	再生涤纶预取向丝/牵伸丝(POY/FDY)异收缩混纤丝
FZ/T 54079—2015	黏胶丝束
FZ/T 54080—2015	有光异形锦纶 66 弹力丝
FZ/T 54081—2015	锦纶 66 膨体长丝(BCF)
FZ/T 54082—2015	锦纶 6 膨体长丝(BCF)
FZ/T 54083—2015	聚氯乙烯/聚对苯二甲酸乙二醇酯(PVC/PET)复合包覆丝
FZ/T 54084—2016	阻燃涤纶预取向丝
FZ/T 54085—2016	阻燃涤纶低弹丝
FZ/T 54086—2016	阻燃涤纶牵伸丝
FZ/T 54087—2016	粘合活化型涤纶工业长丝
FZ/T 54088—2016	锦纶 6 全牵伸单丝
FZ/T 54089—2016	有色锦纶 6 弹力丝
FZ/T 54090—2016	缝纫线用锦纶 6 牵伸丝
FZ/T 54091—2016	导电锦纶 6 牵伸丝
FZ/T 54092—2016	耐氯氨纶长丝
FZ/T 66001—1995	特种工业用锦纶丝
GB/T 13758—2008	黏胶长丝
GB/T 14460—2015	涤纶低弹丝
GB/T 14463—2008	黏胶短纤维
GB/T 14464—2008	涤纶短纤维
GB/T 16602—2008	腈纶短纤维和丝束
GB/T 16603—2008	锦纶牵伸丝

标准号	标准名称
GB/T 16604—2008	涤纶工业长丝
GB/T 19975—2005	高强化纤长丝拉伸性能试验方法
GB/T 30101—2013	聚乙烯醇水溶短纤维
GB/T 30124—2013	竹炭涤纶低弹丝
GB/T 30125—2013	竹炭涤纶短纤维
GB/T 31889—2015	间位芳纶短纤维
GB/T 8960—2015	涤纶牵伸丝

纺织制品

W55 纺织制品综合

FZ/T 01003—1991	涂层织物厚度试验方法
FZ/T 01038—1994	纺织品防水性能淋雨渗透性试验方法
FZ/T 01052—1998	涂层织物　抗扭曲弯挠性能的测定
FZ/T 60030—2009	家用纺织品防霉性能测试方法
FZ/T 60036—2013	膜结构用涂层织物　接头强力试验方法
FZ/T 60037—2013	膜结构用涂层织物　拉伸蠕变性能试验方法
FZ/T 60038—2013	膜结构用涂层织物　防污性能试验方法
FZ/T 60039—2013	膜结构用涂层织物　剥离强力试验方法
FZ/T 60044—2014	毛巾产品毛圈高度测试方法
FZ/T 60046—2016	毛巾产品单位面积质量测试方法
FZ/T 64054—2015	手术衣用机织物
FZ/T 64056—2015	洁净室用擦拭布
FZ/T 75008—1995	涂层织物缝孔撕破强度试验方法
FZ/T 81005—2006	纫缝制品
GB/T 13759—2009	土工合成材料　术语和定义
GB/T 14802—1993	纺织品　烟浓度测定　减光系数法
GB/T 17392—2008	国旗用织物
GB/T 18830—2009	纺织品　防紫外线性能的评定
GB/T 18863—2002	免烫纺织品
GB/T 22798—2009	毛巾产品脱毛率测试方法
GB/T 22799—2009	毛巾产品吸水性测试方法
GB/T 24119—2009	机织过滤布透水性的测定
GB/T 24219—2009	机织过滤布泡点孔径的测定

标 准 号	标 准 名 称
GB/T 30131—2013	纺织品 服装系统静电性能的评定 穿着法
GB/T 30558—2014	产业用纺织品分类
GB/T 31128—2014	毛巾产品毛圈钩拉力测试方法
GB/T 32610—2016	日常防护型口罩技术规范

W56 毯类

FZ/T 20023—2006	毛机织物经汽蒸后尺寸变化率的测定 霍夫曼法
FZ/T 25001—2012	工业用毛毡
FZ/T 25002—2012	造纸毛毯试验方法
FZ/T 25003—2012	机织造纸毛毯
FZ/T 25004—2012	针刺造纸毛毯
FZ/T 25005—2012	底网造纸毛毯
FZ 60007—1991	毛毯试验方法
FZ/T 60008—1992	毛毯非可复性伸长试验方法
FZ/T 60029—1999	毛毯脱毛测试方法
FZ/T 61001—2006	纯毛 毛混纺毛毯
FZ/T 61002—2006	化纤仿毛毛毯
FZ/T 61004—2006	拉舍尔毯
FZ/T 61005—2015	线毯
FZ/T 61006—2006	纬编腈纶毛毯
FZ/T 61007—2012	家用纺织品 超细纤维毯
FZ/T 61008—2015	摇粒绒毯
FZ/T 61009—2015	纤维素纤维绒毯
GB/T 11049—2008	地毯燃烧性能 室温片剂试验方法
GB/T 11746—2008	簇绒地毯
GB/T 14252—2008	机织地毯
GB/T 14768—2015	地毯燃烧性能45°试验方法及评定
GB/T 15050—2008	手工打结羊毛地毯
GB/T 15964—2008	地毯 单位长度和单位面积绒簇或绒圈数目的测定方法
GB/T 15965—2008	手工地毯 绒头长度的测定方法
GB/T 18044—2008	地毯 静电习性评价法 行走试验
GB 18587—2001	室内装饰装修材料 地毯、地毯衬垫及地毯胶粘剂有害物质释放限量
GB/T 22768—2008	手工打结藏毯

标 准 号	标准名称
GB/T 23164—2008	地毯抗微生物活性测定
GB/T 23165—2008	地毯　电阻的测定
GB/T 24983—2010	船用环保阻燃地毯
GB/T 26843—2011	地毯　背衬剥离强力的测定
GB/T 26844—2011	地毯　利用威特曼鼓轮和六足滚筒产生外观变化试验
GB/T 26845—2011	地毯　毯面外观变化的评价
GB/T 26847—2011	纺织铺地物　词汇
GB/T 26850—2011	浴室地毯
GB/T 27729—2011	手工枪刺胶背地毯
GB/T 28476—2012	地毯使用说明及标志
GB/T 28483—2012	地毯用环保胶乳　羧基丁苯胶乳及有害物质限量
GB/T 28488—2012	机制地毯用毛纺纱线
GB/T 31891—2015	生态地毯技术要求

W57 纺织复制品

FZ/T 33008—2010	亚麻凉席
FZ/T 60032—2012	被、被套规格
FZ/T 62003—2015	手帕
FZ/T 62011.1—2016	布艺类产品　第1部分:帷幔
FZ/T 62012—2009	防螨床上用品
FZ/T 62013—2009	再生纤维素纤维凉席
FZ/T 62014—2015	蚊帐
FZ/T 62015—2009	抗菌毛巾
FZ/T 62016—2009	无捻毛巾
FZ/T 62017—2009	毛巾浴衣
FZ/T 62018—2009	家用羊毛制品
FZ/T 62019—2012	工艺绗缝被
FZ/T 62020—2012	家用纺织品　经编间隔床垫
FZ/T 62022—2012	家用纺织品　窗纱
FZ/T 62023—2012	家用纺织品　枕垫类产品荞麦皮填充物质量要求
FZ/T 62024—2014	慢回弹枕、垫类产品
FZ/T 62025—2015	卷帘窗饰面料
FZ/T 62026—2015	手工粗布床单
FZ/T 62027—2015	磨毛面料床单

标 准 号	标 准 名 称
FZ/T 62028—2015	针织床单
FZ/T 62029—2015	手工粗布被套
FZ/T 62030—2015	磨毛面料被套
FZ/T 62031—2015	针织被套
FZ/T 62032—2016	机织毛巾布
FZ/T 62033—2016	超细纤维毛巾
FZ/T 64044—2014	护理垫用机织物
GB/T 22796—2009	被、被套
GB/T 22797—2009	床单
GB/T 22800—2009	星级旅游饭店用纺织品
GB/T 22843—2009	枕、垫类产品
GB/T 22844—2009	配套床上用品
GB/T 22855—2009	拉舍尔床上用品
GB/T 22864—2009	毛巾
GB/T 28459—2012	公共用纺织品

W58 线、带、绳

FZ/T 60001—2007	缝纫线含油率测定方法
FZ/T 60021—2010	织带产品物理机械性能试验方法
FZ/T 60027—2007	缝纫线可缝性测定方法
FZ/T 60028—2007	缝纫线可缝性试验专用棉带
FZ/T 63002—2009	黏胶长丝绣花线
FZ/T 63003—2011	棉工艺绣花绞线
FZ/T 63004—2011	维纶缝纫线
FZ/T 63005—2010	机织腰带
FZ/T 63006—2010	松紧带
FZ/T 63008—2009	锦纶长丝缝纫线
FZ/T 63009—2009	涤棉包芯缝纫线
FZ/T 63010—2007	涤纶长丝绣花线
FZ/T 63011—2009	锦纶长丝民用丝带
FZ/T 63012—2009	涤纶长丝高强缝纫线
FZ/T 63013—2010	涤纶长丝民用丝带
FZ/T 63014—2011	黏胶纤维民用丝带
FZ/T 63017—2012	全棉薄型机织带

标 准 号	标准名称
FZ/T 63018—2013	本色黏胶长丝绣花线
FZ/T 63019—2013	丝绒带
FZ/T 63020—2013	混合聚烯烃纤维绳索
FZ/T 63021—2013	聚酰胺复丝绳索
FZ/T 63022—2014	芳纶 1313 缝纫线
FZ/T 63023—2014	锦纶单丝织带
FZ/T 63024—2014	经编双针织带
FZ/T 63025—2015	聚酯(PTT)弹力缝纫线
FZ/T 63026—2015	涤纶金银丝(线)
FZ/T 63027—2015	涤纶长丝邦迪缝纫线
FZ/T 63028—2015	超高分子量聚乙烯网线
FZ/T 63029—2015	涤纶金银丝织带
FZ/T 63030—2015	涤纶色织格子带
FZ/T 63031—2015	涤纶、锦纶印刷机织丝带
FZ/T 63032—2015	涤纶单丝织带
FZ/T 63033—2016	编织圆绳
FZ/T 63034—2016	涤包涤包芯缝纫线
FZ/T 63035—2016	聚酰胺复丝双层编织结构绳索
FZ/T 63036—2016	聚酯复丝双层编织结构绳索
FZ/T 65002—1995	特种工业用绳带　物理机械性能试验方法
FZ/T 65003—1995	特种工业用股线　物理机械性能试验方法
FZ/T 65005—1995	特种工业用绳带　外观疵点检验方法
FZ/T 66301—1995	特种工业用棉绳　棉丝绳　维纶绳　涤棉绳
FZ/T 66302—1995	特种工业用空芯棉绳　空芯生丝绳　空芯锦丝绳
FZ/T 66303—1995	特种工业用锦丝绳　涤丝绳　锦棉绳　锦丝套绳　双层锦丝绳
FZ/T 66304—1995	特种工业用松紧绳
FZ/T 66305—1995	特种工业用加捻绳
FZ/T 66306—1995	特种工业用棉带　棉锦丝带　丝棉带　维纶带
FZ/T 66307—1995	特种工业用薄型棉带
FZ/T 66308—1995	特种工业用双层带
FZ/T 66309—1995	特种工业用麻带和麻棉带
FZ/T 66310—1995	特种工业用厚型带
FZ/T 66311—1995	特种工业用锦丝带　涤丝带

标 准 号	标准名称
FZ/T 66312—1995	特种工业用套带
FZ/T 66313—1995	特种工业用异型带
FZ/T 66314—1995	特种工业用松紧带
FZ/T 66315—1995	特种工业用锦丝搭扣带
FZ/T 66316—1995	特种工业用线
FZ/T 66317—1995	特种工业用生丝线
FZ/T 97008—2009	双针床经编机
GB/T 11787—2007	聚酯复丝绳索
GB/T 11789—2007	绳索和绳索制品　系船用的天然纤维绳索与化学纤维绳索之间的等效性
GB/T 15029—2009	剑麻白棕绳
GB/T 15030—2009	剑麻钢丝绳芯
GB/T 23315—2009	粘扣带
GB/T 28466—2012	涤纶长丝绣花线
GB/T 28467—2012	涤纶绣花线色卡
GB/T 30668—2014	超高分子量聚乙烯纤维 8 股、12 股编绳和复编绳索
GB/T 5196—2008	绳索　鉴别用的颜色标记
GB/T 6836—2007	缝纫线
GB/T 6839—2013	缝纫线润滑性试验方法
GB/T 8050—2007	聚丙烯单丝或薄膜绳索特性

W59 其他纺织制品

FZ/T 13010—1998	橡胶工业用合成纤维帆布
FZ/T 20027—2014	羊绒制品异味测定方法
FZ/T 33010—2010	苎麻卷烟带
FZ/T 34010—2014	亚麻装饰织物
FZ/T 62011.2—2016	布艺类产品　第 2 部分:餐用纺织品
FZ/T 62011.3—2016	布艺类产品　第 3 部分:家具用纺织品
FZ/T 62011.4—2016	布艺类产品　第 4 部分:室内装饰物
FZ/T 64002—2011	复合保温材料　金属涂层复合絮片
FZ/T 64006—2015	复合保温材料　毛复合絮片
FZ/T 64011—2012	静电植绒织物
FZ/T 64012—2013	卫生用水刺法非织造布
FZ/T 64013—2008	静电植绒毛绒

标 准 号	标 准 名 称
FZ/T 64015—2009	机织过滤布
FZ/T 64016—2011	针刺非织造纤维浸渍片材
FZ/T 64017—2011	针刺压缩弹性非织造布
FZ/T 64018—2011	纤网—纱线型缝编非织造布
FZ/T 64019—2011	灯箱广告用经编双轴向基布
FZ/T 64020—2011	复合保温材料　化纤复合絮片
FZ/T 64033—2014	纺粘热轧法非织造布
FZ/T 64034—2014	纺粘/熔喷/纺粘(SMS)法非织造布
FZ/T 64035—2014	非织造布购物袋
FZ/T 64036—2013	钠基膨润土复合防水衬垫
FZ/T 64037—2014	帐篷用双轴向经编基布
FZ/T 64043—2014	擦拭用高吸水纤维织物
FZ/T 64045—2014	产业用针织间隔织物
FZ/T 64046—2014	热风法非织造布
FZ/T 64047—2014	浆粕气流成网非织造布
FZ/T 64050—2014	柔性灯箱广告喷绘布
FZ/T 64051—2014	美妆用非织造布
FZ/T 64052—2014	短纤热轧法非织造布
FZ/T 64053—2015	聚乙烯醇水溶纤维非织造布
FZ/T 64057—2016	空调吸音用再加工纤维毡
FZ/T 64058—2016	汽车隔音隔热垫用再加工纤维毡
FZ/T 66101—1995	特种工业用原色棉布
FZ/T 66102—1995	特种工业用棉布(一)
FZ/T 66103—1995	特种工业用棉布(二)
FZ/T 66104—1995	特种工业用帆布
FZ/T 66105—1995	特种工业用绒布
FZ/T 66106—1995	特种工业用纱布
FZ/T 66107—1995	特种工业用原色腈纶布
FZ/T 66108—1995	特种工业用维纶布
FZ/T 75005—1994	涂层织物在无张力下尺寸变化的测定
GB/T 13760—2009	土工合成材料　取样和试样准备
GB/T 13761.1—2009	土工合成材料　规定压力下厚度的测定　第1部分:单层产品厚度的测定方法
GB/T 13762—2009	土工合成材料　土工布及土工布有关产品单位面积质量的测定方法

标　准　号	标　准　名　称
GB/T 13763—2010	土工合成材料　梯形法撕破强力的测定
GB/T 14798—2008	土工合成材料　现场鉴别标识
GB/T 14800—2010	土工合成材料　静态顶破试验(CBR法)
GB/T 16989—2013	土工合成材料　接头/接缝宽条拉伸试验方法
GB/T 17591—2006	阻燃织物
GB/T 17598—1998	土工布　多层产品中单层厚度的测定
GB/T 17630—1998	土工布及其有关产品动态穿孔试验　落锥法
GB/T 17631—1998	土工布及其有关产品抗氧化性能的试验方法
GB/T 17632—1998	土工布及其有关产品抗酸、碱液性能的试验方法
GB/T 17633—1998	土工布及其有关产品平面内水流量的测定
GB/T 17634—1998	土工布及其有关产品有效孔径的测定　湿筛法
GB/T 17635.1—1998	土工布及其有关产品　摩擦特性的测定　第1部分:直接剪切试验
GB/T 17636—1998	土工布及其有关产品　抗磨损性能的测定　砂布/滑块法
GB/T 17637—1998	土工布及其有关产品拉伸蠕变和拉伸蠕变断裂性能的测定
GB/T 17638—1998	土工合成材料短纤针刺非织造土工布
GB/T 17639—2008	土工合成材料　长丝纺粘针刺非织造土工布
GB/T 17640—2008	土工合成材料　长丝机织土工布
GB/T 17641—1998	土工合成材料裂膜丝机织土工布
GB/T 17642—2008	土工合成材料　非织造布复合土工膜
GB/T 17987—2000	沥青防水卷材用基胎　聚酯非织造布
GB 18383—2007	絮用纤维制品通用技术要求
GB/T 18887—2002	土工合成材料　机织/非织造复合土工布
GB/T 19979.1—2005	土工合成材料　防渗性能　第1部分:耐静水压的测定
GB/T 19979.2—2006	土工合成材料　防渗性能　第2部分　渗透系数的测定
GB/T 20393—2006	天然彩色棉制品及含天然彩色棉制品通用技术要求
GB/T 23166—2008	发制品　术语
GB/T 23167—2008	发制品　人造色发发条及发辫
GB/T 23168—2008	发制品　人发发条
GB/T 23169—2008	发制品　教习头
GB/T 23170—2008	发制品　假发头套及头饰
GB/T 24248—2009	纺织品　合成革用非织造基布
GB/T 2435—1994	棉帘子布试验方法
GB/T 25004—2010	产业用刀刮涂层织物

标 准 号	标 准 名 称
GB/T 26379—2011	纺织品　木浆复合水刺非织造布
GB/T 28023—2011	絮用纤维制品抗菌整理剂残留量的测定
GB/T 28024—2011	絮用纤维制品异味的测定
GB/T 28025—2011	絮用纤维制品余氯测试方法　水萃取法
GB/T 28188—2011	纺织品　马尾衬布回弹性的测定　环状挂重法
GB/T 28460—2012	马尾衬布
GB/T 28461—2012	碳纤维预浸料
GB/T 28462—2012	机织起绒合成革基布
GB/T 28463—2012	纺织品　装饰用涂层织物
GB/T 28464—2012	纺织品　服用涂层织物
GB/T 28846—2012	红领巾
GB/T 330—1994	棉帘子布
GB/T 33272—2016	遮阳篷和野营帐篷用织物
GB/T 33276—2016	汽车装饰用针织物及针织复合物
GB/T 9101—2002	锦纶66浸胶帘子布

针织

W60 针织综合

FZ/T 20011—2006	毛针织成衣扭斜角试验方法
FZ/T 70005—2006	毛纺织品伸长和回复性试验方法
FZ/T 70006—2004	针织物拉伸弹性回复率试验方法
FZ/T 70010—2006	针织物平方米干燥重量试验的测定
GB/T 4856—1993	针棉织品包装

W61 针织用纱、线

FZ/T 70001—2015	针织和编结绒线试验方法
FZ/T 71001—2015	精梳毛针织绒线
FZ/T 71006—2009	羊绒针织绒线
FZ/T 71007—1999	粗梳牦牛绒针织绒线
FZ/T 71008—2008	半精纺毛针织纱线
FZ/T 71010—2016	针织用锦（涤）纶/氨纶双包丝

W62 针织坯布

FZ/T 33016—2014	苎麻针织坯布

标 准 号	标 准 名 称
FZ/T 72001—2009	涤纶针织面料
FZ/T 72003—2015	针织天鹅绒面料
FZ/T 72008—2015	针织牛仔布
FZ/T 72010—2010	针织摇粒绒面料
FZ/T 72011—2011	壳聚糖纤维混纺针织面料
FZ/T 72012—2011	丝光棉针织面料
FZ/T 72013—2011	服用经编间隔织物
FZ/T 72014—2012	针织色织提花天鹅绒面料
FZ/T 72016—2012	针织复合服用面料
FZ/T 72017—2013	针织呢绒面料
FZ/T 72018—2013	经编双针床绒类织物
FZ/T 72019—2013	窗帘用经编面料
FZ/T 72021—2016	经编单针床绒类织物
FZ/T 73027—2016	针织经编花边
GB/T 22846—2009	针织布(四分制)外观检验
GB/T 22847—2009	针织坯布
GB/T 22848—2009	针织成品布
GB/T 22852—2009	针织泳装面料

W63 针织品

FZ/T 01103—2009	纺织品　牛奶蛋白改性聚丙烯腈纤维混纺产品定量化学分析方法
FZ/T 24010—2013	防缩毛纺织产品
FZ/T 24012—2010	拒水、拒油、抗污羊绒针织品
FZ/T 24013—2010	耐久型抗静电羊绒针织品
FZ/T 24019—2012	印花羊绒针织品
FZ/T 24020—2013	毛针织服装面料
FZ/T 32003—2010	涤麻(亚麻)纱
FZ/T 43015—2011	桑蚕丝针织服装
FZ/T 70008—2012	毛针织物编织密度系数试验方法
FZ/T 70009—2012	毛纺织产品经洗涤后松弛尺寸变化率和毡化尺寸变化率试验方法
FZ/T 70011—2006	针织保暖内衣标志
FZ/T 70012—2016	一次成型束身无缝内衣号型

标 准 号	标准名称
FZ/T 70013—2010	天然彩色棉针织制品标志
FZ/T 70014—2012	针织 T 恤衫规格尺寸系列
FZ/T 72002—2006	毛条喂入式针织人造毛皮
FZ/T 72005—2006	羊毛针织人造毛皮
FZ/T 72006—2006	割圈法针织人造毛皮
FZ/T 72007—2006	经编人造毛皮
FZ/T 72009—2008	针织吸湿牛仔布
FZ/T 72020—2014	针织横机领
FZ/T 73001—2016	袜子
FZ/T 73002—2016	针织帽
FZ/T 73006—1995	腈纶针织内衣
FZ/T 73009—2009	羊绒针织品
FZ/T 73010—2016	针织工艺衫
FZ/T 73011—2013	针织腹带
FZ/T 73012—2008	文胸
FZ/T 73013—2010	针织泳装
FZ/T 73014—1999	粗梳牦牛绒针织品
FZ/T 73015—2009	亚麻针织品
FZ/T 73016—2013	针织保暖内衣　絮片型
FZ/T 73017—2014	针织家居服
FZ/T 73019.1—2010	针织塑身内衣　弹力型
FZ/T 73019.2—2013	针织塑身内衣　调整型
FZ/T 73020—2012	针织休闲服装
FZ/T 73022—2012	针织保暖内衣
FZ/T 73023—2006	抗菌针织品
FZ/T 73025—2013	婴幼儿针织服饰
FZ/T 73026—2014	针织裙、裙套
FZ/T 73028—2009	针织人造革服装
FZ/T 73029—2009	针织裤
FZ/T 73030—2009	针织袜套
FZ/T 73031—2009	压力袜
FZ/T 73032—2009	针织牛仔服装
FZ/T 73033—2009	大豆蛋白复合纤维针织内衣
FZ/T 73034—2009	半精纺毛针织品

标 准 号	标 准 名 称
FZ/T 73035—2010	针织彩棉内衣
FZ/T 73036—2010	吸湿发热针织内衣
FZ/T 73037—2010	针织运动袜
FZ/T 73038—2010	涂胶尼龙手套
FZ/T 73039—2010	涂胶防振手套
FZ/T 73040—2010	高温高热作业防护手套
FZ/T 73041—2011	经编袜
FZ/T 73042—2011	针织围巾、披肩
FZ/T 73043—2012	针织衬衫
FZ/T 73044—2012	针织配饰品
FZ/T 73045—2013	针织儿童服装
FZ/T 73046—2013	一体成型文胸
FZ/T 73047—2013	针织民用手套
FZ/T 73050—2014	针织泳帽
FZ/T 73051—2015	热湿性能针织内衣
FZ/T 73052—2015	水洗整理针织服装
FZ/T 73053—2015	针织羽绒服装
FZ/T 73054—2015	保暖袜
FZ/T 73055—2016	防脱散袜子
FZ/T 73056—2016	针织西服
FZ/T 74001—2013	纺织品　针织运动护具
FZ/T 74003—2014	击剑服
FZ/T 74004—2016	滑雪手套
FZ/T 74005—2016	针织瑜伽服
GB/T 22583—2009	防辐射针织品
GB/T 22845—2009	防静电手套
GB/T 22849—2014	针织 T 恤衫
GB/T 22853—2009	针织运动服
GB/T 22854—2009	针织学生服
GB/T 26384—2011	针织棉服装
GB/T 26385—2011	针织拼接服装
GB/T 28844—2012	针织运动服规格
GB/T 29868—2013	运动防护用品　针织类基本技术要求
GB/T 29869—2013	针织专业运动服装通用技术要求

标 准 号	标准名称
GB/T 6411—2008	针织内衣规格尺寸系列
GB/T 8878—2014	棉针织内衣

服 装

Y75 服装、鞋、帽综合

FZ/T 80007.1—2006	使用粘合衬服装剥离强力测试方法
FZ/T 80007.2—2006	使用粘合衬服装耐水洗测试方法
FZ/T 80007.3—2006	使用粘合衬服装耐干洗测试方法
FZ/T 80008—2016	缝制帽术语
FZ/T 80010—2016	服装用人体头围测量方法与帽子规格代号标示
FZ/T 80011.1—2009	服装 CAD 电子数据交换格式 第1部分:版样数据
FZ/T 80011.2—2009	服装 CAD 电子数据交换格式 第2部分:排料数据
FZ/T 80014—2012	洁净室服装 通用技术规范
FZ/T 80015—2012	服装 CAD 技术规范
FZ/T 82002—2016	缝制帽
GB/T 1335.1—2008	服装号型 男子
GB/T 1335.2—2008	服装号型 女子
GB/T 1335.3—2009	服装号型 儿童
GB/T 14304—2008	毛呢套装规格
GB/T 15557—2008	服装术语
GB/T 16160—2008	服装用人体测量的部位与方法
GB/T 16641—1996	成鞋动态防水性能试验方法
GB/T 21294—2014	服装理化性能的检验方法
GB/T 21295—2014	服装理化性能的技术要求
GB/T 21980—2008	专业运动服装和防护用品通用技术规范
GB/T 22042—2008	服装 防静电性能 表面电阻率试验方法
GB/T 22043—2008	服装 防静电性能 通过材料的电阻(垂直电阻)试验方法
GB/T 22701—2008	职业服装检验规则
GB/T 22702—2008	儿童上衣拉带安全规格
GB/T 22704—2008	提高机械安全性的儿童服装设计和生产实施规范
GB/T 22705—2008	童装绳索和拉带安全要求
GB/T 23316—2009	工作服 防静电性能的要求及试验方法
GB/T 23317—2009	涂层服装抗湿技术要求

标 准 号	标 准 名 称
GB/T 23330—2009	服装　防雨性能要求
GB/T 2667—2008	衬衫规格
GB/T 28468—2012	中小学生交通安全反光校服
GB/T 28490—2012	纽扣分类及术语
GB/T 29863—2013	服装制图
GB/T 30548—2014	服装用人体数据验证方法　用三维测量仪获取的数据
GB/T 31901—2015	服装穿着试验及评价方法
GB/T 31907—2015	服装测量方法

Y76 服装、服饰品

FZ/T 81001—2016	睡衣套
FZ/T 81004—2012	连衣裙、裙套
FZ/T 81006—2007	牛仔服装
FZ/T 81007—2012	单、夹服装
FZ/T 81008—2011	茄克衫
FZ/T 81009—2014	人造毛皮服装
FZ/T 81010—2009	风衣
FZ/T 81012—2016	机织围巾、披肩
FZ/T 81013—2016	宠物狗服装
FZ/T 81014—2008	婴幼儿服装
FZ/T 81015—2016	婚纱和礼服
FZ/T 81016—2016	莨绸服装
FZ/T 81017—2012	非粘合衬西服
GB/T 14272—2011	羽绒服装
GB/T 18132—2016	丝绸服装
GB/T 22700—2016	水洗整理服装
GB/T 22703—2008	旗袍
GB/T 22925—2009	纳米技术处理服装
GB/T 23314—2009	领带
GB/T 23328—2009	机织学生服
GB/T 24278—2009	摩托车手防护服装
GB/T 2660—2008	衬衫
GB/T 2662—2008	棉服装
GB/T 2664—2009	男西服、大衣

标 准 号	标准名称	
GB/T 2665—2009	女西服、大衣	
GB/T 2666—2009	西裤	
GB/T 2668—2008	单服、套装规格	
GB/T 28492—2012	纽扣通用技术要求和检测方法	铜质类
GB/T 29290—2012	纽扣通用技术要求和检测方法	不饱和聚酯树脂类
GB/T 29291—2012	纽扣通用技术要求和检测方法	锌合金类
GB/T 31900—2015	机织儿童服装	
GB/T 33271—2016	机织婴幼儿服装